航空 電氣電子

항공 전기·전자 개론

권 병 국

연경문화사

항공전기·전자개론

초판 1쇄 발행 / 2002년 3월 5일
초판 6쇄 발행 / 2019년 2월 20일

지 은 이 / 권병국
펴 낸 이 / 이정수
펴 낸 곳 / 연경문화사
등　　록 / 1-995호
주　　소 / 서울시 강서구 양천로 551-24 한화비즈메트로 2차 807호
대표전화 / 02-332-3923/4
팩시밀리 / 02-332-3928
이 메 일 / ykmedia@naver.com

값 15,000원
ISBN 978-89-8298-143-2 (93350)

머 리 말

오늘날 산업이 고도로 발전함에 따라 전기 및 전자 관련 기술은 대학, 연구기관, 생산현장은 물론 가정에서도 매우 중요한 기술이 되고 있다. 전기·전자공학 분야는 고전적인 전자기학 및 회로이론 등에서부터 최근의 컴퓨터 분야에 이르기까지 그 영역이 넓고 다양하다.

이 책은 요즘 거의 모든 대학이 채택하고 있는 학부제 운영에 따라, 전기·전자계열 학부에서 다양한 전공분야 선택을 앞두고 전공지식에 대해 공통적이고도 포괄적으로 알아두어야 할 내용과 아울러 다른 공학분야(특히 항공분야)에서 필요한 전기·전자의 기초적인 내용을 학습하기 위하여 편집되었다.

특히, 전기공학 전공자가 아닌 다른 공학분야 전공자가 전기·전자분야를 학습하기에는 다소 난이도와 선수 학습에 문제가 많으므로, 이 책은 전기·전자공학의 전반적인 기초 사항을 자세히 기술하는데 초점을 맞추었으며 항공전기의 강의 경험을 바탕으로 항공분야에서 응용되는 전기·전자내용을 덧붙여 수록하였다.

이 책은 전기·전자 공학의 모든 부분에 대한 개론을 빠짐없이 다루었으며 본문의 용어는 교육부에서 제시한 편수 자료의 용어를 따르고자 노력하였다. 또한 전문용어에는 영어를 병기하여 이해를 도왔다. 이 책은 1장은 전기와 자기, 2장은 회로이론, 3장은 전동기, 4장은 발전기, 5장은 축전지, 6장은 전기배선, 7장은 전기계측, 8장은 반도체, 9장은 조명장치, 10장은 자동제어 등으로 구성하였고, 각 장의 끝에 단원정리와 연습문제를 두어 학생 스스로도 학습을 효율적으로 할 수 있도록 하였다.

학생들 입장에서 이해하기 쉽도록 설명하려고 노력하였으나 부족한 점이 많이 있을 것이다. 또한 뜻하지 않은 오류도 개재되어 있으리라 여겨진다. 앞으로 독자 여러분의 도움을 받아 계속 수정 보완하여 보다 나은 교재가 되도록 최선을 다할 것이다.

이 책의 발간을 위해 감수를 맡아주신 중앙대학교 전자전기공학부 이승철 교수님, 이 책의 편집을 추진하여 주신 아세아항공전문학교 장인환 교수님, 그리고 이 책의 편집을 맡아주신 연경문화사 이정수 사장님과 직원 여러분께 심심한 감사를 드리는 바이다.

2002. 2

저자 씀

목 차

제1장 전기와 자기 · 11

제2장 회로이론 · 51

제4장 발전기 · 115

제5장 축전지 · 149

제6장 전기배선 · 189

제7장 전기계측 · 221

제8장 반도체 · 257

제10장 자동제어 · 301

제1장 전기와 자기

1-1 전기와 자기의 역사

1-2 전기의 성질

1-3 자기의 성질

1

전기와 자기

1-1 전기와 자기의 역사

인류 역사에서 전기에 관한 기록은 기원전 6백년 경부터 출발한다. 그 당시 그리스 사람들은 장식품으로 사용하던 호박(琥珀)을 헝겊으로 문지르면, 먼지나 실오라기 따위를 끌어당긴다는 것을 알고 있었다. 전기를 영어로 electricity라고 하는데, 이것은 그리스어의 elektron에서 유래한 말로, 본래는 호박을 의미하고 있다. 당시 자연철학자였던 탈레스(Thales)는 이 불가사의한 호박을 비롯하여, 역시 신비의 광석으로 알려졌던 마그네스에 대해서 자세히 연구하였다. 마그네스란 쇠를 끌어당기는 검은 돌 즉, 천연의 자석인 자철광(磁鐵鑛)을 말한다. 이것은 호박보다도 1천년 전부터 알려져 있었다. 탈레스는 이러한 광물이 물질을 끌어당기는 것은 영혼이 깃들어 있기 때문이라고 생각했다.

탈레스 이후 2천여 년이 지나서 16세기 말에 영국의 엘리자베스 여왕의 시의(侍醫)였던 길버트(W. Gilbert)는 자철광이나 호박에 대하여 여러 가지 실험을 한 끝에 마찰전기에는 양(+)과 음(−)의 두 종류가 있다는 것과 지구는 하나의 커다란 자석이라는 것을 발견하였다. 이것은 최초의 과학적인 연구로 전기라는 학문은 이때부터 탄생되었다고 할 수 있다. 길버트는 호박 이외에도 유리, 수정, 유황 등을 마찰시키면 역시 가벼운 물체를 끌어당긴다는 것을 발견했다. 그는 이러한 현상을 물질이 electrified, 즉 호박화하기 때문이라고 생각했다. 여기서 호박화하는 원인이 되는 것을 electricity(전기)라고 부르게 되었던 것이다.

1752년 미국의 프랭클린(B. Franklin)은 연을 날려 번개가 전기에 의하여 일어나는 현상임을 실증함으로써 피뢰침을 발명하게 되었다. 번개도 구름에 모인 마찰전기가 일으키는 불꽃이다. 우리 동양에서 쓰는 전기의 "電"자는 실은 번개를 뜻하는 "雷"

자에서 유래한 것이다. 1785년에 프랑스의 쿨롱(C. A. Coulomb)은 양과 음의 전하사이에 작용하는 힘에 관하여 쿨롱의 법칙을 발견하였고, 이탈리아의 볼타(A. Volta)는 1799년에 볼타전지를 발명하였다.

19세기에 들어서는 전류와 자기에 관한 연구가 이루어졌는데, 1820년에 덴마크의 외르스테드(H. C. Oersted)는 전류와 자기 작용을 이론화시켰다. 1827년에 독일의 오옴(G. S. Ohm)은 전기공학에 있어 가장 중요한 오옴의 법칙을 발표하였다. 1831년에 영국의 주울(J. R. Joule)은 전류가 흐를 때 열이 발생한다는 주울의 법칙을 발견하였으며, 1831년에 영국의 패러데이(M. Faraday)는 발전기와 변압기의 기본 원리가 되는 전자유도작용을 발견하였다. 그 후 19세기 중반에 독일의 키르히호프(G. R. Kirchhoff)는 전기회로 해석을 위한 키르히호프의 법칙을 발견하였고, 1864년에 영국의 맥스웰(J. C. Maxwell)은 전자파에 관한 맥스웰 방정식을 세워서 전자파의 존재를 예언하였고, 1887년에 독일의 헤르츠(H. R. Hertz)에 의하여 실험적으로 전자파가 발견되었다.

표 1-1 전기·자기 관련 분야의 주요 개척자와 연구사

연 구 자	년대	국 적	업 적	단 위
탈레스 (Thales)	B.C. 636~546	그리스	전기와 자기의 개척자, 마찰전기 (B.C. 600)	
길버트 (W. Gilbert)	A.D. 1544~1603	영국	지구가 거대한 자석임을 확인 (1600)	길버트[Gb]
뉴 턴 (I. Newton)	1642~1727	영국	운동 법칙과 만유 인력을 공식화 (1665)	뉴턴[N]
프랭클린 (B. Franklin)	1706~1790	미국	전하의 보존 법칙 발견 (1752)	
와 트 (J. Watt)	1736~1819	영국	증기력의 응용 분야를 개척 (1759~1768)	와트[W]
갈바니 (L. Galvani)	1737~1798	이탈리아	전류의 발견 (1780)	
쿨 롱 (C. A. Coulomb)	1736~1806	프랑스	쿨롱의 법칙 (1785)	쿨롱[C]
볼 타 (A. Volta)	1745~1827	이탈리아	볼타 전지 발명 (1799)	볼트[V]
외르스테드 (H. C. Oersted)	1777~1851	덴마크	전기가 자기를 생성함을 발견 (1820)	에르스텟[Oe]

앙페르 (A. M. Ampere)	1775～1836	프랑스	솔레노이드 발명 및 전류의 자기이론 (1822)	암페어[A]
오 옴 (G. S. Ohm)	1787～1854	독일	옴의 법칙을 세움 (1827)	오옴[Ω]
헨 리 (J. Henry)	1797～1878	미국	전자 유도 실험, 전신기와 중계장치 발명(1830)	헨리[H]
패러데이 (M. Faraday)	1791～1867	영국	자기가 전기를 생성함을 입증, 전자 유도작용(1831)	패럿[F]
가우스 (K. F. Gauss)	1771～1855	독일	전속에 대한 발산 정리 발표 및 지자기의 이론(1832)	가우스[G]
웨 버 (W. E. Weber,)	1804～1891	독일	지구 자기에 대한 선구적인 연구 (1833)	웨버[Wb]
주 울 (J. P. Joule)	1818～1889	영국	열이 전류의 제곱에 비례함을 입증 (1840)	주울[J]
맥스웰 (J. C. Maxwell)	1831～1879	영국	전자기학의 일반 이론을 세움 (1873)	맥스웰[Mx]
플레밍 (J. A. Fleming)	1849～1945	영국	플레밍의 법칙 발표 (1885)	
헤르츠 (H. R. Hertz)	1857～1894	독일	라디오 전파의 송신 및 수신 실험 (1885～1889)	헤르츠[Hz]
벨 (A. G. Bell)	1847～1922	미국	전화의 발명 (1876)	
에디슨 (T. A. Edison)	1847～1931	미국	백열 전구 발명(1879), 최초의 발전소를 세움	
마르코 (G. Marconi)	1874～1937	이탈리아	대서양을 횡단하여 라디오 신호를 전송 (1895)	
테슬라 (N. Tesla)	1857～1943	미국	전력을 교류로 송전함, 유도 전동기를 발명(1888)	테슬라[T]
퀴리 (M. Curie)	1867～1934	프랑스	Radium의 발견 (1898)	
프랭크 (H. Flank)	1853～1947	독일	양자론 (1900)	
아인슈타인 (A.Einstein)	1879～1955	독일	상대성 이론으로 맥스웰 방정식을 일반화 (1905)	
보어 (N. Bohr)	1885～1962	덴마크	원자모형 (1913)	
채드윅 (J. Chadwick)	1891～1974	영국	중성자 발견 (1932)	
앤더슨 (C. Anderson)	1905～1991	영국	양전자의 발견 (1932)	

그 후로 1890년에 영국의 톰슨(J. J. Thomson)에 의하여 전자가 발견되었고, 이후에 많은 과학자들에 의하여 양자, 중성자 발견은 물론, 무선통신, 태양전지, 반도체, PC(Personal Computer)개발 등 엄청난 발전을 이룩하였다. 이들을 표 1-1에 연대순으로 정리하였다.

1-2 전기의 성질

1-2-1 물질의 구조

모든 물질은 분자로 구성되어 있고 분자는 원자(atom)의 집합으로 이루어져 있다. 그림 1-1과 같이 원자는 양(+)전기를 가진 원자핵과 그 주위를 회전하는 음(−)전기를 가진 전자(electron)로 구성되어 있다. 원자핵 내에는 전자와 같은 수의 양(+)전기를 가진 양성자(proton)와 전기를 띠지 않는 중성자(neutron)로 구성되어 있다. 그리고 원자의 모형은 마치 태양 주위를 지구와 같은 행성들이 돌고 있는 것과 비슷하며, 원자핵을 중심으로 몇 개의 전자가 각각 적당한 궤도 위에서 자전하면서 돌고 있다. 이 중에서 수소 원자는 가장 간단한 구조로 되어 있다.

그림 1-1 여러 물질의 원자 구조

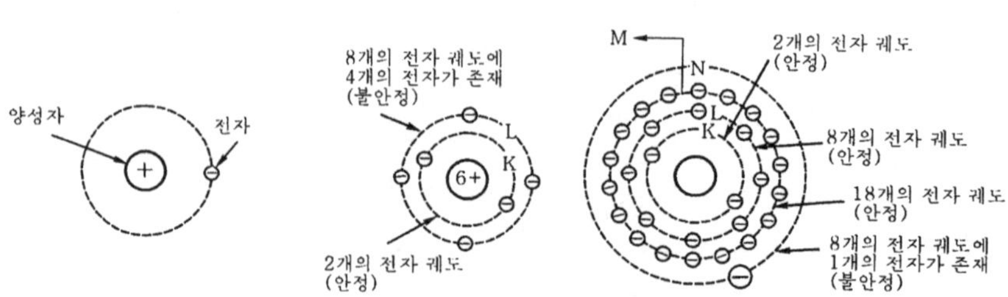

(a) 수소 원자 (b) 탄소 원자 (c) 구리 원자

그림 1-1(c)와 같이 구리 원자는 29개의 궤도 전자가 제각기 무리를 이루고 일정한 궤도를 따라 원자핵 주위를 돌고 있다. 이러한 궤도를 전자각(electron shell) 이라 하고, 원자핵의 가까이로부터 순서대로 K각, L각, M각 및 N각이라 한다. 궤도 전자의 수는 K각에 2개, L각에 8개, M각에 18개, N각에 1개가 있다.

이 경우, 가장 바깥에 있는 N각의 궤도 전자를 최외각 전자라 부르며, 이 전자는 원자핵으로부터의 구속력이 가장 약해, 외부로부터 에너지가 주어지면 원자의 구속으로부터 쉽게 이탈하게 된다. 따라서 물질 안에서 자유로이 움직일 수 있게 되므로 이를 자유 전자(free electron)라고 부른다. 금속의 경우에 대부분, 이 자유로운 전자들이 돌아다니며 전기를 일으킨다. 결국 전기의 여러 가지 현상 및 작용은 대부분 자유전자의 이동에 의한 것이다.

1-2-2 정전기(static electricity)

1) 대전현상

어떤 중성인 물질이 외부로부터 에너지를 받으면 전기가 발생되는데, 이러한 전기를 발생시키기 위한 에너지로는 마찰, 압력, 열, 빛, 화학, 자기 작용 등이 있으며, 발생된 전기들은 물체의 표면에 정지하고 있는 정전기(靜電氣)와 전기가 계속해서 흐르는 동전기(動電氣)로 구분할 수 있으며, 동전기는 교류, 직류, 맥류로 구분된다.

정전기는 물체 위에 정지하고 있는 전기를 말한다. 정전기는 물체가 서로 상대적인 운동을 할 때 발생된다. 즉 마찰(friction), 접촉(contact), 유도(induction) 등의 과정에서 한쪽의 물체는 전자를 잃고 다른 쪽은 전자를 얻어 각각 음(−), 양(+)으로 대전되는 것이다. 예를 들면, 그림 1-2와 같이 천과 유리 막대를 마찰시키면 유리막대는 전자를 잃고 양(+)전기를 띠며, 반대로 천은 그만큼의 전자를 얻어 음(−)전기를 띤다.

그림 1-2 대전현상과 대전원리

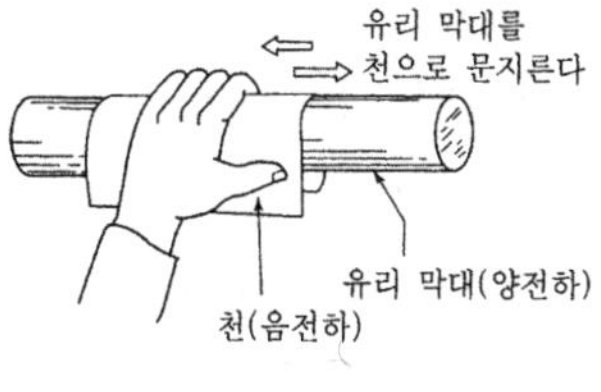

(a) 대전현상

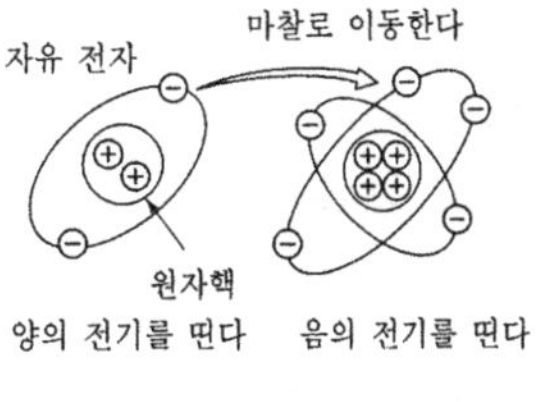

(b) 대전원리

이밖에도 정전기는 다양한 방법으로 발생되며 주위에서 많은 예를 볼 수 있다. 빗으로 머리를 빗는 경우 머리카락이 빗에 달라붙는 현상, 화학 섬유로 만든 옷을

급히 벗는 경우 옷이 달라붙는 현상, 겨울철 자동차 문이나 현관문을 만질 때 전기 불꽃이 튀는 현상 등을 경험할 수 있다. 이와 같이 어떤 물질이 전기를 띠게 되는 현상을 대전(electrification)되었다고 하며, 전기를 띤 물체를 대전체라고 부른다. 이때 대전체가 띠고 있는 전기를 전하(electric charge) 또는 이온(ion)이라고 하며, 그 양을 전기량 또는 전하량이라고 한다. 전하량의 기호는 Q이며 단위는 쿨롱(coulomb)으로 [C]로 나타낸다.

자유 전자 1개의 전하량은 1.6×10^{-19}[C]이며, 1[C]은 전자 6.25×10^{23}개의 전하량에 해당된다. 에너지와 전하량 역시 새로이 생성되거나 소멸되는 것이 아니고 물체들 간에 서로 이동하는 것이고 물체가 가지고 있는 전하량의 합은 항상 일정하게 보존되는데 이것을 전하량 보존의 법칙이라고 한다.

2) 스태틱 디스차저

항공기에서 정전기가 미치는 현상은 다음과 같다. 항공기가 고속으로 비행하면 공기중의 먼지나 비, 눈, 얼음 등과의 마찰에 의해 기체표면에 정전기가 발생한다. 이 정전기는 점차 축적되어 매우 짧은 간격의 펄스형태로 코로나 방전을 하므로 항공기의 무선통신에 잡음방해를 일으킨다. 이러한 유해한 잡음을 없애기 위해 정전기 방전장치(Static Discharger)라고 불리는 길이 10cm 정도의 핀(Pin) 모양을 그림 1-3과 같이 Tail Section과 Wing Tip에 장착한다. 정전기는 표면이 불규칙한 형태의 물체에서 뾰족한 부분에 많이 모이는 특성이 있다. 그래서 기체에 발생한 정전기는 스태틱 디스차저(Static Discharger)에 모여 있다가 코로나 방전을 한다. 이때 생기는 잡음성분의 전계가 항공기의 안테나로 수신되지 않도록 핀을 정교하게 배치시켜야 한다.

항공기의 가동부분은 한 곳으로 대전하지 않도록 전부 접속되어 있어야 하며, 안테나 돔(Dome)이나 조종면의 일부 등 비전도성 복합재료를 사용하고 있는 부분은 표면에 도전성 페인트를 발라 동시에 전체를 기체에 완전히 접속하여 부분적인 대전을 방지해야 한다.

항공기에 연료를 보급할 때는 연료의 마찰에 의해 대전하기 때문에 기체 및 연료 보급차를 접지선을 사용하여 지상에 접지 시켜야 한다. 또한 적당한 대전 방지제를 사용하든지 급유 속도를 줄여 대전방지에 주의해야 한다.

항공기의 기내 통로를 걷거나 계단부근에 가까이 갔을 때 쇼크를 받아 놀라는 경우가 있다. 이것도 정전기 때문으로 기내에 깔린 카페트와 구두 바닥의 마찰에 의해 발생한 정전기가 몸에 대전하여 기체의 금속부분을 통해 방전할 때의 쇼크이다. 그러므로 카페트에 적당하게 도전성 섬유나 얇은 금속선을 집어넣어서 정전기 발생을 예방할 수 있다.

그림 1-3 스태틱 디스차저 설치 위치 [(a) Tail type, (b) Tip type]

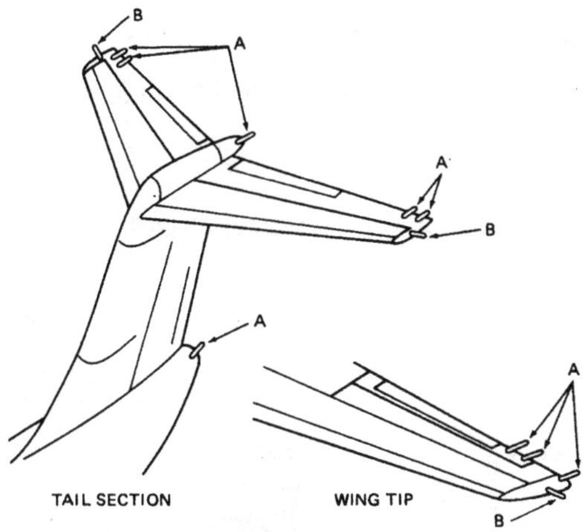

(a) Tail type (b) Tip type

그림 1-4 스태틱 디스차저 타입

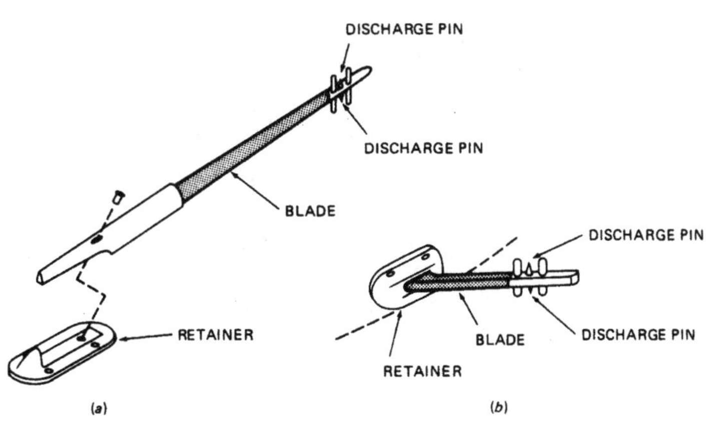

1-2-3 전기의 3요소

전기를 사용하기 위해서는 전기회로를 구성해야 하는데, 전기회로의 구성은 전류를 공급하는 전원(예: 건전지), 전류를 이동시키는 전선, 그리고 전기를 사용하는 부하(예, 전구) 등으로 폐회로를 구성해야한다. 일반적으로 전기적 현상이 물의 흐름과 유사하여 그림 1-5와 표 1-2처럼 비교하며, 전기의 주요 3요소라고 하면 전압, 전류, 저항을 일컫는다.

그림 1-5 수류시스템과 전기회로

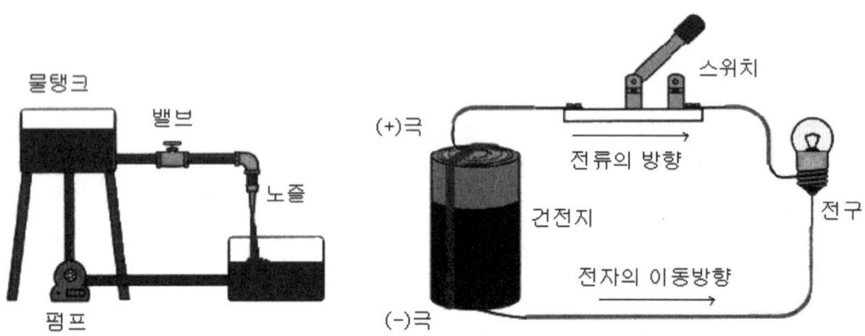

표 1-2 수류 시스템과 전기회로의 비교

수류 시스템	전기회로
물	전하
수위	전압(전위)
펌프(모타)	전원(건전지)
물의 흐름	전류
파이프	전선
노즐(분수)	저항(전구)
밸브	스위치

1) 전압(Voltage) : V〔V〕, E〔V〕

물은 물탱크에 물이 많을수록, 물의 높이가 높을수록 압력이 높아지고 물의 힘이 커져서 더 많은 물이 흐르게 된다. 전기도 물과 같은 압력을 가지고 있는데, 그림 1-6과 같이 전지의 전기적인 압력을 전압(Voltage)이라 한다. 또한 전류를 연속적으로 만들어 주는 힘을 "기전력(electromotive force)"이라 한다. 기전력은 발전기나 전지 등이 가지고 있다. 그리고 어떤 기준점에서 전기의 위치를 전위라 하고 상대적인 차이를 전위차(electric potential difference)라 한다. 이와 같이 전압은 전기에너지를 일으키는 두 점 사이의 전위차로 정의되며, 전압의 기호는 V, 기전력의 기호는 E를 사용하고, 단위는 모두 볼트[V]를 사용한다.

그림 1-6 전지의 전압

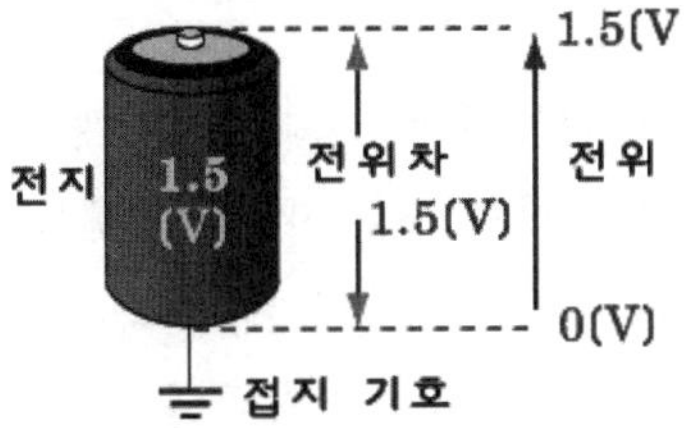

2) 전류(current) : I〔A〕

전기의 근원은 전자이다. 음(−)전기를 띤 자유 전자가 한 방향으로 흐르는 것이 바로 전류이다. 가만히 정지해 있는 것을 정전기(정지한 전기)라 하면, 한 방향으로 열심히 움직여 가는 전기를 동전기(움직이는 전기)라고 할 수 있다. 전류가 한 방향으로 잘 흐르도록 도체(주로 구리선)를 한 방향으로 길게 해주는데, 이것을 도선이라고 한다. 그래서 전류가 도선을 따라 흐른다고 말한다. 우리가 도로를 가늘고 길게 어떤 방향으로 건설한 것과 같은 것이다.

그림 1-7 전자와 전류의 방향

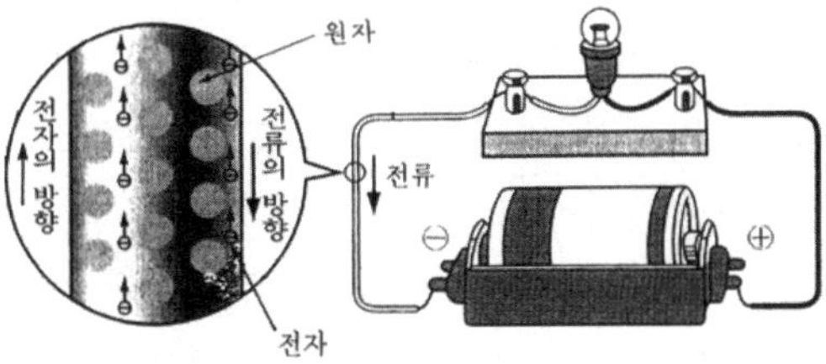

그림 1-7의 전기회로에서 스위치를 닫으면 전구에 불이 켜진다. 이때 전류의 방향은 건전지의 (+)극에서 (−)극 쪽으로 흐른다고 약속이 되어 있다. 이는 전자가 발견되기 전인 19세기초에 전류의 방향을 정해놓았기 때문에 현재도 이렇게 사용되고 있

는 것이다. 하지만 사실은 그림 1-7과 같이 자유전자가 건전지의 (−)극에서 (+)극으로 이동하고 있다. 즉, 전류의 방향과 전자의 방향은 정반대가 되는 것이다.

전류의 기호는 I이며 단위는 암페어(ampere) [A]로 나타낸다. 전류는 도체의 단면을 단위 시간당 지나간 전기량(전하량)으로 정의한다. 즉 1초 동안에 1[C]의 전하가 이동했을 때의 전류의 크기는 1[A]가 된다. 만일 t초 동안 Q[C]의 전하가 도체에 흐른다고 하면 전류의 크기 I는 다음과 같이 나타낸다.

$$I = \frac{Q}{t}[A] \qquad \cdots\cdots(1\text{-}1)$$

전류는 마치 시간당 지나간 자동차의 수와 같은 개념이다. 1분 동안 10대 지나간 것보다 100대 지나간 것이 훨씬 차의 흐름이 강한 것이라고 할 수 있듯이, 마찬가지 방법으로 1초 동안에 지나간 전하(자동차에 해당)의 수가 많을수록 강한 전류가 흘렀다고 한다. 물론 지나간 전하들은 자유전자이다.

3) 저항(resistance) : R〔Ω〕

저항은 전류의 흐름을 방해하는 성질이다. 즉 자유전자가 도체를 이동할 때 원자와 충돌하여 이동을 방해받는 현상이라고 할 수 있다. 충돌빈도가 클수록 저항이 크다. 예를 들면, 개울에 바위가 많을 수록 물 흐르기가 곤란하고, 사람이 많은 시장을 관통하여 빠져나가기 어렵다. 또한 포장이 되어있지 않은 울퉁불퉁한 도로나 진흙길에서 자동차는 속력을 내서 달릴 수 없다. 도로 사정이 자동차의 진행을 방해하고 있기 때문이다.

전기회로의 경우, 전기를 송전하는 전선자체가 전기의 흐름을 방해한다. 전기는 열에너지로 변해 손실이 되고 만다. 그 때문에 되도록 저항치가 적은 전선을 써야 효율적이다. 그러나 한편으로는 전기가 통과하는 길에 저항이 없어서는 안되는 경우도 있다. 백열전구의 필라멘트가 그 좋은 예로서, 말하자면 저항을 역으로 이용한 것이라 할 수 있다. 이와 같이 전선 및 전구 등이 전류가 흐르는 것을 방해하는 작용을 하는데, 이를 저항(resistance)이라고 한다.

도체의 전기저항은 그 재료의 종류(물질의 성질), 길이, 단면적 및 온도의 4가지 요소에 의해 결정된다. 일반적으로 전류는 도선이 넓을수록(단면적이 클수록), 도선이 짧을수록 잘 흐른다. 그러므로 저항은 도선의 단면적이 클수록 작고, 도선의 길이가 길수록 크다. 즉 전기저항은 도선의 길이에 비례하고 단면적에 반비례한다. 이는 길이 넓으면 자동차가 많이 지나갈 수 있듯이, 마찬가지로 도선의 단면적이 클수록

(굵은 전선일수록) 많은 전류를 흐르게 한다. 그래서 많은 전류가 필요한 곳에서는 굵은 전선을 쓴다. 만약 가는 전선을 쓰게되면 저항이 커져서 열이 발생하여 전선이 타버리고 심하면 불이 난다.

저항의 기호는 R이고 단위는 오옴(ohm) [Ω]으로 나타낸다. 저항의 역수는 전류를 잘 흐르게 하는 정도를 나타내는 것으로 컨덕턴스(conductance)라고 하며 기호는 G, 단위는 [Ω^{-1}][℧][S]을 사용한다.

$$G=\frac{1}{R}[\Omega^{-1}][℧][S] \qquad \cdots\cdots(1-2)$$

여기서, [℧]는 모오(mho), [S]는 지멘스(siemens)라고 읽는다.

그림 1-8에서처럼 도선의 길이를 ℓ(m), 단면적을 A(m^2)라고 할 때, 저항 R은

$$R=\rho\frac{\ell}{A}[\Omega] \qquad \cdots\cdots(1-3)$$

와 같이 나타낸다.

그림 1-8 저 항

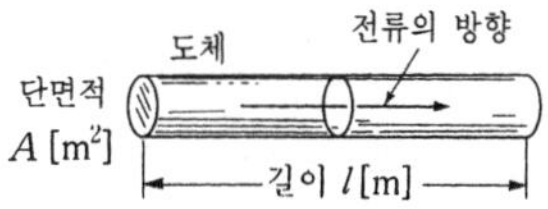

이때 비례상수 ρ를 고유저항(또는 저항률)이라고 하는데, 물질에 따라 정해지는 상수로 전류의 흐름을 방해하는 물질의 고유한 성질이다. 고유저항의 단위는 [Ω·m]로 나타내며, 표 1-3은 각종 금속의 고유저항을 나타낸다.

표 1-3 각종 금속의 고유저항, %전도율, 온도계수

금 속	고유저항[10^{-8} Ω·m]	%전도율	온도계수[× 10^{-3}]
은 [Ag]	1.62	107.8	4.1
구 리 [Cu]	1.69	103.1	4.3
표 준 연 동	1.7241	100.0	3.93
알루미늄[Al]	2.62	64.1	4.2
텅 스 텐[W]	5.48	31.3	4.6
철 [Fe]	10.0	17.8	6.51
니 크 롬	109.0	1.57	0.19

고유저항(저항률)의 역수를 전도율(또는 도전율)이라고 하는데, 도체에 전류가 흐르기 쉬운 정도를 나타내는 성질이다. 기호는 σ로서

$$\sigma = \frac{1}{\rho}[℧/m] \qquad \cdots\cdots(1-4)$$

와 같이 나타낸다. 그리고 도체의 도전성을 비교하기 위하여 표준 연동의 전도율을 100%로 하여 나타낸 것을 %전도율이라고 하며 표 1-3에 나타낸다.

항공기의 도선에는 주로 구리선과 알루미늄선이 사용된다. 구리선은 같은 굵기의 알루미늄선에 비해 자유전자의 수가 많기 때문에 저항이 작으므로 도선으로 많이 사용된다. 그러나 알루미늄선이 구리선보다 가볍기 때문에 항공기의 무게를 줄이기 위해서 동력선에는 알루미늄선을 사용하기도 한다.

도체의 저항은 온도에 따라 또한 변한다. 금속의 저항은 온도가 올라가면 증가한다. 그것은 금속원자의 열진동이 심해져서 자유전자의 운동을 방해하기 때문이다. 온도 t_1에서의 저항이 R_1이라 하면, 상승한 온도 t_2에서의 저항 R_2는

$$R_2 = R_1[1 + \alpha_t(t_2 - t_1)][\Omega] \qquad \cdots\cdots(1-5)$$

로 표현된다. 여기서 α_t는 온도가 1℃ 상승하는데 따른 저항의 증가비율로 저항의 온도계수(溫度係數)라고 하며, 표 1-3에 나타나 있다.

금속도체는 온도 상승과 함께 저항은 점점 직선적으로 증가하여 정특성(正特性) 저항이라 한다. 반면에 반도체, 절연체, 전해액, 탄소 등은 온도가 상승하면, 반대로 저항이 감소한다. 부(−)의 온도계수를 가지므로 이것을 부특성(負特性) 저항이라고 한다. 이중에서 반도체는 그림 1-9에 나타낸 바와 같이 온도와 반비례하여 급격한 저항 감소를 보인다. 즉 반도체의 단점은 높은 온도에서 견디지 못한다는 것이다. 항공계기 중 온도검출용인 서미스터(thermistor)도 반도체의 일종이므로 부(−)의 온도계수를 갖는다.

그림 1-9 온도특성

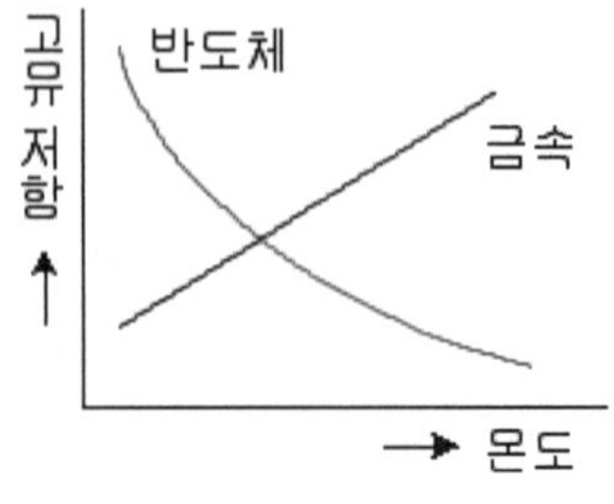

4) 오음의 법칙

전류, 전압, 전기저항을 하나의 관계로 정립시킨 것이 저 유명한 오음의 법칙이다. 그림 1-5와 같이 물의 흐름에 비유하면, 물탱크에 연결한 파이프를 타고 흐르는 물은 파이프에 걸리는 수압이 높을수록 양이 많아진다. 만약 파이프가 가늘어서 물의 흐름에 대한 저항이 커지면 물의 양은 적어지게 된다. 전류도 이와 마찬가지이다. 즉 도체에 흐르는 전류의 크기는 도체의 양끝에 가해진 전압에 비례하고, 그 도체의 저항에 반비례한다는 것이다. 이것이 바로 오음의 법칙이다. 1827년 독일의 물리학자 오음(Ohm)이 실험에 의해 발견한 법칙이다. 이 법칙은 전기의 기본법칙으로 아주 중요한 법칙이다. 그림 1-10과 같이 도체에 가해지는 전압 E 또는 V는 볼트[V], 도체의 저항 R은 오음[Ω], 흐르는 전류 I는 암페어[A]란 단위를 사용하며, 이 법칙은 다음과 같은 식으로 정리된다.

$$I=\frac{V}{R}[A] \qquad \cdots\cdots(1-6)$$

이 관계는 $V=IR$[V]로 더 많이 사용되고 있으며, 그림 1-11과 같이 원을 삼등분하여 이용하면 전압, 전류, 저항 중에 2개의 값을 알면 나머지 1개의 값을 계산할 수 있다.

그림 1-10 간단한 전기

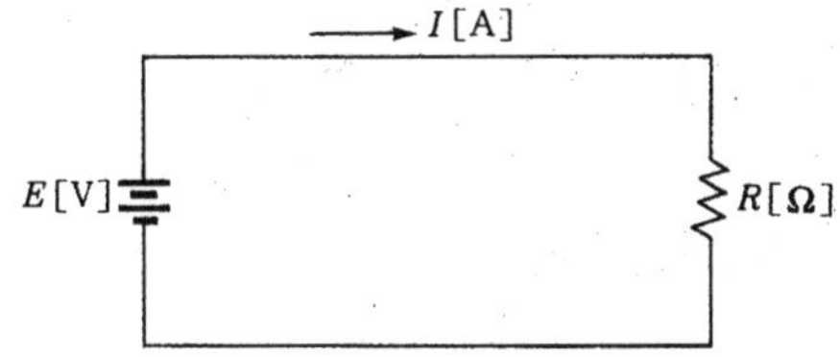

그림 1-11 전류, 전압, 저항의 관계

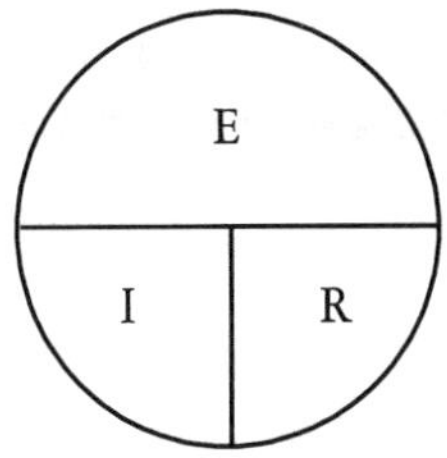

1-2-4 전기에너지

1) 주울열

포장이 잘된 길, 이를테면 고속도로를 차로 달리면 흔들림도 적고 타고 있는 사람도 편안한 기분이 든다. 그러나 포장이 되어 있지 않은 울퉁불퉁한 시골길이라면, 흔들림 때문에 타고 있는 사람은 몇 배나 피로하고 체력도 많이 소모된다. 조금 더운 날씨라면 땀도 많이 날 것이다. 전기의 경우도 이와 비슷해서 전기가 흐르기 쉬운 구리선 속을 흐를 때는 거의 열이 나지 않으나 전기저항이 큰 니크롬선 등의 속을 흐르면 열이 많이 발생한다. 저항이 있는 도체 속을 흐르는 전류는 모래를 채운 드럼통에 물을 부었을 때, 물의 흐름과 비슷하다. 모래 위에 부어진 물은 중력을 받아 내려오기는 하지만 모래 때문에 진로가 변경되든가 마찰을 받든가 하는 것이다. 물은 높은 곳에 있을 때는 위치에너지를 갖지만, 모래와 마찰하는 동안 열에너지로 변해 버린다.

도체속을 이동하는 전자도 마찬가지이다. 즉, 도체를 구성하고 있는 금속원자와 충돌해서 금속원자로 하여금 불규칙적인 열진동이 일어나도록 만든다. 이렇게 보면 열이라는 것도 실은 물체의 원자나 분자의 불규칙적인 운동에 불과할 뿐이다. 이처럼 전류가 흐름으로써 도체에 발생하는 열을 주울열이라고 한다.

2) 전력과 전력량

회로에 전류가 흐르는 동안에 하는 일(에너지)의 양을 전력량이라고 한다. 즉 전기가 발생시키는 에너지의 양을 말한다. 그림 1-12와 같이 길이가 ℓ인 도체의 양끝에 전위차 V를 유지하면 도체내의 전하들이 이동하여 주위의 고정된 입자에 충돌한다. 고정된 입자는 충돌시 얻은 열에너지로 진동이 활발해져서 도체의 온도가 높아진다.

그림 1-12 도선

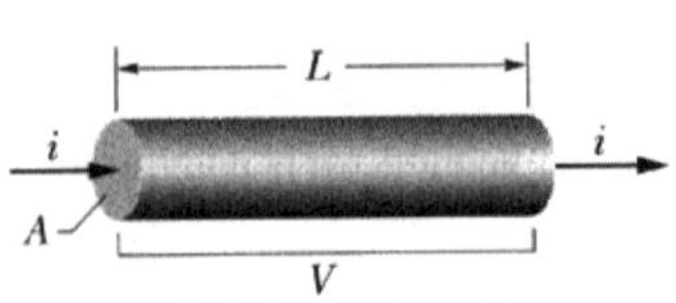

도체에 흐르는 전류의 세기가 I[A] 일 때, 시간 t초 동안에 도체의 한 쪽 끝으로 $Q=I\cdot t[C]$의 전하가 들어가고, 동시에 다른 쪽 끝으로 같은 양의 전하가 나온다.

각 전하는 조금씩 이동하지만 실제로 t초 동안에 도선의 단면을 통과한 전하량은 $Q = I \cdot t[C]$가 된다. 그러므로, 전위차 V인 도체에 $Q[C]$의 전하에 의해 공급되는 전기 에너지의 양, 즉 전력량 W는 다음과 같다.

$$\begin{aligned} W &= V \cdot Q = V \cdot I \cdot t[VAsec] \\ &= P \cdot t[Wh] \qquad \cdots\cdots(1\text{-}7) \\ &= I^2 R \cdot t[J] \end{aligned}$$

이와 같이 t[s]초 동안에 소비한 전기에너지의 양을 전력량(electric energy)이라고 한다. 특히 단위시간에 소비한 전력량을 전력(electric power)이라 부르는데, 이는 얼마 만큼의 전력을 소비하는가를 알기 위한 것이다. 그러므로 전력 P는

$$P = V \cdot I[W] \qquad \cdots\cdots(1\text{-}8)$$

와 같이 전압×전류로 나타내며, 단위는 와트(watt) $[W]$를 사용한다.

영국의 주울은 1840년 발열량에 대해 상세한 실험을 해서 하나의 법칙을 발견했는데, 그에 따르면 t초 동안 도체에 전류 I를 흘렸을 때 발생하는 열량 H는 전류의 제곱과 도체 저항 R의 곱에 비례한다는 것이다. 즉 열량 H는

$$H = I^2 Rt[J] \qquad \cdots\cdots(1\text{-}9)$$

가 되는데, 이것을 주울의 법칙(Joul's law)이라고 하며, 이때 발생되는 열을 주울열이라고 한다. $1[J]$의 전기 에너지에 의해 발생되는 주울열은 0.24 $[cal]$이다. 그러므로 전류에 의해 발생되는 전기에너지를 열에너지로 표시하면, 열량 H는

$$H = 0.24 I^2 Rt[cal] \qquad \cdots\cdots(1\text{-}10)$$

로 나타낼 수 있다. 이 주울열은 전기다리미, 백열 전구, 전기 난로, 전기 밥솥 등 널리 이용되고 있다.

1-3 자기의 성질

1-3-1 자기현상

자석의 자기현상은 주변에서 쉽게 접할 수 있다. 집안에 있는 냉장고 문을 여는 순간 우리는 자석이 작용하는 힘을 느낄 수 있다. 냉장고 문의 모서리에는 자석이

들어가 있기 때문에 문이 닫히면 자석은 문을 냉장고와 밀착시켜 외부 공기의 유입을 막아준다. 또 모터에는 전자석이 들어 있어 냉장고를 가동시키는 데 중요한 역할을 담당하고 있다.

무언가 끌어당기기도 하고, 서로 밀어내기도 하는 자석은 과거에도 많은 사람들의 호기심을 자아냈다. 자기(magnetism)라는 말은 약 2천5백년 전에 그리스 사람이 에게해의 마그네시아(magnesia)라는 섬에서 철조각을 끌어당기는 특이한 돌을 발견한데서 유래한다.

쇠붙이 종류는 자석에 잘 붙지만 나무나 플라스틱 등은 자석에 붙지 않는다. 자석의 사이에 종이나 유리, 책받침을 넣고 자석과 자석끼리 혹은 자석과 쇠붙이끼리 붙여 보면 그래도 잘 붙는다. 이렇게 자석이 쇠붙이를 끌어당기는 성질의 근원을 자기(magnetism)라 하고, 자석의 힘을 자기력(magnetic force)이라고 한다. 또한 자기력이 작용하는 공간을 자기장 또는 자계(magnetic field)라 한다.

그림 1-13 막대자석과 자력선

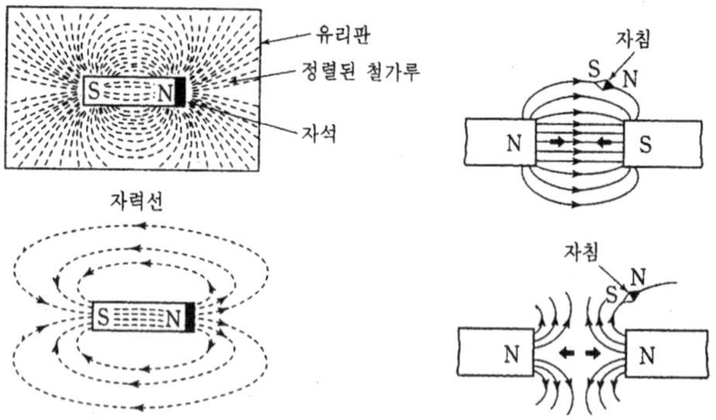

(a) 1개의 자석 (b) 2개의 자석

그림 1-13의 막대자석에 보여지는 것처럼 나침반을 자석 가까이 놓으면 나침반의 자침은 자석으로부터 자기력을 받게 되어, 그림과 같은 모양으로 배열하게 된다. 이와 같이, 막대 자석이 자침의 방향에 영향을 주는 것은 막대 자석에 의한 자기력이 자침에 작용하기 때문이다.

그림 1-13에서 자기력의 크기와 방향, 그리고 자기장의 모양을 나타내는 가상의 선을 자기력선(line of magnetic force) 또는 자화선이라고 한다. 이러한 자기력선 n개의 묶음을 자속(magnetic flux)이라고 부르며 기호는 ϕ, 단위는 웨버[Wb]를 사용한다. 또한, 자속의 방향에 수직인 단위 면적 1[㎡]를 통과하는 자기력선의 총수를 자

속밀도(magnetic flux density)라 하며 기호는 B, 단위는 [Wb/㎡] 또는 테슬라[T]가 사용된다.

막대자석은 N극과 S극이라는 두 자극을 가지고 있으며 자기력의 세기는 두 자극 쪽 끝 부분이 가장 세다. 자기력선의 방향은 그림 1-13과 같이 자석의 내부에서는 S극에서 N극으로 향하고 자석의 외부에서는 N극에서 S극으로 방향을 정한다.

자화되지 않은 철금속은 그림 1-14(a)와 같이 서로 상쇄되고 아무렇게 형성되어 있는 무한정의 자력선이 있다. 그러나 이 철금속을 자화시키면 그림 1-14(b)와 같이 철금속안의 영역(domains)들은 서로 정렬되어 N극과 S극 및 자력선이 형성되게 된다.

그림 1-14 비자화시 영역과 자화시 영역

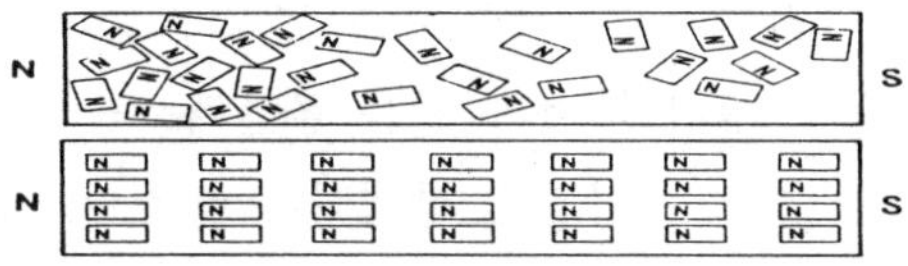

(a)

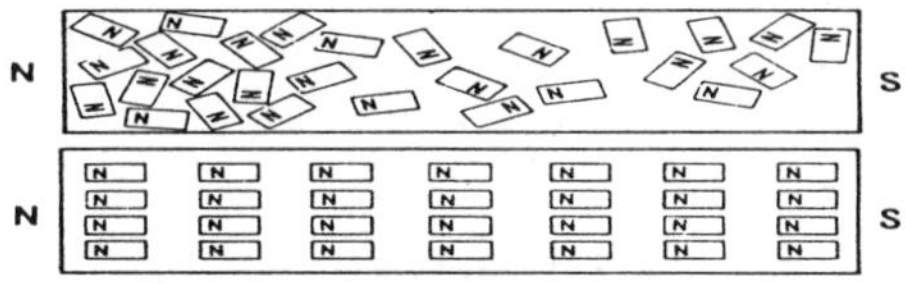

(b)

각각의 자석은 크기에 관계없이 N극과 S극을 갖는 것을 "자기의 영역(domains)원리"라고 한다. 자석을 두 개로 자르면 각각의 반 조각은 원래의 자석 성질을 갖게 된다. 이 두 개의 조각은 각각 N극과 S극을 가지며 조각 주위에 자력선이 형성된다.

1-3-2 자성의 근원

자석끼리는 서로 힘을 미친다. 자석은 전하와 비슷한 성질이 있는데 서로 접촉하지 않고도 밀고 당길 수 있다. 자석은 같은 극끼리는 밀고 반대 극끼리는 당긴다. 자석은 철 같은 쇠붙이를 잡아당기지만 알루미늄 같은 것은 전혀 자석의 영향을 받지 않는다. 전체적으로 자석은 정지해 있지만 자석을 이루고 있는 원자에서는 전자가 원자핵 주위를 돌고 있다. 이렇게 움직이는 전하가 작은 전류를 이루어 자기장을 만들어내는 것이다. 더 중요한 요소는 전자가 스스로 축을 중심으로 자전하는 스핀(spin)운동을 한다는 것이다. 스핀 운동에 의해서도 자기장이 만들어진다.

스핀(spin)운동이란 태양주위를 도는 지구가 자전하면서 돌 듯이 전자와 양성자 등 여러 입자들은 자전 즉 팽이가 돌 듯이 고유스핀운동을 한다. 이때 이것도 하나의 원형전류와 똑같이 자기 쌍극자를 만든다. 이와 같은 운동으로 인하여 물체의 자기적 성질이 생겨난 것이다. 그러나 이 두 가지 중에서 전자의 스핀 자기 모멘트가 물질의 자성에서 더 중요한 역할을 한다.

그러나 대부분의 물질이 자석이 아닌 이유는 한 쌍의 전자가 스핀운동을 하면 다른 전자는 반대방향으로 스핀운동을 하기 때문에 자기장은 서로 상쇄된다. 같은 금속이라도 알루미늄이나 구리 따위가 자석에 붙지 않는 이유이다. 이러한 것을 비자성체(非磁性體)라고 한다. 그렇지만 철과 같은 물질에서는 자기장이 서로 완전히 상쇄되지 않는다. 철 원자는 스핀 자기장이 상쇄되지 않은 네 개의 전자를 가진다. 이것 때문에 철은 자성을 띄고 자석에 끌리는 것이다. 이와 같이 자석에 의해 자화되는 물체를 자성체(magnetic material)라고 하며, 특히 자화되는 정도가 매우 강하여 자석을 없애도 잔류자기가 많이 남아 있는 물질(철, 니켈, 코발트 등)을 강자성체(强磁性體)라고 한다.

그림 1-15 히스테리시스 곡선

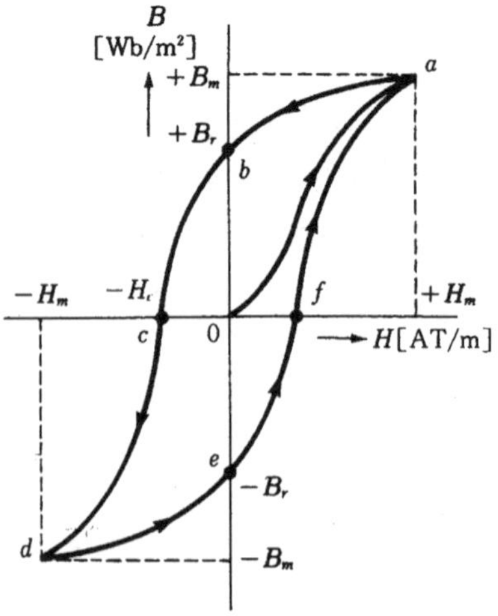

강자성체의 기본적인 성질은 그림 1-15와 같이 자기이력곡선(Magnetic Hysteresis loop)으로 나타낸다. 먼저 강자성체를 자기장 중에 놓고 "0"의 위치에서부터 자기장

H를 서서히 증가시키면 자기장중의 자속밀도 B가 급격히 증가하지만, 어느 점 이상에서는 외부 자장을 가하여도 자속밀도는 급격히 증가하지 않고 가해준 자장만큼만 증가하게 되는데 이 상태를 자기포화상태라 하고 점 "a"가 된다.

이 상태에서 외부 자장을 점차 줄이면 자속밀도 B는 a→b로 감소하고 외부 자기장을 0(Zero)으로 하면 "b"점에 오게 되고 $\overline{0b}$의 자속밀도가 남게 된다. 이 값을 잔류자속밀도(Residual Induction) 또는 잔류자기라 부르고 Br로 표시하며 단위는 G(Gauss)이다. 더욱 역방향의 외부자장을 가하면 점점 자속밀도가 감소하여 "c"점에 오게 되는데, 이 "c"점에 오게 하기 위한 필요한 역방향의 외부자장의 강도 $\overline{Oc}$를 보자력(保磁力) 또는 항자력(抗磁力)이라 부르고 Hc로 표시하며 단위는 Oe(Oersted)이다. 계속 역방향의 외부자장을 증가시키면 "d"점에서 다시 포화된다. 이렇듯 강자성체는 e→f→a→b→c와 같은 자화 싸이클(cycle)을 이루는데, 이 곡선을 자기이력곡선(Hysteresis loop)이라 부른다.

1-3-3 전류와 자기작용

1) 앙페르의 오른나사법칙

그림 1-16과 같이 도선에 전류가 흐르면 자기장이 도선과 수직인 평면에 동심원을 그리며 생성된다. 자기력선의 방향은 오른나사를 전류가 흐르는 방향으로 돌릴 때, 나사가 돌아가는 방향과 일치한다.

그림 1-16 앙페르의 오른나사법칙

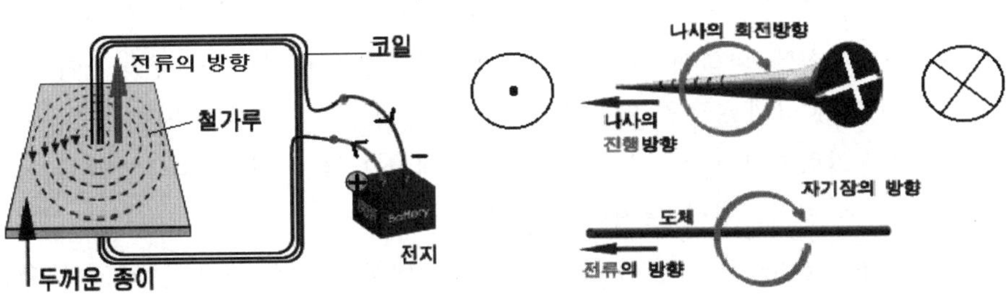

즉 그림 1-17과 같이 전류 방향은 오른나사의 진행방향이며 오른손 엄지의 방향이다. 그리고 자기력선의 방향은 나사의 회전 방향이며 나머지 네 손가락의 방향이 된

다. 이때 전류가 지면 밑에서 지면위로 나오는 방향, 즉 나사를 앞에서 쳐다볼 경우의 표시는 ⊙으로 하고, 전류가 지면 위에서 지면 아래로 들어가는 방향, 즉 나사를 뒤에서 쳐다볼 경우의 표시는 ⊗와 같이 나타낸다.

도선에 전류가 흐를 때, 그 주위에 자기력이 발생되는 현상은 1820년에 외르스테드(Oersted)에 처음으로 발견되었다. 외르스테드는 도선 가까이 놓여진 자침이 도선에 흐르는 전류에 의하여 움직인다는 사실로부터 전류가 흐르는 도선 주위에 자기력이 발생된다는 것을 발견하였고, 곧 이어 1822년에 프랑스의 물리학자인 앙페르(Ampere)가 전류의 방향을 오른나사가 나아가는 방향으로 잡으면, 자기력선의 방향은 오른나사가 도는 방향과 같다는 자기력선의 방향과 전류의 방향사이의 관계를 발견하였는데, 이것을 앙페르의 오른나사의 법칙(Ampere's right-handed screw rule)이라고 한다.

그림 1-17 오른손과의 관계

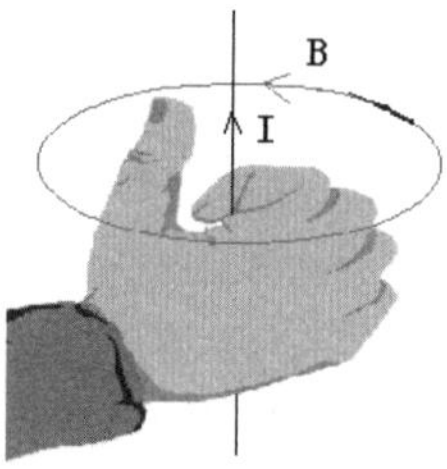

2) 전자석(electromagnet)

그림 1-18과 같이 원형 모양으로 도선을 여러 번 감은 것을 솔레노이드(solenoid) 코일이라고 하며, 이것은 원형전류를 여러 개 겹쳐 놓은 것과 같으며, 이때 자기력선의 모양은 막대자석에 의하여 만들어지는 자기력선과 비슷하다. 즉 솔레노이드 코일은 막대자석처럼 N극과 S극을 형성하는데, 그림 1-17에서 전류의 방향은 네 손가락이 되며 엄지손가락의 방향은 자기력선의 방향에서 N극을 가리킨다. 그래서 이것을 플레밍의 오른손 엄지손가락 법칙이라고 한다.

그리고, 그림 1-19와 같이 솔레노이드 코일의 내부에 철심(연철)을 넣고서 솔레노이드에 전류가 흐르는 동안 철심이 막대 자석의 역할을 하도록 만든 장치를 전자석(electromagnet)이라고 한다. 전자석은 전류가 많이 흐를수록, 그리고 감은 수가 많을수록 강한 자석이 되며, 전류의 방향이 바뀌면 전자석의 극도 바뀐다. 전자석은 영구

자석과 달리 전류가 흐르는 동안만 자석이 된다. 전자석은 초인종, 전화기, 자동문 등 일상 생활에서 널리 쓰이고 있다.

그림 1-18 솔레노이드 코일

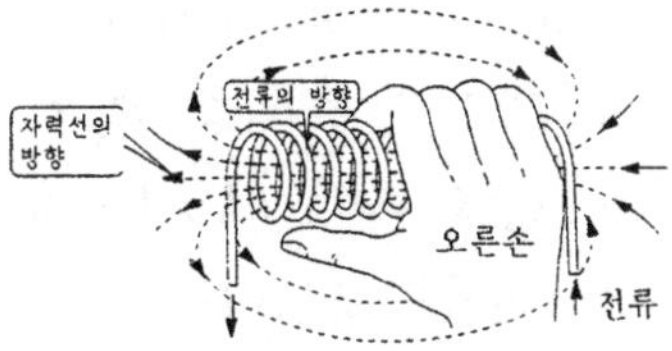

그림 1-19 전자석

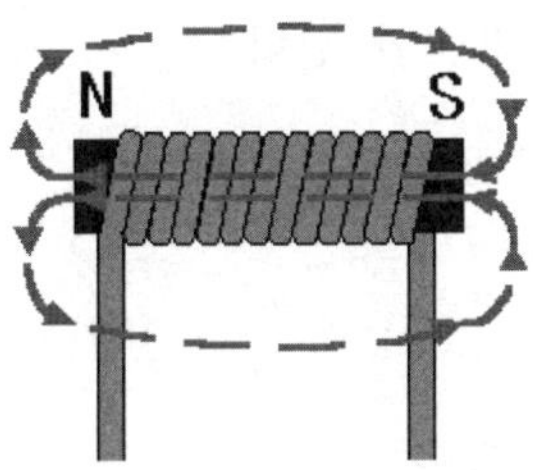

1-3-4 전자력

그림 1-20과 같이 일정한 크기의 자계 B속에 하나의 도선을 놓아두고, 이 도선에 전류 I를 흘리면 자계(자기장)와 전류의 상호작용에 의해서 도선에 힘이 작용하게 되는데, 이 힘을 전자력(electromagnetic force) F라고 한다.

그림 1-20 Fleming의 왼손의 법칙

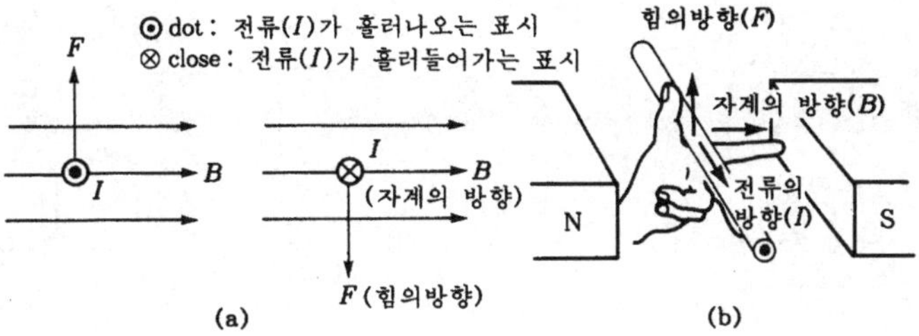

전류가 자기장에서 받는 힘의 방향은 그림 1-20과 같이 왼손의 엄지, 검지, 장지를 서로 수직하게 폈을 때, 검지를 자기장, 장지를 전류의 방향으로 하면 엄지손가락이 가리키는 방향이 힘의 방향이 된다. 1885년 영국의 플레밍이 전류, 자계(자기장), 도선의 운동(힘)에 관한 관계를 설명하여 이를 플레밍의 왼손 법칙(Fleming's left-hand rule)이라고 한다. 이 법칙은 전동기(Motor)의 원리로서 회전 방향을 구하는데 유용하다.

자기장내에서 도체가 받는 힘 $F[N]$는 자기장 $B[T]$와 전류의 세기 $I[A]$에 비례하고, 자기장 속에 들어 있는 도선의 길이 $\ell[m]$에 비례한다. 그리고 도체와 자기장의 방향이 θ의 각을 이룰 때, 전자력 $F[N]$는

$$F = Bi\ell \sin\theta \, [N] \qquad \cdots\cdots(1\text{-}11)$$

가 된다. 자기장 내에 있는 도선에 작용하는 힘은 전류의 방향이 자기장의 방향과 수직일 때에 최대로 되고, 나란하면 0이 된다.

1-3-5 전자유도

1) 자속의 변화에 의한 전자유도

그림 1-21과 같이 코일의 양끝에 검류계를 연결하고 자석을 코일에 가까이 했다 멀리 했다 하면 전기가 흘러 검류계의 바늘이 흔들린다. 전류가 흐르면 주위에 자기장이 생기는 것처럼, 코일(도체)주위에 자기장이 발생하면 전자의 움직임이 발생한다. 이것이 곧 전자의 흐름이 되어 전류가 만들어지는 것이다. 이와 같이 코일에 자속(자석)을 변화시킬 때 코일에 기전력이 발생하는데, 이를 유도 기전력(誘導起電力)이라 하고, 흐르는 전류를 유도전류라고 한다. 그리고 기전력이 유도되는 현상을 전자(기)유도(electromagnetic induction)라 한다.

그림 1-21 자속의 변화에 의한 전자유도

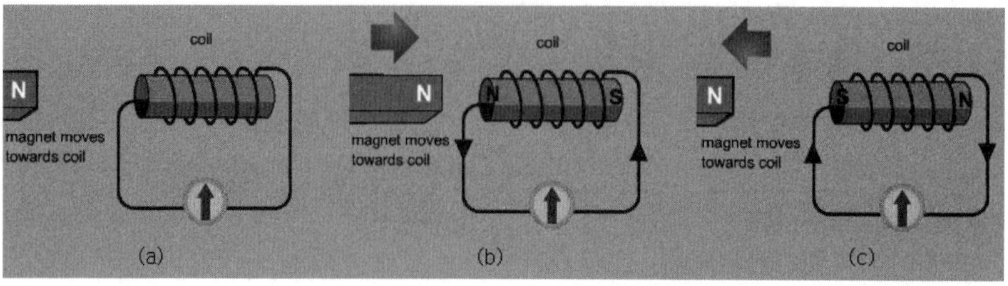

유도 기전력의 크기에 관해 패러데이는 "유도 기전력의 크기는 코일을 지나는 자속의 시간적 변화율과, 코일의 감은 수에 비례한다."는 사실을 알아냈다. 그래서 이것을 패러데이의 전자유도의 법칙(Faraday's elcectromagnetic induction law)이라고 한다. 전자유도에 의해 코일에 발생하는 유도 기전력은 코일에 끼치는 자속 ϕ[Wb]의 변화가 심할수록 기전력은 증가하고 코일의 감은 수 N회에 비례한다.

그러므로 유도 기전력 E는

$$E = -N\Phi [V] \qquad \cdots\cdots(1-12)$$

으로 나타내며, 시간 t에 대한 변화율로서 유도 기전력을 구하면

$$e = -N\frac{\Delta\phi}{\Delta t} [V] \qquad \cdots\cdots(1-13)$$

와 같다. 여기서, (−)부호는 자속의 변화를 방해하는 방향으로 유도 기전력이 발생함을 나타내는 것이다.

한편, 유도 기전력(전류)의 방향은 가까이 할 때와 멀리 할 때 반대가 되며, 또 N극과 S극에서도 반대가 된다. 이러한 현상은 자석을 그대로 둔 채 코일쪽을 움직여도 마찬가지이다. 유도 기전력의 방향에 대해서는 렌쯔가 "유도 기전력은 유도전류가 만드는 자계가 원래의 자계의 변화를 방해하는 방향으로 발생한다"는 법칙을 밝혀냈다. 이것을 렌쯔의 법칙(Lenz's law)이라고 한다. 이 법칙에 의해서 코일에 흐르는 유도전류의 방향을 알 수 있게 되었던 것이다. 일명 청개구리 법칙이라고도 한다.

렌쯔의 법칙을 설명하면 다음과 같다. 그림 1-21(b)에서 자석을 코일에 가까이 가져가면, 즉 N극을 가까이 하면 코일에서는 이 N극을 방해하려고(밀쳐내려고) N극이 형성된다. 이렇게 자석 근처의 코일부분은 N극, 반대편은 S극이 되도록 코일에 유도전류가 흐르게 된다. 반대로 자석을 코일에서 멀리하면, 즉 N극을 멀리하면 코일에서는 사라지는 N극을 잡으려고 S극이 형성된다. 이렇게 자석 근처의 코일부분은 S극, 반대편은 N극이 되도록 코일에 유도전류가 흐르게 된다.

이와 같이, 렌쯔의 법칙은 유도 기전력의 방향을 설명하는 법칙이고 패러데이의 법칙은 전자유도 작용에 의한 유도 기전력의 크기를 설명하는 법칙이라고 정의할 수 있다.

2) 도체의 운동에 의한 전자유도

그림 1-22와 같이 자기장 속에서 도선을 자기장에 대해 수직으로 움직일 경우,

오른손의 엄지는 도선이 운동하는 방향, 검지는 자속(자기력선)의 방향으로 정하면, 도선 속에 발생하는 유도전류는 이것들에 대해 수직으로 구부린 장지 방향으로 흐르게 된다. 이와 같이 도체 운동에 의한 유도 기전력의 방향을 결정하는 법칙을 플레밍의 오른손 법칙(Fleming's right-hand rule)이라고 한다.

그림 1-22 Fleming의 오른손의 법칙

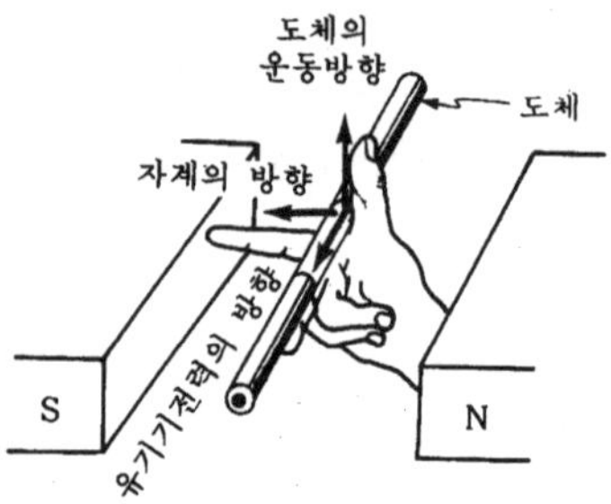

이때, 자기장의 변화에 의하여 도선에 전류가 생기는 현상을 전자(기)유도라 하며 전자기유도에 의하여 생기는 전류를 유도전류라고 한다. 이때, 자속밀도 $B[Wb/m^2]$인 자장 내를 길이 $\ell[m]$인 도체가 자기장과 Θ의 방향으로 $v[m/\sec]$의 속도로 운동할 때, 도선에 유도되는 기전력 e는 다음과 같다.

$$e = B\ell v \sin\Theta [V] \qquad \cdots\cdots(1-14)$$

플레밍의 오른손 법칙은 발전기의 원리로서 발전기의 전류방향을 구하는 데 유용하다. 전자력의 방향을 결정하는 플레밍의 왼손법칙과 혼동하기 쉬우므로 각별히 주의해서 기억해 둘 필요가 있다. 이 두 가지는 왼손과 오른손의 차이 뿐이며 각 손가락이 가리키는 것은 같다. 발전기에서 나온 전기로 전동기를 돌리므로 발전기가 더 힘이 세다. 그래서 전동기에는 왼손법칙, 발전기에는 오른손 법칙이라고 기억하고 있으면 된다.

1-3-6 인덕턴스(Inductance)

1) 자기 인덕턴스 (Self Inductance)

코일이란 동선과 같은 도선을 나선 모양으로 감은 것으로 인덕터(inductor)라고 도 한다. 이러한 코일의 성질 정도를 나타내는 것을 인덕턴스(Inductance)라 하고 기호는

I, 단위는 헨리 $[H]$가 사용된다 (콘덴서의 경우는 커패시턴스(Capacitance), 저항의 경우는 레지스턴스(Resistance)가 각각 성질의 정도를 나타내는 것이다).

도선을 감으면 감을수록 코일의 성질이 강해지며 헨리의 값도 커진다. 코일은 내부에 아무것도 넣지 않은 공심으로 하는 것보다 철심에 감거나 코어라 부르는 철분말을 응고시킨 것에 감는 편이 보다 큰 헨리 값을 얻는다. 통상 전기회로에서 사용하는 코일은 마이크로 헨리(μH)부터 헨리(H)까지 폭넓게 사용된다.

코일이 하나만 있는 경우에 전류가 흘러 자속이 변하면 전자유도에 의해 자속을 방해하려는 방향으로 유도 기전력이 발생하는데, 이를 자기유도작용(Self Induction)이라고 하며, 그 정도를 자기 인덕턴스(Self Inductance) 또는 자체 인덕턴스라 한다.

그림 1-23을 설명해보면, (a)에서 스위치 S/W를 닫으면(on) 축전지(battery)에서 전류가 흘러 코일에 자속이 발생하는 데, 앙페르의 오른손 엄지손가락 법칙에 의하여 네 손가락 방향이 전류의 방향이므로 (b)와 같이 N극(엄지)과 S극을 띤다. 이때 스위치 S/W를 열면(off) 전류가 차단되므로 자속도 사라지게 되는데, 렌쯔의 법칙에 의하여 자속의 변화를 방해하려고 (c)와 같이 각각 반대의 극성을 띠도록 역방향의 기전력(전류)이 유도된다. 이와 같이 코일 하나 자체가 자신의 자속의 변화에 방해하도록 기전력을 유도하므로 자기유도작용(Self Induction)이라고 한다.

그림 1-23 자기유도작용

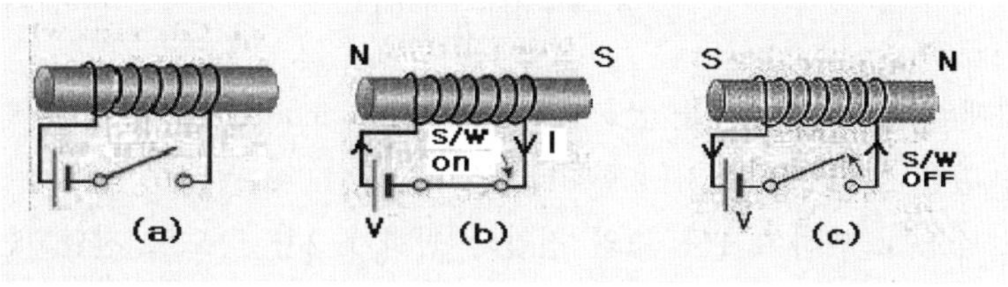

자기 인덕턴스를 L[H], 전류를 I[A]라 할 때, 발생하는 유도 기전력 E는

$$E = -LI[V] \qquad \cdots\cdots(1\text{-}15)$$

으로 나타내며, 시간 t에 대한 변화율로 나타낼 때는

$$e = -L\frac{di}{dt}[V] \qquad \cdots\cdots(1\text{-}16)$$

로 표시한다. 여기서, (−)부호는 자속의 변화를 방해하는 방향으로 유도 기전력이 발생함을 나타내는 것이다.

2) 상호 인덕턴스

그림 1-24와 같이 두개의 코일을 가까이 놓고 한쪽 코일(1차코일)에 전류를 가해 자속이 발생하면, 다른 쪽의 코일(2차코일)에서 1차코일의 자속의 변화에 의해 기전력이 발생한다. 즉, 한쪽 코일의 전류가 변화할 때, 다른 쪽에서 유도 기전력이 발생하는 것을 상호유도작용(mutual induction)이라 한다.

그림 1-24 상호유도작용

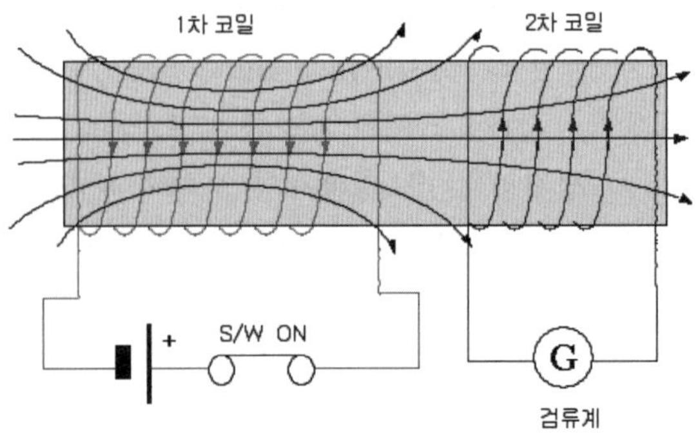

따라서, 2차 코일에 발생되는 유도 기전력은 1차 코일에 흐르는 전류의 변화율에 비례하므로

$$e_2 = -M\frac{di_1}{dt}\ [V] \qquad \cdots\cdots(1\text{-}17)$$

가 된다. 이때의 비례상수 M을 상호인덕턴스(mutual inductance)라 하고, 단위는 자기 인덕턴스와 같은 헨리 $[H]$를 사용한다.

상호유도 작용에 의하여 1차 측의 전압의 변화가 2차 측으로 전달되는 데, 이런 구조가 변압기이다. 변압기는 규소 강판을 성층하여 만든 철심에 2개의 코일을 감아 놓았다. 두 개 코일의 권수비를 이용하여 전압을 변화시켜 사용하는데, 높은 전압에는 코일을 많이 감고, 낮은 전압 쪽에는 조금 감아 전압을 변화시킨다. 발전소에서부터 변전소를 거쳐 가정에 이르기까지 많은 변압기가 사용되어진다.

그림 1-25와 같이 전원측(1차 측)의 전압을 1차 전압 V_1, 전류를 1차 전류 I_1, 권선을 1차 권선 N_1이라 하고, 부하측(2차 측) 전압을 2차 전압 V_2, 전류를 2차 전류 I_2, 권선을 2차 권선 N_2라 한다. 에너지 보존법칙에 의해 1차 측과 2차 측 전기에너지, 즉 전력은 같다.

즉 $P_1 = P_2$이므로,

$$V_1I_1 = V_2I_2 \qquad \frac{V_1}{V_2} = \frac{I_2}{I_1} \qquad \cdots\cdots(1-18)$$

와 같이 나타낼 수 있다. 그리고, 1차 측의 전원전압과 2차 측의 유도 기전력은 각 권선의 감은 수에 비례하므로,

$$a = \frac{N_1}{N_2} = \frac{V_1}{V_2} = \frac{I_2}{I_1} \qquad \cdots\cdots(1-19)$$

으로도 나타낼 수 있는데, 여기 a를 권선(수)비 또는 변압비라 한다.

그림 1-25 변압기의 구조

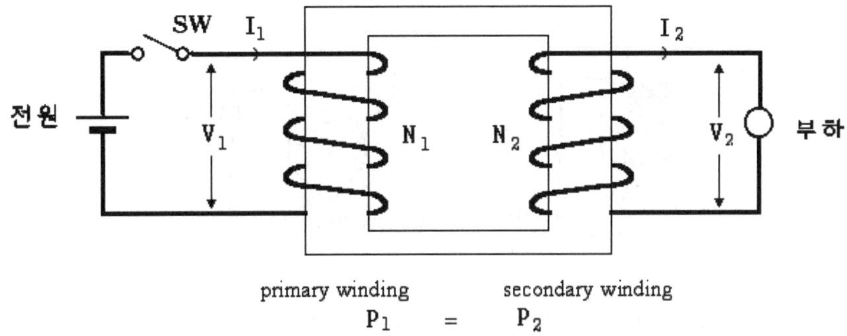

변압기의 원리인 상호유도작용은 항공기의 점화장치에서도 이용되고 있다. 그림 1-26은 항공기 점화시스템 중 시동 바이브레이터(starting vibrator)라는 보조시동장치를 사용하는 엔진 시동회로의 일부이다.

그림 1-26 축전지 점화 시스템

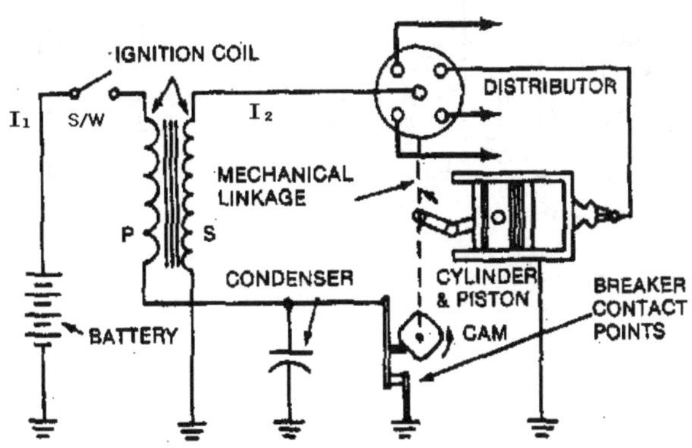

점화스위치를 on으로 하면 1차측 전류 I_1는 브레이커 포인트를 통해 접지 된다. 스타터가 회전하여 브레이커 포인트가 개방되면 2차측 코일에 전류 I_2가 흘러 고전압이 발생한다.

변압기의 원리는 마그네토 점화계통에서도 이용되고 있다. 그림 1-27은 고압 점화계통(high tension magneto system)으로 1차 코일 위에 수천 회의 2차 코일을 감고 브레이커 포인트를 캠의 회전에 따라 주기적으로 열고 닫으면 2차 코일에 20,000~25,000 [V]의 높은 전압이 유도되어 마그네토에 부착된 배전기를 통하여 점화 플러그에 전달되는 방식이다.

그림 1-27 고압 점화계통

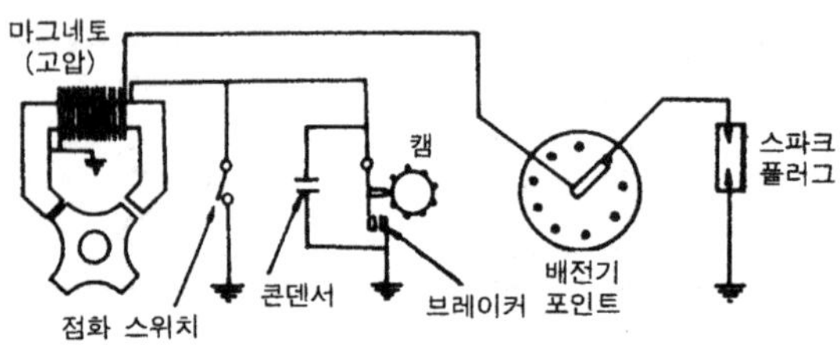

그림 1-28은 저압 점화계통(low tension magneto system)이다. 마그네토는 1차 코일에서 낮은 전압을 발생시켜 저전압 상태로 배전기 회전자를 통해 각 실린더마다 설치된 변압기에 보내어져 변압기에서 높은 전압으로 승압되어 점화 플러그에 전달하는 방식으로 고공에서 전기누설이 없어 고공비행에 적합하다.

그림 1-28 저압 점화 계통

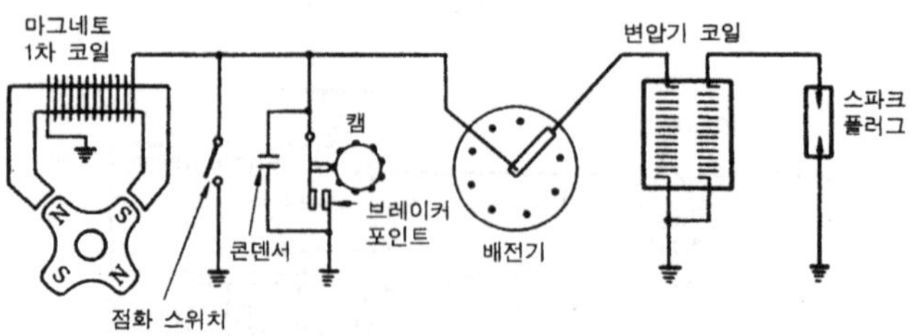

참고 천둥번개는 어떻게 생기는 걸까 ?

여름이 되면 비가 자주 내린다. 어떤 때는 번개가 치고 천둥소리가 무섭게 들리기도 한다. 사람들은 나쁜 일을 저지른 이에게 욕을 할 때, "벼락맞을 X"라는 식으로 말한다. "천벌을 받을 X"이라고 말할 때에도, 천벌은 곧 벼락 맞는 것을 의미하는 것으로 하늘이 노해서 벼락을 내리는 것으로 생각해 왔던 것이다. 이러한 천둥의 정체는 오랫동안 규명되지 않은 채 두려움의 대상이었다. 그러다가 17세기에 이르러 겨우 전기라는 것을 알게 되었는데, 그때부터 천둥과 번개도 전기와 비슷하다고 생각하는 학자들이 생겨나게 되었던 것이다.

미국의 과학자 프랭클린도 그런 사람 중의 하나였다. 그는 천둥과 전기의 관계를 규명하기 위해서 1752년 7월에 하나의 실험을 했는데, 이것이 바로 저 유명한 연의 실험이다. 연에다 30㎝쯤 되는 철사를 늘어뜨린 다음, 연줄의 끝에는 명주리본을 묶고 연줄과 리본을 이은 자리에 한 개의 금속열쇠를 매달았다. 연을 띄울 때는 감전을 방지하기 위해서 명주 리본을 잡고 띄웠다. 처음에는 잘 느끼지 못했으나 연줄이 비에 젖자, 반응이 왔다. 즉 손가락을 살짝 열쇠에 가까이 대자 퍽 하고 불꽃이 튀며 손가락에 짜릿한 통증을 느꼈다는 것이다. 그리하여 그는 열쇠를 라이덴병에 대고 전기를 저장하는데 성공했다.

그러면 천둥번개는 어떻게 해서 일어나는 현상일까. 천둥번개는 한마디로 전기적인 현상이다. 천둥번개에는 아직 규명되지 않은 사실도 많지만, 지금까지 관측되고 조사된 결과는 대략 다음과 같다. 천둥번개를 일으키는 뇌운(雷雲)은 소낙비구름이다. 소낙비 구름은 강한 태양광선으로 지표의 공기가 가열되어 생기는 심한 상승기류에 의해 발생한다. 여름에 흔히 보는 뭉게구름은 크게 되어 가고 있는 소낙비 구름이다.

소낙비 구름을 구성하고 있는 물방울이 상승기류로 인해 파열되면, 파열된 물방울은 양으로 대전하고 주위의 공기는 음으로 대전한다. 물방울의 물은 분자가 전기쌍극자로 되어있어, 물방울의 바깥쪽에는 전자와 같이 가벼운 것으로 형성되어 있다. 물방울이 분열되면 가장 바깥쪽이 떨어져 나가 물방울은 양(+)으로, 둘레의 공기는 음(−)으로 대전하게 된다. 그런데 양의 전하를 가진 물방울은 뇌운의 위쪽으로 올라가고 음의 전하는 아래쪽에 머무른다. 그림과 같이 뇌운의 아래쪽에 음의 전하가 많아지면 상층의 구름과의 사이 또는 지면으로 방전해서 낙뇌(落雷)한다. 천둥번개의 전압은 1~10억 볼트, 천둥번개가 한 번 칠 때의 전기에너지는 100와트 전구 10만개를 1시간 켤 수 있을 정도의 막대한 량이다.

그림 1-29 천둥번개

단원정리

정리 1 — 전기의 성질

1. 전기의 3요소 : 전류, 전압, 저항
2. 전류 : 단위 시간 동안에 이동한 전하량이다. $I=\frac{Q}{t}[A]$
3. 오옴의 법칙 : $V=IR$
4. 저항을 결정하는 4가지 요인
   물질의 성질(도체의 재질), 도체의 길이 ℓ, 도체의 면적 A, 도체의 온도
5. 저항의 관계식 : $R=\rho\frac{\ell}{A}$
   *고유저항 $\rho=R\frac{A}{\ell}$ [Ω·m]
6. 온도와 저항과의 관계식
   $R_2=R_1\cdot\{1+\alpha(t_2-t_1)\}$, α : 온도계수
7. Static Discharger(정전기 방전장치)
   끝이 핀 형태의 전극으로 코로나 방전을 한다. 그때, 생기는 잡음 성분의 전계가 항공기의 무선 수신 안테나에 들어가지 않게 견고히 배치된 고저항 구조이다
8. 전 력 : $P=VI=I^2R=\frac{V^2}{R}$ [W]
9. 전력량 : $W=P\cdot t=VI\cdot t$ [VA·sec][W·h][J]
10. 주울열 : $H=I^2R\cdot t$ [J] (1[J]=0.24[cal], 1[cal]=4.2[J])

정리 2 ── 자기의 성질

1. 전자석

철심에 도선을 감고 전류를 흐르게 하면 철심은 전자석이 된다. 이때, 자기력선은 오른손 엄지손가락 방향(N극)으로 발생한다.

2. 앙페르의 오른나사 법칙

도체에 전류가 흐르면 도체 주변에 맴돌이 자장이 형성된다. 이때 전류의 방향을 나사의 진행방향과 일치시키면 자기력선의 방향은 오른나사가 돌아가는 방향이 된다.

3. 렌쯔의 법칙

코일이 감긴 원형철심에 자석을 가까이 하거나 멀리하면, 자속의 변화를 방해하는 방향으로 코일에 유도 기전력이 발생한다. 이러한 법칙을 렌츠의 법칙이라 한다.

4. 플레밍의 왼손법칙(전동기)

자기장 내에 있는 도체에 전류가 흐르면 힘(전자력)이 작용하여 도체가 움직인다.

☞왼손(오른손)의 엄지 : 도체의 운동방향, 즉 전자력의 방향

☞왼손(오른손)의 곤지 : 자기장(자기력선)의 방향

☞왼손(오른손)의 중지 : 전류의 방향

*전자력 $F = Bi\ell \sin\Theta\ [N]$

(B : 자속밀도[wb/㎡][T], ℓ : 도선길이[m], Θ : 도선과 자계방향과의 각)

5. 플레밍의 오른손 법칙(발전기)

자기장 내에 있는 도체를 자속과 직각인 방향으로 움직여 회전시키면서 자속을 끊으면 전자유도현상에 의하여 유도 기전력이 발생하여 도체에 전류가 흐르게 된다.

*자속밀도 B[T]인 자계와 직각으로 놓인 길이 ℓ[m]의 도선이 v[m/sec]의 속도로 자속을 자를 때, 유도 기전력 $e = B\ell v\sin\Theta$

6. 자기유도작용

코일에 흐르는 전류를 변화시키면 코일과 교차하는 자속도 변화하기 때문에 코일에 그 자속변화를 방해하는 방향으로 기전력이 발생한다. 즉 전류를 차단하면 자기가 사라지는 데, 이것을 막기 위해 역기전력이 유도된다.

7. 상호유도작용

철심에 두 개의 코일을 감은 경우, 1차 코일에 흐르는 전류를 변화시키면 자속도 변화하기 때문에 코일에 자속변화를 방해하는 방향으로 2차 코일에 기전력이 발생한다. 전원에 접속되어 있는 권선을 1차 권선 N_1이라 하고, 부하에 접속되어 있는 권선을 2차 권선 N_2이라 한다

* 변압비 (권수비) : $a=\frac{N_1}{N_2}=\frac{E_1}{E_2}$

연 습 문 제

1. 항공전기계통에서 115〔V〕, 400〔Hz〕의 교류를 사용하는 이유는 ?

답 교류는 직류에 비해 가는 전선으로 다량의 전력을 원거리까지 송전이 가능하므로 전선의 무게를 줄일 수 있다. 또한 400Hz는 60Hz보다 전기기기(특히 전동기)를 작게 만들 수 있어 항공기 무게를 줄일 수 있다. 그래서 115V 400Hz를 사용한다.

2. 스태틱 디스차저(static discharger)의 역할은 ?

가. 기체의 정전기를 방전시킨다.
나. 주선장치의 방해를 없앤다.
다. 기체의 전위를 일정하게 한다.
라. 첨단 장치로 불꽃을 대기중으로 방전시킨다.

답 가

3. 항공기에서 정전기(Static Electricity)를 없애는 이유는 ?

가. 탑승객들이 정전기를 느끼지 않도록
나. 항공기 동력 계통 내의 파동을 일으키지 않기 위해
다. 무선기기의 잡음 방해를 줄이기 위해
라. 비행기 계기에 방해가 안 되도록

답 다

4. 전류에 대한 정의는 ?

답 단위 시간에 이동한 전기량

5. 다음중 컨덕턴스(Conductance)의 단위는 무엇인가 ?

가. 암페어(ampere)　　나. 지멘스(siemense)

다. 오옴(ohm)　　라. 볼트(volt)

답 나

6. 서미스터(Thermister)에 대해 옳게 설명한 것은 ?

가. 온도가 증가하면 비례적으로 저항이 증가한다.

나. 온도가 증가하면 비례적으로 저항이 감소한다.

다. 온도가 증가하면 급격히 저항이 증가한다.

라. 온도가 증가하면 급격히 저항이 감소한다.

답 라

7. 단면적이 1.0㎠, 길이 25㎝인 어떤 도선의 전체저항이 15Ω이었다면 도선재료의 고저항은 몇 〔Ω·㎝〕인가 ?

가. 0.4　　나. 0.5

다. 0.6　　라. 0.7

답 $\rho = R\dfrac{A}{\ell} = 15\times\dfrac{1}{25} = 0.6$ [Ω·cm]

8. 전류의 발열작용과 관계있는 법칙은 ?

답 주울의 법칙

9. 정격 24〔V〕, ⅓〔HP〕짜리 전동기가 효율 75%로 작동 될 때 전류는 ?

가. 14.5A　　나. 7.8A

다. 11.7A　　라. 10.6A

답 $24\times I = \dfrac{1}{3}\times 746\times 0.75 \quad \therefore\ I = 7.8[A]$

10. 내부저항이 2〔Ω〕이고 24〔V〕인 축전지에서 최대전력을 흡수하기 위한 부하 저항값을 구하고 그때의 전력은 얼마인가 ?

가. 2Ω	144W	나. 4Ω	64W
다. 1Ω	64W	라. 2Ω	72W

답 $P = VI = I^2R = \frac{V^2}{R}$ 의 공식을 이용, 여기서는 저항이 외부(부하)저항 R과 내부저항 2[Ω]이있다는 것에 주의한다. 그러므로 $\frac{24^2}{2+R} = 144$ 으로 식을 만들면 R =2[Ω] 이 된다.

11. 항공전기 3대 계통을 쓰시오.

답 전력(전원)계통, 배전(배선)계통, 부하(load)계통

12. 저항이 8Ω, 소비전력이 500W일 때 전류는 ?

답 $P = VI = I_2R = \frac{V^2}{R}\ [W]$

$I^2 = \frac{P}{R} = \frac{500}{8} = 62.5$

$I = \sqrt{62.5} = 7.9[A]$

13. 24〔V〕, 10〔A〕의 전열기를 1시간 사용시 전력〔W〕, 전력량〔J〕 및 열량〔cal〕은 ?

답 전 력 $P = VI = 24 \times 10 = 240\ [W]$,

전력량 $W = P \cdot t = VI \cdot t = 240 \times 60 \times 60 = 864000\ [VAsec]$

$H = I^2 \cdot R \cdot t[J] = 0.24I^2 \cdot R \cdot t[cal] = 0.24 \times 864000 = 207360[cal]$

14. 전류의 방향에 의해 자력선의 방향을 결정하는 법칙은 ?

답 앙페르의 오른나사 법칙

15. 1차 코일의 감은 수가 100회, 2차 코일의 감은 수가 300회인 변압기의 1차 코일에 115V 전압을 가하면 2차 코일의 전압은 ?

답 $\frac{V_1}{V_2} = \frac{N_1}{N_2}$, $\frac{115}{V_2} = \frac{100}{300}$, $V_2 = 345[V]$

16. 다음 그림에서처럼 막대자석을 코일을 감은 원통철심에서 멀리할 경우, 원통철심 양끝의 극성과 코일의 전류방향을 표시하시오.

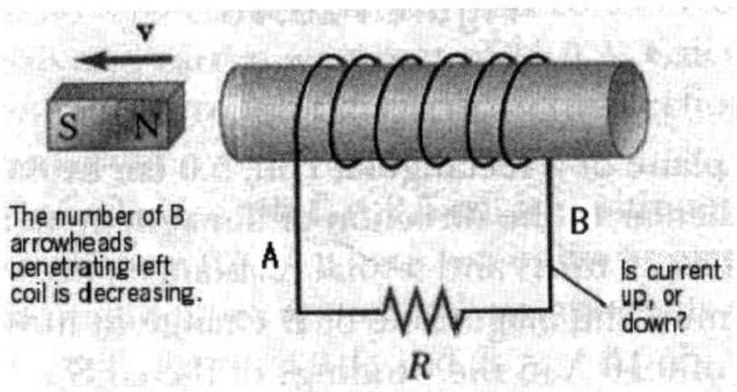

답 막대자석을 멀리하면 N극이 사라지므로, 이를 방해하려고(막으려고) A부분에는 S극이 형성되고 B부분은 N극이 형성되도록 전류가 유도된다. 이때 엄지손가락 방향이 N극이므로, 전류는 나머지 네 손가락방향이 된다. 즉 A에서 B로 전류가 흐르게 된다.

17. 그림처럼 두 평행 도선에 상향으로 같은 세기의 전류가 흐른다고 할 때, 두 도선 한 가운데 자기력은 어떻게 되겠는가?

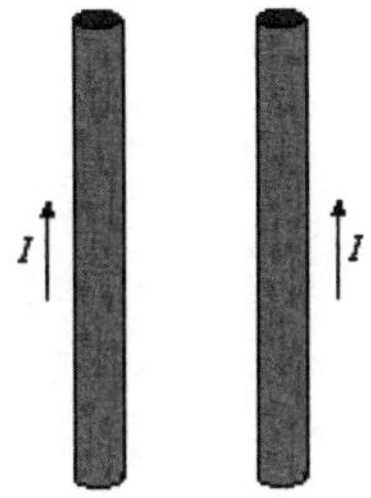

가. 자기력은 2배가 된다
나. 자기력은 0이 된다
다. 인력이 작용한다
라. 척력이 작용한다

답 나. 앙페르의 오른나사 법칙에 의하여 두 도선 한가운데 자기력은 서로 상쇄되어 0이 된다. 자기력은 통신 및 계기장치에 잡음을 일으키는 원인이 되므로 이를 상쇄시키기 위해서 트위스트(twist) 전선을 사용한다.

제2장 회로이론

2

회로이론

2-1 키르히호프의 법칙(Kirchhoff's law)

2-1-1 키르히호프의 제1법칙

전기 회로에서 도선이 둘 이상으로 분기되는 접합 점에서 그 점에 들어오는 전류의 합은 나가는 전류의 합과 같다. 즉, 유입하는 전류의 총합은 유출하는 전류의 총합과 같다.

$$\Sigma 유입전류 = \Sigma 유출전류 \qquad \cdots\cdots(2-1)$$

이것을 키르히호프의 제1법칙 또는 키르히호프의 전류법칙(Kirchhoff' s current law : KCL)이라 한다. 그림 2-1의 접속점 P에 유입하는 전류와 유출하는 전류의 합은 "0"이다. 즉 P점의 전류는 "0"이므로 다음과 같이 나타낼 수 있다.

$$I_1 + I_2 + I_4 = I_3 \qquad \cdots\cdots(2-2)$$

$$I_1 + I_2 - I_3 + I_4 = 0 \qquad \cdots\cdots(2-3)$$

그림 2-1 키르히호프의 전류법칙

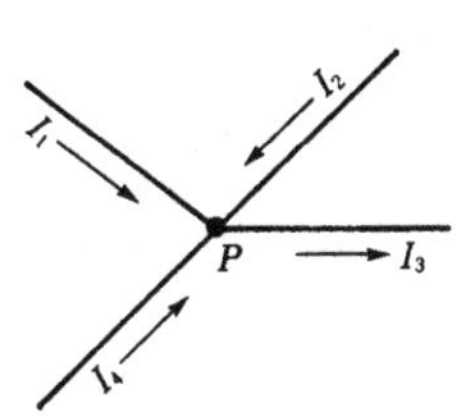

2-1-2 키르히호프의 제2법칙

전기회로에서 전원을 공급하는 기전력의 합과 부하로 소비되는 전압강하(각 저항과 전류의 곱)의 합은 같다.

$$\Sigma\text{기전력(공급전압)} = \Sigma\text{전압강하(소비전압)} \qquad \cdots\cdots(2\text{-}4)$$

이는 전기회로를 전류가 한바퀴 도는 동안 (+)와 (−)의 방향을 고려하여 합하면 전위차의 합은 "0"이 된다. 즉 기전력과 전압강하의 전체의 합은 "0"이라는 의미이다. 이것을 키르히호프의 제2법칙 또는 키르히호프의 전압법칙(Kirchhoff's voltage law : KVL)이라 한다. 그림 2-2에서 회로의 기전력은 V(또는 E)이고 전압강하의 총합은

$$V_1 + V_2 + V_3(IR_1 + IR_2 + IR_3) \qquad \cdots\cdots(2\text{-}5)$$

이고, 기전력과 전압강하의 관계는 총합이 서로 같으므로 다음과 같이 구할 수 있다.

$$V = V_1 + V_2 + V_3(IR_1 + IR_2 + IR_3) \qquad \cdots\cdots(2\text{-}6)$$

그림 2-2 키르히호프의 전압법칙

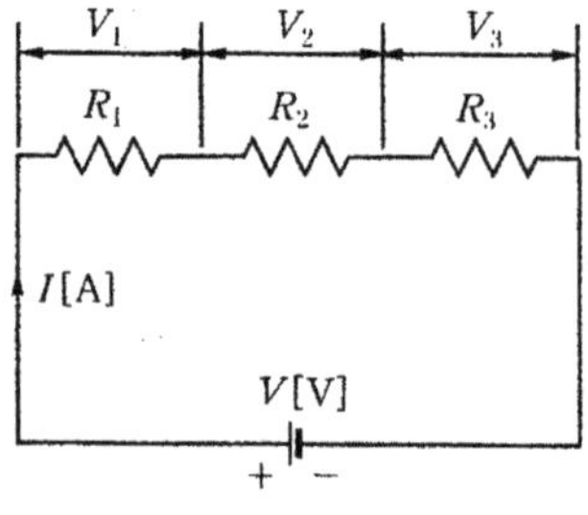

2-1-3 루프 전류법

그림 2-3에서 루프 전류 I_a는 폐회로 abcd를 순환하고, I_b는 폐회로 cbdc를 순환하는 것으로 가정했을 때 키르히호프의 전압법칙을 적용하면 다음 식이 성립한다.

$$\Sigma V_{abda} = 0 = -2I_a - 8(I_a + I_b) + 32$$
$$\Sigma V_{cbdc} = 0 = -4I_b - 8(I_a + I_b) + 20 \qquad \cdots\cdots(2\text{-}7)$$

위의 식을 정리하면

$$10I_a + 8I_b = 32 \qquad \cdots\cdots(2\text{-}8)$$

$$8I_a + 12I_b = 20 \qquad \cdots\cdots(2\text{-}9)$$

이다. 식 (2-8)과 식 (2-9)의 2원 1차 연립방정식으로부터 $I_a = 4[A]$, $I_b = -1[A]$를 얻을 수 있다. 그림 2-3에서 $i_1 = I_a$, $i_2 = I_b$, $i_3 = I_a + I_b$이므로 구하고자 하는 값은 $i_1 = 4[A]$, $i_2 = -1[A]$, $i_3 = 3[A]$가 된다. 이상에서처럼 **루프 전류법**(Loop current method)을 이용하면 연립방정식의 미지수를 줄이는데 도움이 됨을 알 수 있다.

그림 2-3 회로망과 루프전류(Loop current)

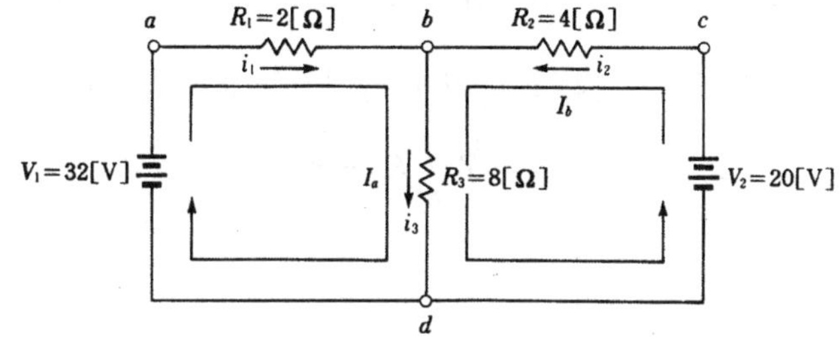

2-2 저항의 접속

2-2-1 저항의 직렬접속

저항의 접속은 합성저항이 증가하는 직렬접속과 합성저항이 감소하는 병렬접속이 있다. 직렬접속은 저항의 합이 증가하는 것으로 합성저항은 전체를 더한 것과 같다. 그림 2-4와 같이 저항을 접속한 것을 직렬접속(series connection)이라 하고, 전원과 저항이 모두 직렬로 접속되어 있는 회로를 직렬회로(series circuit)라 한다.

직렬회로에서 전체전류 I는 항상 일정하다. 그리고 기전력 E(또는 V)는 각각의 저항에 비례하여 나누어지고 각각의 전압강하를 더한 값과 같아진다.

그림 2-4 저항의 직렬감속

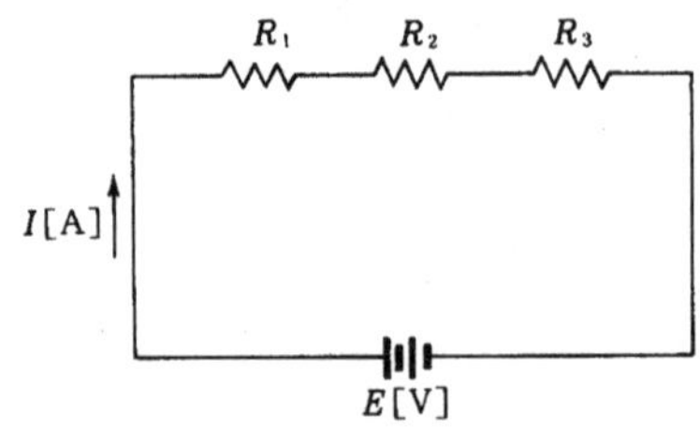

그림 2-3에서 키르히호프의 전압의 법칙을 적용하면,

$$E = V_1 + V_2 + V_3 \quad \cdots\cdots(2\text{-}10)$$

$$IR = IR_1 + IR_2 + IR_3 \quad \cdots\cdots(2\text{-}11)$$

가 된다. 여기서, 전류 I는 일정하므로 전체 합성저항 R은 다음과 같다.

$$R = R_1 + R_2 + R_3 \quad \cdots\cdots(2\text{-}12)$$

2-2-2 저항의 병렬접속

그림 2-5와 같이 저항을 접속한 것을 병렬접속(parallel connection)이라 하고, 전원과 저항이 모두 병렬로 접속되어 있는 회로를 병렬회로(parallel circuit)라 한다. 저항이 병렬로 접속된 회로에서는 각 저항마다 동일한 전압이 가해지고 저항에 흐르는 전류는 저항에 반비례하여 흐른다. 그러므로 그림 2-5의 병렬회로에서 기전력 V는 R_1, R_2, R_3에 그대로 걸리며, 전체전류 I는 각각의 전류를 더한 값과 같다.

그림 2-5 병렬접속

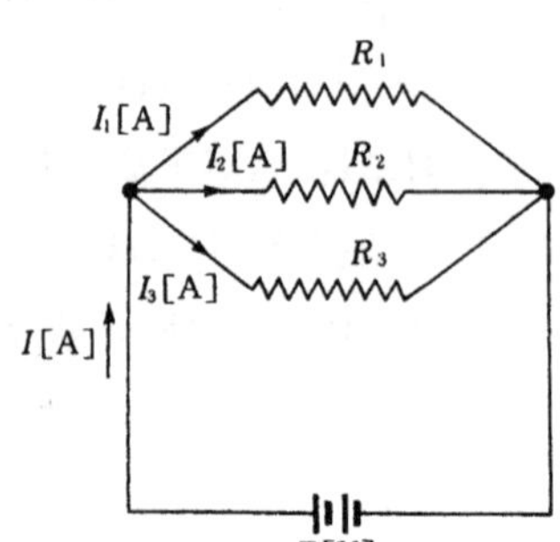

그림 2-5에서 키르히호프의 전류의 법칙을 적용하면,

$$I = I_1 + I_2 + I_3 \qquad \cdots\cdots(2-13)$$

$$\frac{E}{R} = \frac{E}{R_1} + \frac{E}{R_2} + \frac{E}{R_3} \qquad \cdots\cdots(2-14)$$

가 된다. 여기서, 전압 V는 일정하므로 전체 합성저항 R은, 먼저 $\frac{1}{R}$을 구한 다음에 역수를 취하면 된다.

$$\frac{1}{R} = \frac{1}{R_1} + \frac{1}{R_2} + \frac{1}{R_3} \qquad \cdots\cdots(2-15)$$

2-3 콘덴서의 접속

2-3-1 콘덴서의 개요

콘덴서(condenser)란 전기를 축적하는 기능을 가지고 있다. 또한 전기를 축적하는 기능 이외에 직류전류를 차단하고 교류전류를 통과시키려는 목적에도 사용된다.

그림 2-6 콘덴서의 구조

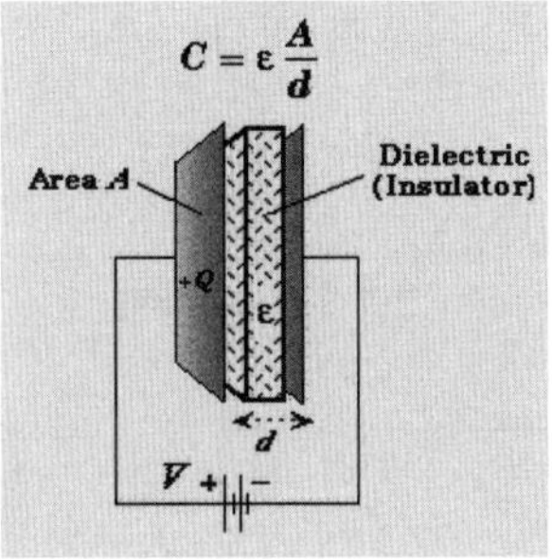

그림 2-6과 같이 콘덴서는 기본적으로 2장의 금속판(전극판)을 평행으로 놓고 그 사이에 절연물(유전체)을 삽입한 구조로 되어 있다. 보통 금속판에는 알루미늄박, 주석박 등이 사용되고 절연물에는 종이, 운모, 전해액을 포함한 산화피막 또는 공기 등이 사용된다. 절연물의 종류에 따라 종이 콘덴서, 전해콘덴서, 세라믹 콘덴서, 마일러 콘덴서 등의 이름이 붙여진다.

그림 2-7 콘덴서의 종류

여기에 직류전압을 걸면, 각 전극에 양전하(+Q)와 음전하(-Q)라고 하는 전기가 축적되며, 축적하고 있는 도중에는 전류가 흐른다. 하지만 축적이 완료된 상태에서는 전류는 흐르지 않게 된다. 그러므로 직류전압이 콘덴서에 가해진 경우, 순간적으로 전류가 흐르지만 나중에는 흐르지 않기 때문에 직류를 통과시키지 않으려는(직류차단) 용도에 사용된다. 그러나 교류의 경우에는 항상 교대로 극성이 바뀌어 접속하는 것과 같으므로, 그 때마다 전류가 흐르게 되어 교류전류는 통과시키게 된다.

콘덴서가 전하를 축적하는 용량을 정전용량(electrostatic capacity) 또는 커패시턴스(Capacitance)라 하며 기호는 C, 단위는 패럿(farad) [F]을 사용한다. 일반적으로 콘덴서에 축적되는 전하용량은 매우 작기 때문에, μF나 pF의 단위가 사용된다. 콘덴서의 정전용량 C는 유전체의 유전율 ε 과 전극의 면적 A에 비례하고 전극사이의 거리 d 에 반비례한다. 그러므로 정전용량 C는

$$C = \varepsilon \frac{A}{d} [F] \qquad \cdots\cdots(2\text{-}16)$$

와 같이 나타내며, 그림 2-8처럼 전압 V[V]를 가했을 경우 정전용량이 C[F]인 콘덴서에 축적되는 전하량 $Q[C]$는 다음과 같다.

$$Q = CV[C] \qquad \cdots\cdots(2\text{-}17)$$

그림 2-8 정전용량

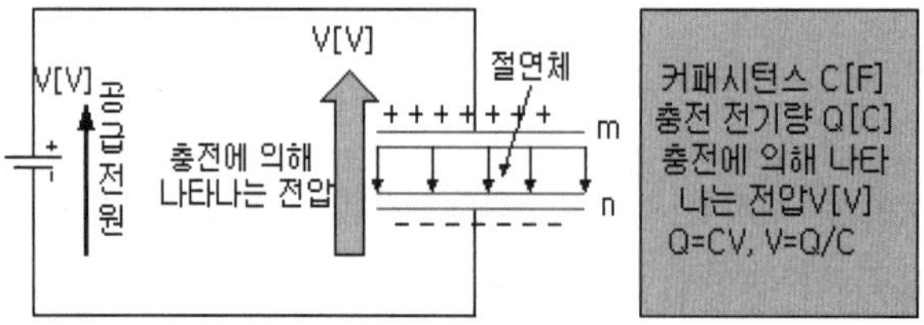

콘덴서의 정전용량 표시에 세 자리의 숫자가 보통 사용되는 경우가 있다. 부품 메이커에 따라 용량을 세 자리의 숫자로 표시 하든가 그대로 표시하기도 한다. 세 자

리 숫자로 나타내는 경우에는 앞의 두 숫자가 용량의 제1숫자와 제2숫자이고, 세 번째 숫자가 승수가 된다. 표시의 단위는 pF으로 되어 있다.

예를 들면, 그림 2-9의 우측에 있는 세라믹 콘덴서는 103이라고 인쇄되어 있는데, 이것은 $10 \times 10^3[pF]$이므로 $0.01[\mu F]$이 된다.

그림 2-9 세라믹 콘덴서

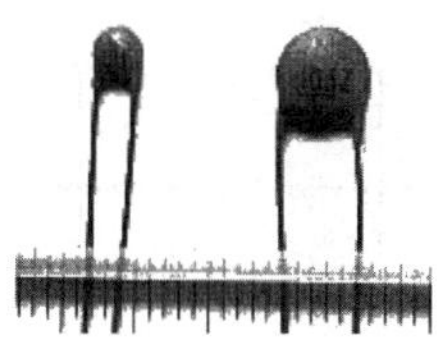

2-3-2 콘덴서의 직렬접속

그림 2-10과 같이 대전체 A에 대전되지 않은 도체 B를 가까이 하면 A와 가까운 쪽에는 다른 종류의 전하가, 먼 쪽에는 같은 종류의 전하가 나타난다. 이러한 현상을 정전유도(electrostatic induction) 현상이라고 한다.

그림 2-10 정전유도

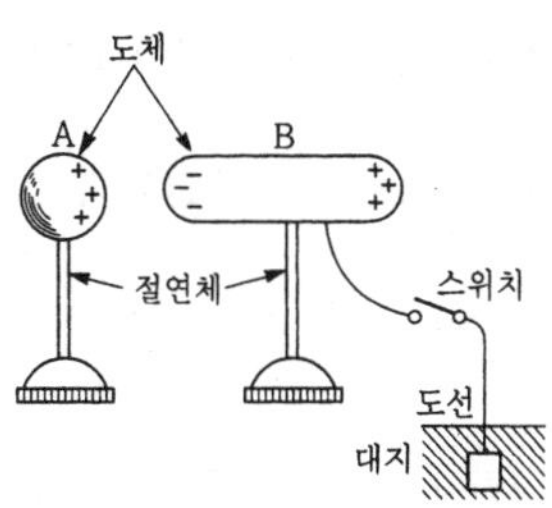

그림 2-11과 같이 콘덴서를 2개 이상 직렬로 연결할 경우, 정전유도 현상에 의하여 각각의 콘덴서에 일정한 전하량이 축적된다. 키르히호프의 전압의 법칙에 의하여 $V = V_1 + V_2 + V_3$ 이고 $Q = CV$이므로,

$$\frac{Q}{C} = \frac{Q}{C_1} + \frac{Q}{C_2} + \frac{Q}{C_3} \qquad \cdots\cdots(2\text{-}18)$$

와 같이 나타낼 수 있다. 여기서, 전하량 Q는 일정하므로

$$\frac{1}{C}=\frac{1}{C_1}+\frac{1}{C_2}+\frac{1}{C_3} \qquad \cdots\cdots(2\text{-}19)$$

와 같이 구할 수 있다. 이때 합성정전용량 C는 역수를 취하여 구하면 된다.

그림 2-11 콘덴서의 직렬접속

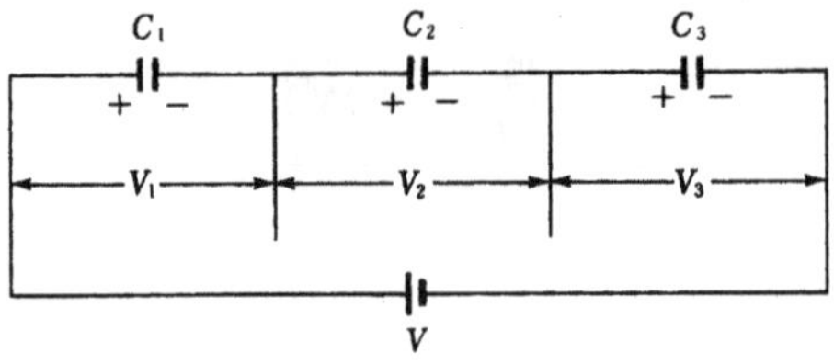

2-3-3 콘덴서의 병렬접속

그림 2-12와 같이 콘덴서를 병렬로 연결할 경우, 키르히호프의 전류의 법칙에 의하여 $I=I_1+I_2+I_3$이고 전하량은 전류와 비례관계이므로

$$Q=Q_1+Q_2+Q_3 \qquad \cdots\cdots(2\text{-}20)$$

가 된다. 또한 $Q=CV$ 이므로

$$CV=C_1V+C_2V+C_3V \qquad \cdots\cdots(2\text{-}21)$$

으로 나타낼 수 있다. 여기서, 전압 V는 일정하므로 합성정전용량 C는 다음과 같다.

$$C=C_1+C_2+C_3 \qquad \cdots\cdots(2\text{-}22)$$

그림 2-12 콘덴서의 병렬접속

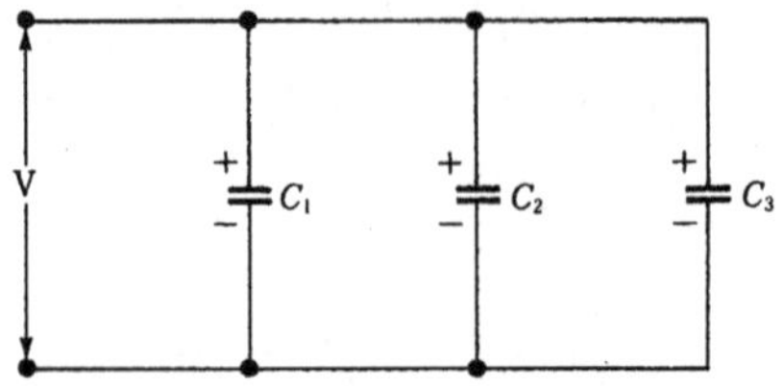

2-4 교류회로

2-4-1 사인파 교류의 발생

전기의 종류는 정전기(靜電氣)와 동전기(動電氣)로 구분되며, 동전기는 다시 직류(direct current)와 교류(alternating current) 나눌 수 있다. 그림 2-13과 같이 직류는 시간의 변화에 따라 크기와 방향이 일정한 전압·전류이고, 교류는 시간의 변화에 따라 크기와 방향이 주기적으로 변하는 전압·전류이다.

그림 2-13 직류와 교류

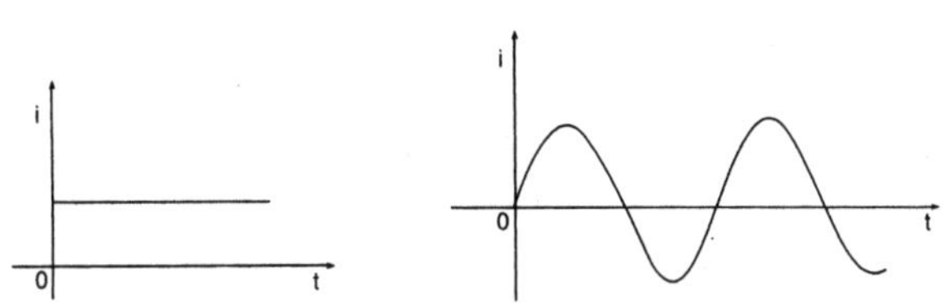

(a) 직류 (b) 교류

교류의 장점은 다음과 같다.

① 변압기를 이용하여 쉽게 전압의 크기를 올릴 수도 내릴 수도 있다.
② 전력 손실을 줄일 수 있어 가는 전선으로 원거리 송전이 가능하다.
③ 정류장치를 이용하여 교류로부터 직류를 얻을 수 있다.
④ 증폭이 쉽다.

1) 각속도, 주기, 주파수

그림 2-14는 정현파 기전력의 발생원리를 나타내고 있다. 자기장 내에서 도체를 회전시키면 도체에 기전력(ElectroMotive Force : EMF)이 발생하여 외부에 전류를 공급하게 된다.

발전기에서 생성되는 교류는 사인파(sinusoidal wave) 형을 갖는다. 발전기 내에 코일이 회전할 때, 각의 이동이 생기고 각이 회전하는 결과를 낳는다. 각이 이동하는 속도를 각속도(angular velocity)라 하며, ω로 표시하고 t초 동안에 각 θ가 이동한 값이다.

그림 2-14 정현파 기전력의 발생원리

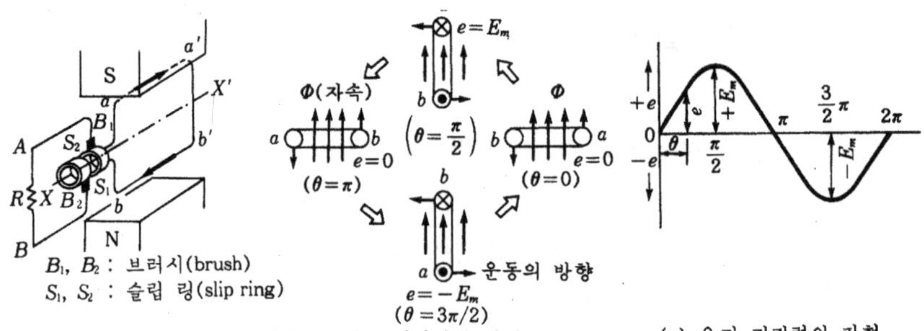

(a) 정현파 기전력의 발생 원리도 (b) 기전력의 방향 (c) 유기 기전력의 파형

그러므로 각속도 ω는

$$\omega = \frac{\theta}{t}[rad/s] \qquad \cdots\cdots(2\text{-}23)$$

로 표시할 수 있으며, 각 θ는

$$\theta = \omega t[rad] \qquad \cdots\cdots(2\text{-}24)$$

이 되고, 1회전하면 2π[rad]=360° 이 된다.

그림 2-15 각속도

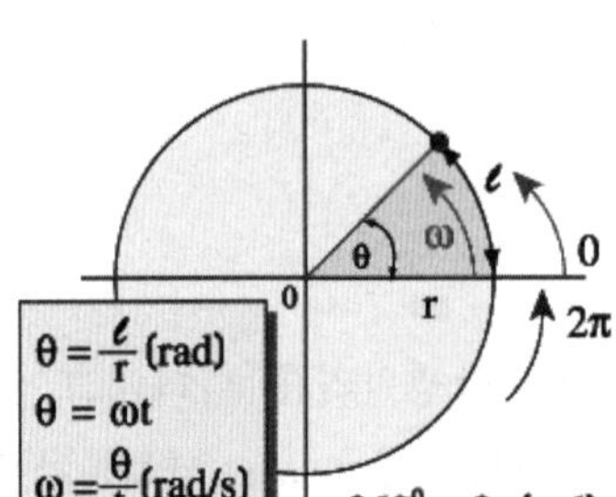

그림 2-16와 같이 발전기의 도체(코일)가 한 바퀴 회전하는 것을 "싸이클(Cycle)"이라 하는데, 1 싸이클을 회전하는데 걸리는 시간을 "주기"라 하며 기호는 T, 단위는 [sec]이다. 1회전시 각 θ는 2π이고 걸린 시간이 T이므로 식(2-23)에서,

$$T = \frac{2\pi}{\omega}[\sec] \qquad \cdots\cdots(2\text{-}25)$$

를 유도할 수 있다.

그림 2-16 정현파의 주기와 주파수

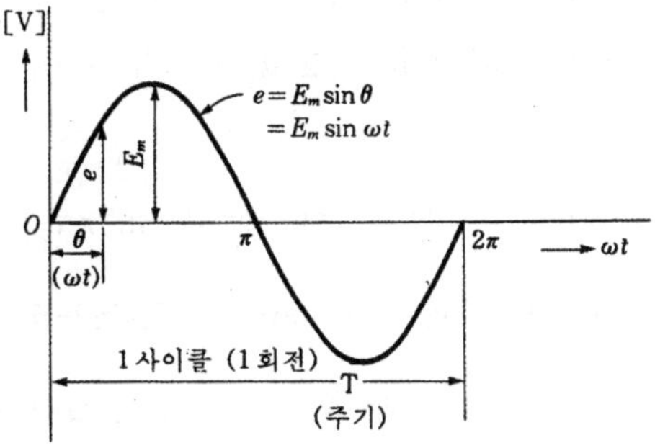

싸이클은 반복되는데, 1초 동안 반복되는 사이클의 수를 "주파수(주기적인 파동의 수)"라 한다. 주파수(frequency)의 기호는 f, 단위는 [*cps*](cycle per sec) 또는 헤르쯔 [*Hz*]를 사용한다.

그림 2-17에서 1초 동안 싸이클 수가 4이므로 주파수 $f=4$[*Hz*]이고, 주기 $T=0.25$[sec]가 된다. 이와 같이 주파수는 주기의 역수가 되므로 주파수 f는

$$f=\frac{1}{T}=\frac{\omega}{2\pi}[rad] \quad \cdots\cdots(2\text{-}26)$$

이 되며, 각속도 ω는

$$\omega=2\pi f[rad/\sec]$$

으로도 나타낼 수 있다. 그래서 ω를 각주파수(angular frequency)라고도 한다

그림 2-17 주파수

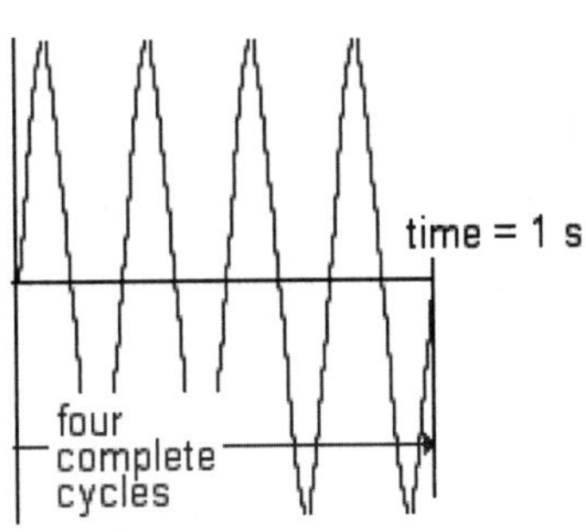

2) 교류값의 표시방법

교류는 전압과 전류의 값이 일정하지 않고 시간의 흐름에 따라 변화하므로, 대개 교류를 표시하는 데는 순시값, 최대값, 실효값, 평균값 등이 있다. 사인파 교류의 전류와 전압은

$$i = I_m \sin\Theta = I_m \sin\omega t = I_m \sin 2\pi ft \qquad \cdots\cdots(2-28)$$

$$v = V_m \sin\Theta = V_m \sin\omega t = V_m \sin 2\pi ft \qquad \cdots\cdots(2-29)$$

와 같이 나타낼 수 있으며, 그림 2-18과 같은 파형을 형성한다. 위의 식에서 교류 전류 i의 값은 시간이 경과함에 따라 매 순간마다 변하므로, 이것을 교류 전류의 순시값(instaneous value)이라고 하며, 교류 순시값은 전압과 전류에 대하여 각각 v, i의 소문자를 사용한다.

그림 2-18 사인파

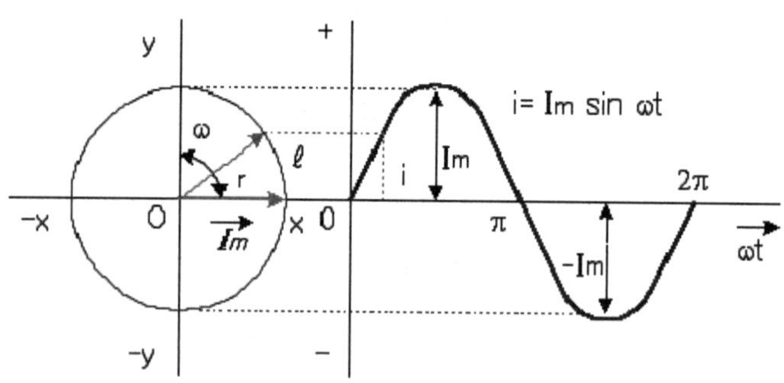

그림 2-18에서 에서 " I_m"은 시간에 따라 변하는 순시값 중에서, 사인파의 진폭을 나타내는 "최대값(maxium value)"이 된다.

우리가 생활에서 220V, 110V라고 부르는 전압의 값은 실효값이다. 실효값이란 교류가 실제로 일을 하는 값으로 직류로 환산한 값이라 할 수 있다. 직류나 교류나 저항을 통과하면 열이 발생하는데, 이때에 같은 T초 동안 소비되는 전기에너지(전력량)는 같다. 즉

$$\int_0^T I^2 R dt = \int_0^T i^2 R dt \qquad \cdots\cdots(2-30)$$

이므로, 전류 I는 다음과 같다.

$$I=\sqrt{\frac{1}{T}\int_0^T i^2 R dt} \quad \cdots\cdots(2-31)$$

이는

$$I=\sqrt{i^2\text{의 1주기간의평균}} \quad \cdots\cdots(2-32)$$

을 의미하는데, 이때 I를 순시값 i의 실효값이라 하고, 식 (2-32)에서 보는 바와 같이 실효값을 Root Mean Square value 또는 RMS 값이라고도 한다. 식 (2-31)에서 $i=I_m \sin\omega t$의 전류에 대한 실효값 I를 유도하여 구하면 다음과 같다.

$$\begin{aligned} I &= \sqrt{\frac{1}{T}\int_0^T i^2 dt} \\ &= \sqrt{\frac{1}{2\pi}\int_0^{2\pi} Im^2 \sin^2\omega t dt} \\ &= \frac{Im}{\sqrt{2\pi}}\sqrt{\int_0^{2\pi}\sin^2\omega t dt} \\ &= \frac{Im}{\sqrt{2\pi}}\sqrt{\int_0^{2\pi}\frac{1}{2}(1-\cos 2\omega t)dt} \end{aligned} \quad \cdots\cdots(2-33)$$

$$\therefore\ I=\frac{I_m}{\sqrt{2}}=0.707 I_m \quad \cdots\cdots(2-34)$$

또한 전압에 대하여도 같은 방법으로 구하게 되면 실효값 V는 다음과 같다.

$$V=\frac{V_m}{\sqrt{2}}=0.707 V_m \quad \cdots\cdots(2-35)$$

그림 2-19 최대값과 실효값

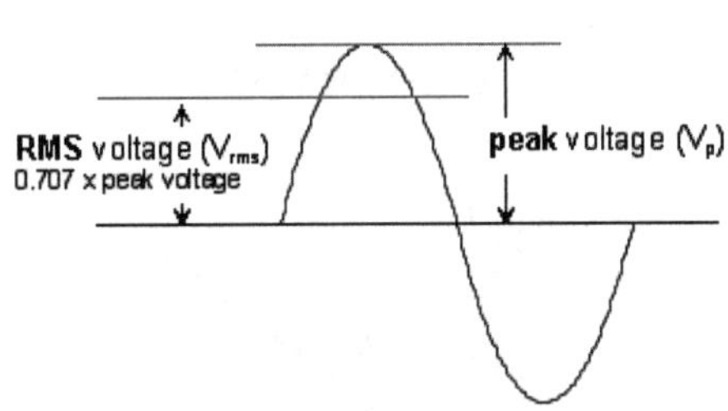

교류의 순시값은 평균을 취하여 나타내는 경우가 있는데, 사인파 교류에서 1주기 T초 동안의 평균값은 0이 된다. 따라서 반주기 평균값(half-period average value)을 사

용하는데, 유도하여 보면 다음과 같다.

$$I_a = \frac{2}{T}\int_0^{\frac{T}{2}} i dt = \frac{2}{\pi} I_m = 0.637 I_m \qquad \cdots\cdots(2\text{-}36)$$

그림 2-20 평균값

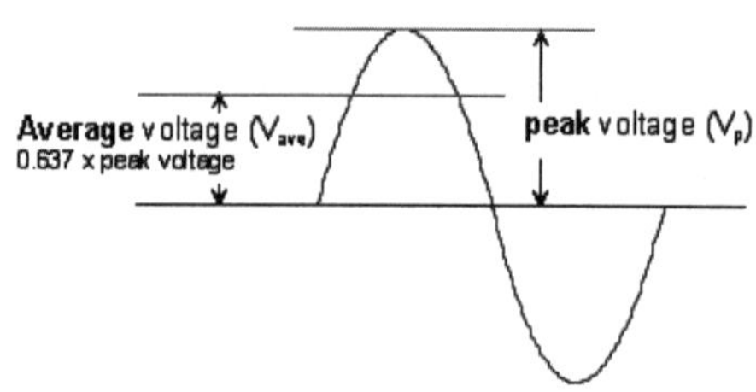

2-4-2 복소수 기호법

교류회로의 해석에 있어서 사인파를 복소수로 나타내면 사인파의 가감이 복소수의 가감으로 되므로 교류회로를 직류회로와 같이 대수적으로 간단히 취급할 수 있다. 이와 같이, 벡터를 복소수로 표시하여 대수적인 계산으로 회로를 해석하는 방법을 기호법(symbolic method)이라고 한다.

그림 2-21과 같이 직각좌표의 가로축(X축)에는 실수를 취하고, 세로축(Y축)에는 j와 같은 허수를 취하는 평면을 복소평면이라고 하며, 식(2-37)과 같이 나타내는 수를 복소수(complex number)라 한다.

$$\overline{A} = a + jb \qquad \cdots\cdots(2\text{-}37)$$

그림 2-21 복소평면

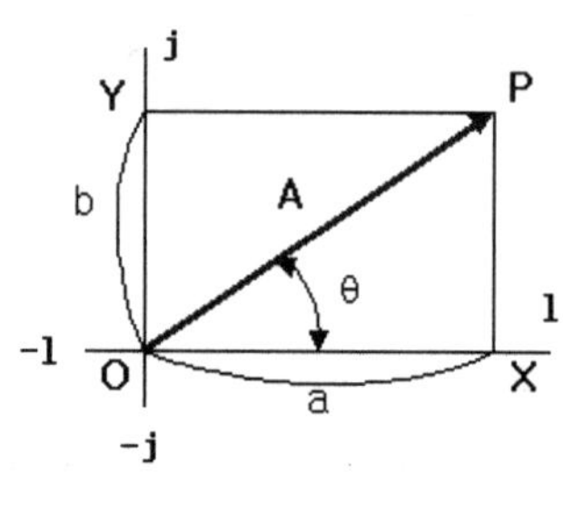

위 식에서 벡터 $\overline{A}$의 크기인 절대값은

$$A = \sqrt{a^2 + b^2} \quad \cdots\cdots(2\text{-}38)$$

이 되며, 편각 θ는

$$\theta = \tan^{-1}\frac{b}{a} \quad \cdots\cdots(2\text{-}39)$$

가 된다.

또한 크기 A와 편각 θ를 알고 있는 경우에 식(2-33)을 다음과 같이 나타낼 수 있다.

$$\begin{aligned} \overline{A} &= a + jb \text{ (직각좌표 표시법)} \\ &= A(\cos\theta + j\sin\theta) \text{ (삼각함수 표시법)} \\ &= A\angle\theta \text{ (극좌표 표시법)} \\ &= Ae^{j\theta} \text{ (지수함수 표시법)} \end{aligned} \quad \cdots\cdots(2\text{-}40)$$

여기서, 오일러의 정리(Euler's theorem)인 $e^{j\theta} = \cos\theta + j\sin\theta$를 이용하였다.

예를 들어, 교류 전류 $i = \sqrt{2}\cdot 10\sin(\omega t + \frac{\pi}{6})$을 복소수 평면에 나타내면 그림 2-22와 같고,

그림 2-22 교류의 복소수 표시

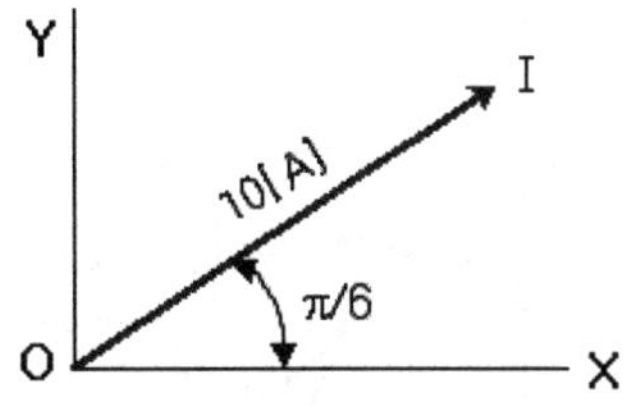

벡터 $\overline{I}$를 복소수 기호법으로 표시하면 다음과 같다.

$\overline{I} = 10(\cos\frac{\pi}{6} + j\sin\frac{\pi}{6})$ (삼각함수 표시법)

$= 5\sqrt{3} + j5$ (직각좌표 표시법)

$= 10\angle\frac{\pi}{6}$ (극좌표 표시법)

$= 10e^{j\frac{\pi}{6}}$ (지수함수 표시법)

이 중에서 교류를 복소수 기호법으로 나타내는데 있어서 가장 기본적인 표시법은 삼각함수 표시법이다.

2-4-3 RLC 회로

1) 저항 R 회로

입력전원으로 전류를 공급할 경우, 전기회로에 흐르는 교류전류는

$$i = I_m \sin\omega t \qquad \cdots\cdots(2\text{-}41)$$

가 된다. 이때 전기회로 중에 전류의 흐름을 방해하는 요소가 저항 R만 있다면, 저항 R에 의한 전압강하는 다음과 같다.

$$v = iR = RI_m \sin\omega t \qquad \cdots\cdots(2\text{-}42)$$

식(2-41)과 식(2-42)를 비교해 보면, 그림 2-23의 두 파형에서처럼 전압의 진폭이 크다는 것을 알 수 있다. 즉 저항 R 만큼 전압의 최대값이 크다. 그리고 위상(位相, phase)이 동상(同相)임을 알 수 있다. 여기서, 위상(차)이라 함은 2개 이상의 교류 파형간에 시간적인 차이를 나타내는 것을 의미한다.

그림 2-23 저항 R만의 회로

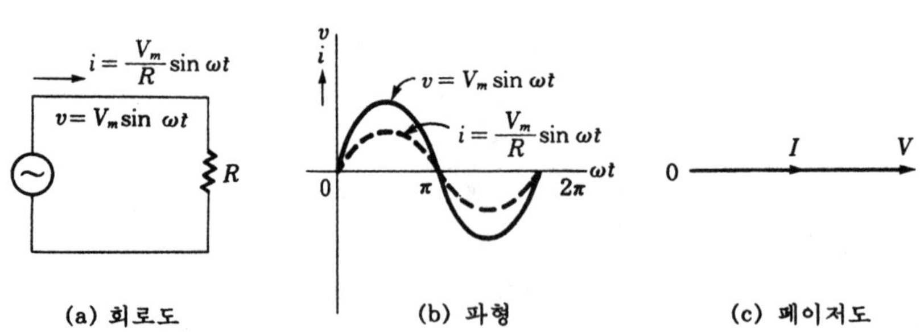

2) 인덕턴스 L 회로

그림 2-24와 같이 전기회로에 저항요소가 코일만 있을 때, 교류 전류

$i=I_m\sin\omega t$ 이 흐른다면 코일의 성질 정도를 나타내는 인덕턴스(Inductance) L[H]에 의한 유도 기전력은 $v=L\frac{di}{dt}$ 와 같다. 이식에 교류전류 $i=I_m\sin\omega t$ 을 대입하여 계산하면 다음과 같다.

$$\begin{aligned} v &= L\frac{di}{dt} \\ &= \omega L I_m \cos\omega t \qquad \cdots\cdots(2\text{-}43) \\ &= \omega L I_m \sin(\omega t+90°) \end{aligned}$$

식(2-43)에서 전압(실효값)은

$$V=\omega LI \qquad \cdots\cdots(2\text{-}44)$$

이 되며, 그림 2-24의 전류와 전압의 파형을 비교해보면 전압은 전류보다 위상이 90° 앞서므로 전압의 벡터 값에는 다음 식과 같이 j가 붙는다.

$$\overline{V}=j\omega L\overline{I} \qquad \cdots\cdots(2\text{-}45)$$

여기서, ωL은 저항요소가 되는데 유도성 리액턴스(inductive reactance)라고 한다. 유도성 리액턴스의 기호는 X_L, 단위는 오옴[Ω]이며 다음과 같이 나타낼 수 있다.

$$X_L=\omega L=2\pi fL \qquad \cdots\cdots(2\text{-}46)$$

$$\overline{X_L}=j\omega L=j2\pi fL \qquad \cdots\cdots(2\text{-}47)$$

그림 2-24 인덕턴스 L만의 회로

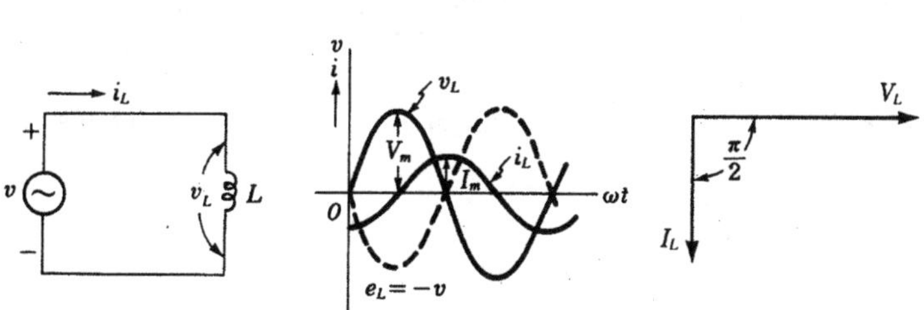

(a) 회로도 (b) 파형 (c) 페이저도

그림 2-24(c)와 같이 사인파의 최대값과 위상을 나타내는 선분 또는 복소수를 페이저(phasor)라고 하며, 선분의 끝에는 화살표를 붙여서 나타낸다. 전압과 전류의 페이저(phasor)들을 복소수 평면에 그린 것을 페이저도(phasor diagram)라고 한다. 페이저

(phasor)라는 용어는 위상(phase)과 벡터(vector)에서 유래된 말이지만 사인파의 경우에만 사용되므로 벡터와는 구분해야 한다. 또한 사인파의 크기는 일반적으로 실효값으로 대표되므로 페이저의 크기도 사인파의 최대값 대신에 실효값으로 나타내는 것이 보통이다.

3) 커패시턴스 C 회로

그림 2-25와 같이 전기회로에 저항요소로 콘덴서만 있을 때, 교류 전류 $i = I_m \sin\omega t$이 흐른다면 콘덴서의 정전용량을 나타내는 커패시턴스(capacitance) C[F]에 의한 전압강하 v는 $q = Cv$와 $i = \frac{dq}{dt}$를 이용해서,

$$\begin{aligned} v &= \frac{1}{C}\int idt = \frac{1}{C}\int I_m \sin\omega t dt \\ &= -\frac{1}{\omega C} I_m \cos\omega t \qquad \cdots\cdots(2\text{-}48) \\ &= \frac{1}{\omega C} I_m \sin(\omega t - 90^\circ) \end{aligned}$$

와 같이 구할 수 있다.

그림 2-25 커패시턴트 C만의 회로

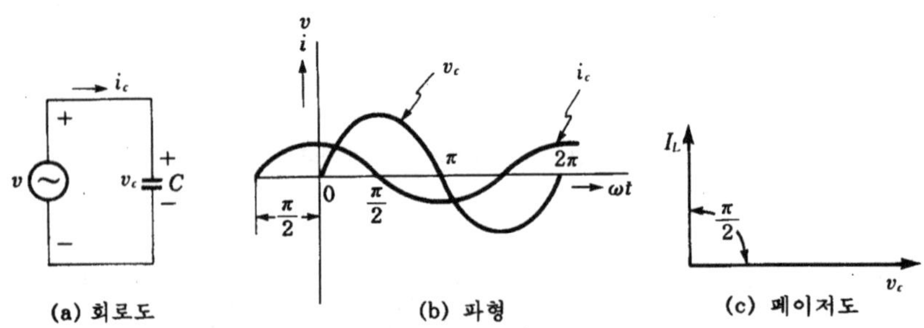

식(2-48)에서 전압(실효값)은

$$V = \frac{1}{\omega C} I \qquad \cdots\cdots(2\text{-}49)$$

이 되며, 그림 2-25(b)의 파형에서 전류와 전압의 순시값을 비교해 보면, 전압은 전류보다 위상이 90°뒤지므로 전압의 벡터 값에는 다음 식과 같이 $-j$가 붙는다.

$$\overline{V} = -j\frac{1}{\omega C}\overline{I} \qquad \cdots\cdots(2\text{-}50)$$

여기서, $\frac{1}{\omega C}$ 은 저항요소가 되는데 용량성 리액턴스(capacitive reactance)라고 한다. 용량성 리액턴스의 기호는 X_C , 단위는 오옴[Ω]이며,

$$X_C = \frac{1}{\omega C} = \frac{1}{2\pi f C} \qquad \cdots\cdots(2\text{-}51)$$

$$\overline{X_C} = -j\frac{1}{\omega C} = -j\frac{1}{2\pi f C} \qquad \cdots\cdots(2\text{-}52)$$

와 같이 나타낼 수 있다. 그리고 C회로의 페이저도는 그림 2-25(c)와 같다.

4) RLC 직렬회로

그림 2-26과 같이 R, L, C 소자가 직렬로 접속된 회로에 사인파의 교류전압 $\overline{V}$를 공급할 경우, 회로에 흐르는 전류를 $\overline{I}$ 라 하고, R, L, C 각각의 소자에 걸리는 전압을 $\overline{V_R}$, $\overline{V_L}$, $\overline{V_C}$라 한다.

그림 2-26 RLC 직렬회로

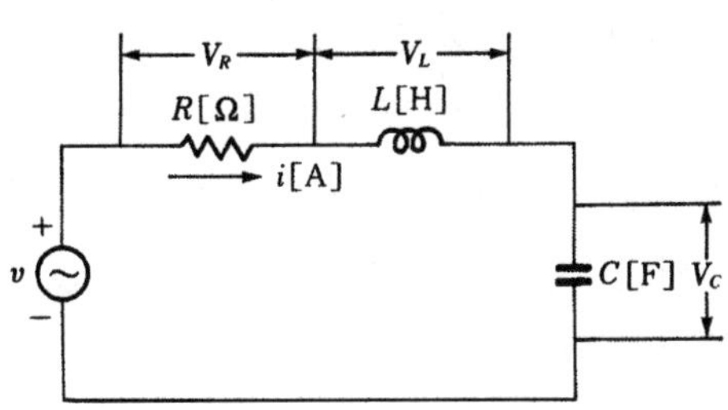

이때, 전체 전압은 $\overline{V} = \overline{V_R} + \overline{V_L} + \overline{V_C}$이고 각 소자에 걸리는 전압은 다음과 같다.

$$\overline{V_R} = R\overline{I} \qquad \cdots\cdots(2\text{-}53)$$

(전압과 전류는 동상이다)

$$\overline{V_L} = j\omega L\overline{I} \qquad \cdots\cdots(2\text{-}54)$$

(전압은 전류보다 $\frac{\pi}{2}[rad]$ 만큼 앞선 위상이다)

$$\overline{V_C} = -j\frac{1}{\omega C}\,\overline{I} \qquad \cdots\cdots(2\text{-}55)$$

(전압은 전류보다 $\frac{\pi}{2}[rad]$ 만큼 뒤진 위상이다)

그림 2-27의 페이저도에서 $\omega L > \frac{1}{\omega C}$ 인 경우에 전압의 크기(절대값) V를 구해보면,

$$\begin{aligned} V &= \sqrt{V_R^2 + (V_L - V_C)^2} \\ &= \sqrt{(RI)^2 + (X_L I - X_C I)^2} \qquad \cdots\cdots(2\text{-}56) \\ &= I\sqrt{R^2 + (\omega L - \frac{1}{\omega C})^2} \end{aligned}$$

이 되고, 전류 I는 다음과 같이 된다.

$$I = \frac{V}{\sqrt{R^2 + (\omega L - \frac{1}{\omega C})^2}} = \frac{V}{Z} \qquad \cdots\cdots(2\text{-}57)$$

여기서, Z이란 임피던스(impedance)의 기호이며 단위는 오옴[Ω]이다. 임피던스란 교류회로에서 전류의 흐름을 방해하는 R소자의 저항(resistance), L 소자의 유도성 리액턴스(inductive reactance), 그리고 C소자의 용량성 리액턴스(capacitive reactance)를 합한 것이다. 각 소자의 벡터 합인 $\overline{Z}$는 복소 임피던스(complex impedance) 또는 벡터 임피던스(vector impedance)라 한다. 여기서 유도성 리액턴스 X_L과 용량성 리액턴스 X_C의 합을 리액턴스(reactance)라고 하며 기호는 X, 단위는 마찬가지로 오옴[Ω]이다. 일반적으로, 임피던스는 실수부인 저항분(resistance part)과 허수부인 리액턴스분(reactance part)으로 구성된다.

그림 2-27 R-L-C 직렬회로의 전압과 전류 페이저

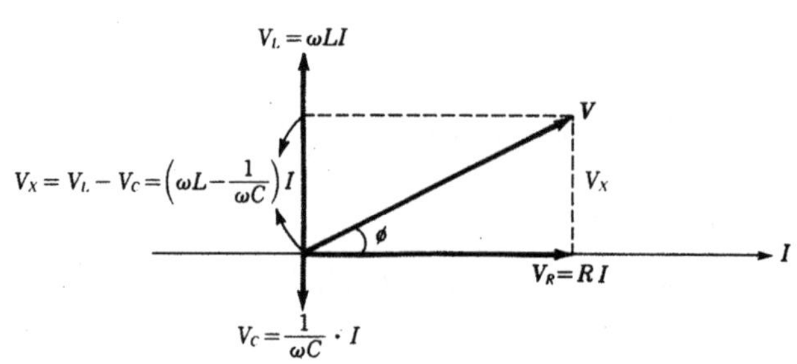

$\omega L > \frac{1}{\omega C}$ 인 경우, 그림 2-28과 같이 임피던스 삼각형으로 R, X, Z와의 관계를 나타낼 수 있으며, 이 때 복소 임피던스 $\dot{Z}$는

$$\begin{aligned}\dot{Z} &= R + j\omega L - j\frac{1}{\omega C} \\ &= R + jX_L - jX_C \\ &= R + jX\end{aligned} \qquad \cdots\cdots(2\text{-}58)$$

와 같이 나타낼 수 있다.

그림 2-28 임피던스 3각형

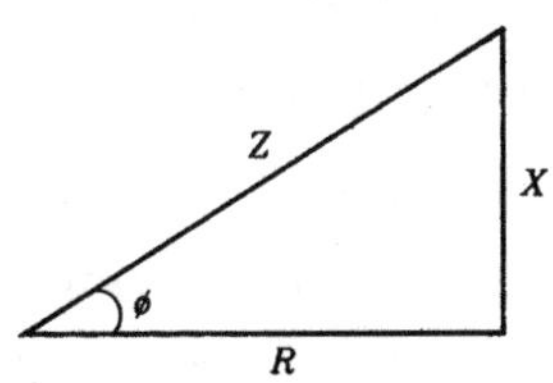

그리고, 복소 임피던스의 크기(절대값) Z는

$$\begin{aligned}Z &= \sqrt{R^2 + (\omega L - \frac{1}{\omega C})^2} \\ &= \sqrt{R^2 + (X_L - X_C)^2} \\ &= \sqrt{R^2 + X^2}\end{aligned} \qquad \cdots\cdots(2\text{-}59)$$

이고, 위상 θ는 $\tan\theta$가

$$\tan\theta = \frac{\omega L - \frac{1}{\omega C}}{R} \qquad \cdots\cdots(2\text{-}60)$$

이므로, 다음과 같이 나타낼 수 있다.

$$\begin{aligned}\theta &= \tan^{-1}\frac{\omega L - \frac{1}{\omega C}}{R} \\ &= \tan^{-1}\frac{X_L - X_C}{R} \\ &= \tan^{-1}\frac{X}{R}\end{aligned} \qquad \cdots\cdots(2\text{-}61)$$

5) RLC 직렬공진

하나의 물체에 외부에서 주기적인 힘을 가할 때 그 힘의 주기가 물체가 진동하는 주기와 일치하면 적은 힘으로도 큰 진동을 일으킬 수 있다. 가령 외나무 다리를 건널 때 다리의 상하 진동에 보조를 맞추어 걸으면 순식간에 큰 진동이 일어나며, 또 무거운 종(鍾)이라도 알맞은 주기로 밀면 큰 진폭을 얻을 수 있다. 이러한 물리적인 현상을 공진(resonance)이라고 하며, 소리의 경우에는 공명이라고 한다.

전기에도 이와 같은 현상이 있다. 즉 전기회로에 인가되는 전원의 주파수가 회로 자체의 고유 주파수(natural frequency)와 일치하면 회로에는 큰 전기적 진동이 일어난다. 공진(工振)이란 "같이 진동하다"의 뜻인데, 기계적 진동이 일어나려면 물체의 운동에너지와 위치에너지 교환이 있어야 하는 것처럼, 전기적 진동이 일어나려면 코일에 축적되는 자기 에너지와 콘덴서에 축적되는 정전에너지 사이에 에너지 교환이 있어야 한다. 코일은 전자유도의 성질이 있고 콘덴서는 정전유도의 성질이 있다. 두개의 서로 다른 성질이 만나는 지점이 공진의 조건이 된다.

그러므로 전기적 공진회로에는 코일과 콘덴서의 공존이 필요하며, 이들이 연결되는 방식에 따라서 직렬공진, 병렬공진, 직병렬 공진회로 등으로 나뉘어진다.

주파수 증가에 따라 유도성 리액턴스 X_L은 증가하나, 용량성 리액턴스 X_C는 감소한다. 이와 같이 서로 반대되는 특성 때문에 코일과 콘덴서의 결합에 의해서 둘 중 하나의 값이 증가하면 다른 하나는 감소하므로 X_L과 X_C가 같게 되는 주파수가 있게 된다. 즉, 크기가 같고 부호가 서로 반대인 리액턴스를 갖는 경우를 공진 되었다고 하며, 그때의 교류회로를 공진회로(resonance circuit)라고 한다.

다음 그림 2-29(a)와 같은 RLC 직렬회로를 고려하면, 저항 R은 코일의 저항성분이라고 할 수 있으므로, 실제로는 L과 C의 직렬회로라고 할 수 있다.

그림 2-29 RLC 직렬공진회로와 페이저도

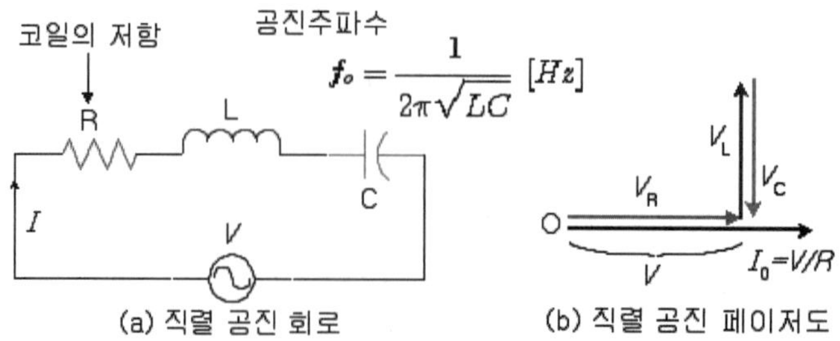

(a) 직렬 공진 회로　　(b) 직렬 공진 페이저도

RLC 직렬회로의 임피던스 Z는

$$Z=\sqrt{R^2+(\omega L-\frac{1}{\omega C})^2}=\sqrt{R^2+(X_L-X_C)^2} \quad \cdots\cdots(2\text{-}62)$$

이므로, 두 개의 리액턴스가 같아지는 공진의 조건은

$$X=X_L-X_C=0 \quad \cdots\cdots(2\text{-}63)$$

이다. 공진상태의 특성은 임피던스는 최소가 되며, 전류는 최대가 된다.

이와 같이, LC회로는 공진이 될 수 있는데 이는 주파수의 크기에 달려있다. 즉, 부호가 반대인 리액턴스의 크기가 같게 되는 주파수를 공진 주파수(resonance)라고 하며 다음과 같이 구할 수 있다.

$$\omega L=\frac{1}{\omega C},\ \ \omega^2=\frac{1}{LC},\ \ (2\pi f)^2=\frac{1}{LC}$$

$$\therefore\ f=\frac{1}{2\pi\sqrt{LC}} \quad \cdots\cdots(2\text{-}64)$$

6) RLC 병렬회로와 병렬공진

그림 2-30처럼 RLC를 병렬로 연결하고 여기에 V[V]의 교류전압을 인가했을 때 각각에 흐르는 전류를 I_R, I_L, I_C라고 하면

$$I_R=\frac{V}{R}[A] \quad I_L=\frac{V}{X_L}[A] \quad I_C=\frac{V}{X_C}[A] \quad \cdots\cdots(2\text{-}65)$$

이 되며 전압 V를 기준으로 페이저도(phasor diagram)를 그리면 그림 2-31과 같이 된다. 페이저도로부터 합성전류 I의 크기는

$$\overline{I_T}=I_R+j(I_L-I_C) \quad \cdots\cdots(2\text{-}66)$$

$$\begin{aligned} I_T &= \sqrt{I_R^2+(I_L-I_C)^2} \\ &= \sqrt{(\frac{1}{R})^2+(\frac{1}{X_L}-\frac{1}{X_C})^2}\cdot V \end{aligned} \quad \cdots\cdots(2\text{-}67)$$

이 되며, 전압과 전류의 위상차는

$$\Theta=\tan^{-1}\frac{I_L-I_C}{I_R}=\tan^{-1}(\frac{1}{X_L}-\frac{1}{X_C}) \quad \cdots\cdots(2\text{-}68)$$

이 된다. 그리고 RLC 병렬회로의 공진조건은

$$\frac{1}{X_L} - \frac{1}{X_C} = 0 \qquad \cdots\cdots(2\text{-}69)$$

이다.

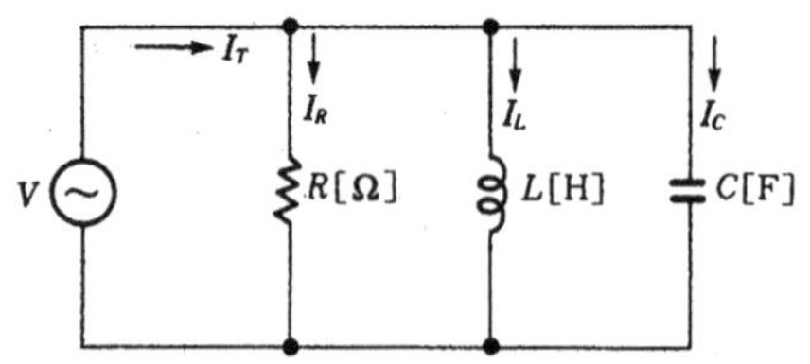

그림 2-30 R-L-C병렬회로

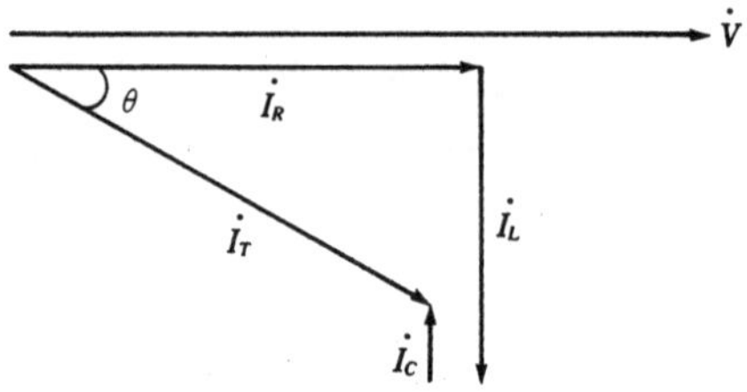

그림 2-31 R-L-C병렬공진시 전압과 전류의 페이저도

이때를 병렬공진(parallel resonance) 또는 전류공진(current resonance)라 하고, 이때의 주파수를 공진주파수(resonance frequency)라 하며 직렬공진에서와 같이

$$f = \frac{1}{2\pi\sqrt{LC}}\,[Hz] \qquad \cdots\cdots(2\text{-}70)$$

로 나타낸다. 병렬공진회로에서는 전류가 최소로 되는 특성을 나타낸다.

2-4-4 교류전력

일반적인 부하(load)는 R, L, C 소자가 포함된 경우가 대부분이다. 교류회로의 2단자망(단상)에서 인가전압과 전류 실효값의 곱을 피상전력(apparent power)이라 하며, 기호는 P_a, 단위는 $[VA]$가 된다. 이는 인가전압과 회로 유입전류 사이의 위상관계는 고려하지 않고, 단지 회로에 인가된 전압과 유입되는 전류의 크기만을 생각하기 때문에 겉보기 전력이라고도 한다. 이는 전원에서 공급되는 전력이며, 교류의 부하 또는 전원의 용량을 표시하는데 전압과 전류의 곱으로 표시된다는 점에서는 직류전력과 같다.

교류회로에서 인가전압과 전류가 θ의 위상차를 가지고 있을 때, 그림 2-32와 같이 전류를 전압과 동상인 성분 $I\cos\theta$와 90°위상차를 갖는 성분 $I\sin\theta$로 나누어 생각하면, 전자는 평균전력을 전적으로 담당하는 반면, 후자는 평균전력에 전혀 기여

하지 못한다. 이러한 의미에서 $I\cos\Theta$를 유효전류, $I\sin\Theta$를 무효전류라고 한다.

그림 2-32 유효 성분과 무효 성분

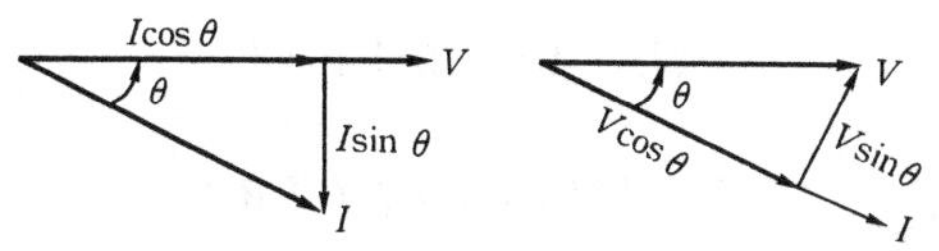

그리고 $VI\cos\Theta$를 유효전력(active power)이라 하고, P로 표시하며 단위는 와트 $[W]$이다. 유효전력은 전원에서 공급되어 부하에서 유효하게 이용되는 전력, 즉 전원에서 부하로 실제 소비되는 전력을 의미하므로 평균전력, 소비전력, 단순히 전력이라고도 불린다. 반면에 $VI\sin\Theta$는 무효전력(reactive power)이라 하고, P_r로 표시하며 단위는 바[var ; volt-amperes reactive]인데, 실제로는 아무런 일을 하지 않아 부하에서는 전력으로 이용될 수 없는 전력이다.

위의 3가지 단상 교류전력을 식으로 정리하면 다음과 같다.

피상전력 $P_a = VI[VA]$ ······(2-71)

유효전력 $P = VI\cos\Theta[W]$ ······(2-72)

무효전력 $P_r = VI\sin\Theta[VAR]$ ······(2-73)

여기서 $\cos\Theta$를 역률(power factor ; p.f)이라고 하는데, 피상 전력 중에서 유효전력으로 사용되는 비율로서 부하의 역률이 1에 가까울수록 효율이 좋다. $\sin\Theta$는 무효율(reactive factor ; r.f)이라고 한다. $\cos\Theta$와 $\sin\Theta$는 그림 2-33(a)와 같이 임피던스 삼각도에서 다음과 같이 나타낼 수 있다.

그림 2-33 임피던스와 전력삼각도

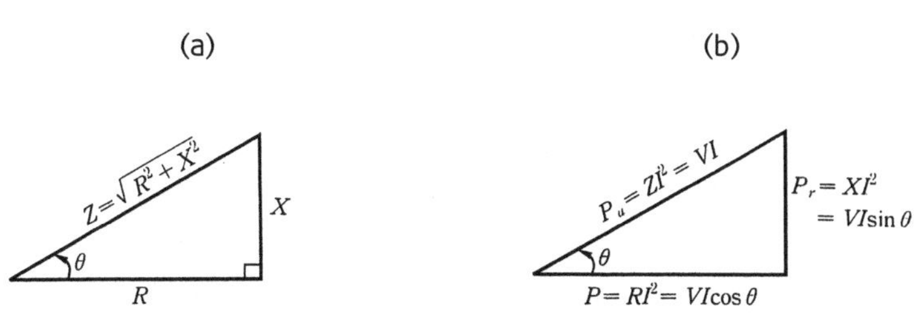

$$\cos\theta = \frac{R}{Z} \qquad \sin\theta = \frac{X}{Z} \qquad \cdots\cdots(2\text{-}74)$$

그러므로, 전력은 다음과 같이 구할 수 있다.

$$P_a = VI = ZI^2 [\,VA\,] \qquad \cdots\cdots(2\text{-}75)$$

$$P = VI\cos\theta = RI^2 [\,W\,] \qquad \cdots\cdots(2\text{-}76)$$

$$P_r = VI\sin\theta = XI^2 [\,VAR\,] \qquad \cdots\cdots(2\text{-}77)$$

전력도 그림 2-33(b)와 같이 삼각형으로 그릴 수 있는데, 이를 전력의 삼각도(power triangle)라 한다.

참고 우리 주변에서 볼 수 있는 공진(공명)현상은 무엇이 있을까 ?

라디오 주파수 맞추기

라디오의 주파수를 맞춘다는 것이 바로 공진이다. TV의 채널을 바꾸는 것도 같은 원리다. 라디오나 텔레비젼 수신기 등 무선 주파수 회로에는 코일과 콘덴서로 연결된 동조(tuning)회로라는 것이 있다. 우리가 채널을 맞춘다는 것은 TV내부의 회로 진동수를 방송국의 전파 진동수와 일치시키는 일종의 공진이다. 이러한 공진현상을 이용해 각 방송국마다 고유의 주파수를 결정하는 것이다.

목소리로 유리잔을 깰 수 있다

피아노의 지음기 페달을 밟으면 피아노의 현은 계속 진동할 수 있게 된다. 피아노의 건반을 누르고 하나의 음정으로 소리를 낸다. 이 때 손에서 건반을 떼고 소리를 멈추어도 피아노는 계속해서 같은 음정을 내는 것처럼 들린다. 이 현상은 목소리로부터 나오는 음파가 노래 음의 진동수에 가까운 피아노 현의 진동을 증폭시키기 때문이다. 보다 흥미로운 보기는 성악가의 증폭된 목소리로 유리컵을 깨뜨릴 수 있다는 것이다. 성악가가 유리잔의 고유 진동수 중 하나에 해당하는 진동수를 갖는 큰 음을 내면 잔에는 큰 진폭의 진동이 형성돼 깨지게 된다.

다리를 행진하는 군인은 발 맞추지 마라

1831년 영국의 한 보병 부대는 맨체스터 근처에 있는 현수교를 지나가게 되었는데 우연히 다리 고유의 진동수에 맞춰 행진하는 바람에 다리가 무너진 일이 있다. 행진하는 군인의 규칙적인 발걸음이 다리의 고유 진동수 중 하나와 같아 진폭이 커져 커다란 진동이 생겼기 때문이다. 그러므로 공명을 아는 군인들은 다리를 건널 때 발을 맞추지 않는다.

1940년 7월 1일 개통된 워싱톤 주의 타코마 협교는 세워진지 4개월 후에 가벼운 돌풍에 의해서 무너졌다. 그 이유 역시 바람이 다리의 진동수와 공명하면서 진폭이 점점 커져 끝내 무너지게 된 것이다.

자기공명 영상장치(MRI)

자기공명 영상장치인 MRI는 X선을 사용하지 않고 인체의 단면 사진을 찍는 장치인데 X선 단층 촬영보다 더 높은 해상도를 가진다. 인체의 대부분은 물(H_2O)로 이루어져 있다. 신체 검사를 하고 있는 사람의 몸에 자기장을 걸어주면 몸 안에 있는 수소 원자는 공명 현상에 의해 외부의 전자기파로부터 특정 진동수의 에너지를 흡수한다. 흡수된 에너지가 다시 낮은 상태로 될 때까지의 시간은 질병을 가진 세포에 따라서 다르므로 질병에 대한 유용한 정보를 제공한다. 이것은 방사선을 쓰지 않고 고주파의 전자기파를 사용하므로 인체 세포에 거의 무해하다는 장점을 가지고 있다.

단원정리

정리 1 ——— 직류회로

1. 키르히호프의 법칙

전류의 법칙(제1법칙) : 임의의 한 점에 유입전류 총합과 유출전류 총합은 같다.

전압의 법칙(제2법칙) : 기전력의 합과 각 저항에서의 전압강하의 합은 같다.

2. 저항의 연결

직렬연결 : 합성저항 $R = R_1 + R_2$

병렬연결 : $\frac{1}{R} = \frac{1}{R_1} + \frac{1}{R_2}$

3. 콘덴서의 연결

직렬연결 : $\frac{1}{C} = \frac{1}{C_1} + \frac{1}{C_2}$

병렬연결 : $C = C_1 + C_2$

정리 2 •교류회로

1. 정현파(사인파) 교류의 발생

각속도 ω : 도체가 1초 동안 회전한 각도

$\omega = \frac{\theta}{t}[rad/\sec]$, $\theta = \omega t[rad]$

주기 T : 도체가 한 번 회전하는데 걸리는 시간 $T = \frac{2\pi}{\omega}[\sec]$

주파수 f : 1초 동안에 반복되는 싸이클 수

$f = \frac{1}{T} = \frac{\omega}{2\pi}[Hz][cps]$, $\omega = 2\pi f[rad/\sec]$

$\therefore e = E_m \sin\theta = E_m \sin\omega t = E_m \sin 2\pi f t[V]$

2. 교류값의 표시방법

- 순시값 : 시간의 변화에 따라 매 순간 변화하는 교류의 값

  $e = E_m \sin\theta = E_m \sin\omega t$

- 최대값 : 순시값중에서 가장 큰 값, 즉 진폭 $e = E_m \sin\theta$ 에서 E_m
- 실효값 : 교류값을 직류값으로 나타낸 값.

  $I = \frac{I_m}{\sqrt{2}} \fallingdotseq 0.707 I_m$

- 평균값 : $I_a = \frac{2}{\pi} I_m \fallingdotseq 0.637 I_m$

3. L회로 (인덕턴스 회로)

*유도 기전력 $e = L\frac{di}{dt} = N\frac{d\psi}{dt}$

*전류 $i = I_m \sin\omega t$

*전압 $e = L\frac{di}{dt} = \omega L I_m \cos\omega t = \omega L I_m \sin(\omega t + 90^\circ)$

*유도성 리액턴스 $X_L = \omega L = 2\pi f L$

4. C회로 (커패시턴스 회로)

* 전류 $i = I_m \sin \omega t$ ◆ $q = Cv$ $v = \frac{q}{C} = \frac{1}{C}$ $q = it$

* 전압 $v = \frac{1}{C} \int i dt = \frac{1}{C} \int I_m \sin \omega t\, dt = -\frac{1}{\omega C} I_m \cos \omega t = \frac{1}{\omega C} I_m \sin(\omega t - 90^\circ)$

* 용량성 리액턴스 $X_L = \frac{1}{\omega C} = \frac{1}{2\pi f C}$

5. RLC 직렬회로

① 복소 임피던스 $Z = R + j\omega L - j\frac{1}{\omega C} = R + j(\omega L - \frac{1}{\omega C}) = R + jX$

② 임피던스(크기) $Z = \sqrt{R^2 + (\omega L - \frac{1}{\omega C})^2}$

③ 위상 $\theta = \tan^{-1}\frac{\omega L - \frac{1}{\omega C}}{R}$, $\because$ $\tan\theta = \frac{\omega L - \frac{1}{\omega C}}{R}$

④ 직렬공진 주파수 $\omega L = \frac{1}{\omega C}$, $\omega^2 = \frac{1}{LC}$, $\therefore$ $f = \frac{1}{2\pi\sqrt{LC}}$

6. 교류값의 표시방법

① 삼각함수 표시법 : $e = E_m \sin(\omega t + \theta)$

② 극좌표 표시법 : $e = E_m \angle\theta$

③ 복소수 표시법 : $e = E_m(\cos\theta + j\sin\theta)$

④ 지수함수 표시법 : $e = E_m e^{j\theta}$

7. 단상교류전력

피상전력 $P_a = VI [VA]$

유효전력 $P = VI\cos\theta [W]$

무효전력 $P_r = VI\sin\theta [VAR]$

연 습 문 제

1. I_2의 전류는 ?

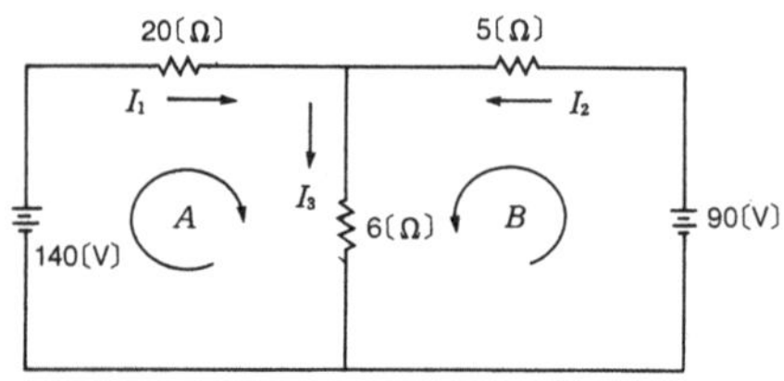

가. 4A　　　　나. 6A
다. 8A　　　　라. 10A

답 나. $140 = 20I_1 + 6I_3$, $90 = 5I_2 + 6I_3$, $I_3 = I_1 + I_2$를 연립하여 푼다.

2. 다음 전기회로에서 총 저항과 축전지가 부담하는 전류를 구한 값은 ?

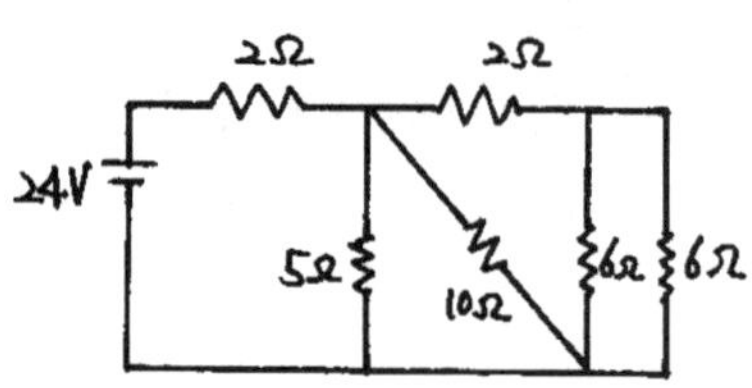

가. 2Ω　12A　　　　나. 4Ω　8A
다. 4Ω　6A　　　　라. 6Ω　4A

답 다. $\frac{1}{6} + \frac{1}{6} = \frac{1}{3}$, $3 + 2 = 5$, $\frac{1}{5} + \frac{1}{10} + \frac{1}{5} = \frac{5}{10}$, $2 + 2 = 4[\Omega]$, $I = \frac{24}{4} = 6[A]$

3. 10〔Ω〕과 15〔Ω〕의 병렬회로에서 10〔Ω〕에 흐르는 전류가 6〔A〕이라면 전체 전류〔A〕는 ?

가. 4A　　나. 6A
다. 10A　　라. 14A

답 가. $10 \times 6 = 15 \times I$　　$\therefore I = 4[A]$

4. $C_1 = 1$〔μF〕, $C_2 = 2$〔μF〕를 직렬로 연결할 때 합성 정전 용량은 ?

가. $\frac{1}{5}$〔μF〕　　나. $\frac{1}{4}$〔μF〕
다. $\frac{2}{3}$〔μF〕　　라. $\frac{3}{2}$〔μF〕

답 다. $\frac{1}{1} + \frac{1}{2} = \frac{3}{2}$　　$\therefore C = \frac{2}{3}[\mu F]$

5. E_m은 전압의 최대값이고 θ가 위상각을 나타낼 때, 순시전압을 $e = E_m e^{j\theta}$로 표시한 방법은 무슨 방법인가 ?

가. 삼각함수 표시법　　나. 극좌표 표시법
다. 지수함수 표시법　　라. 복소수 표시법

답 다

6. 3Ω짜리 3개를 연결하였을 때 최소 저항값은 ?

가. 1　　나. 3
다. 1/3　　라. 2/3

답 가. 병렬연결시 저항값이 최소가 된다. $\frac{1}{R} = \frac{1}{3} + \frac{1}{3} + \frac{1}{3} = 1$　　$\therefore R = 1$

7. 다음 회로에서 임피던스를 구하시오.

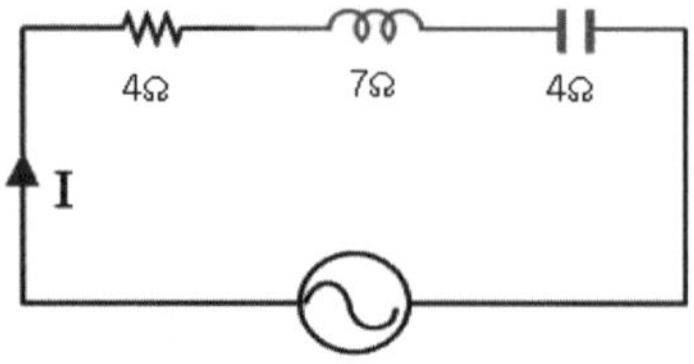

가. 5Ω　　　　나. 7Ω
다. 10Ω　　　　라. 17Ω

답 가. 임피던스(크기) $Z=\sqrt{R^2+(\omega L-\frac{1}{\omega C})^2}=\sqrt{4^2+(7-4)^2}=5[\Omega]$

8. 다음 회로도에서 역률을 구하시오

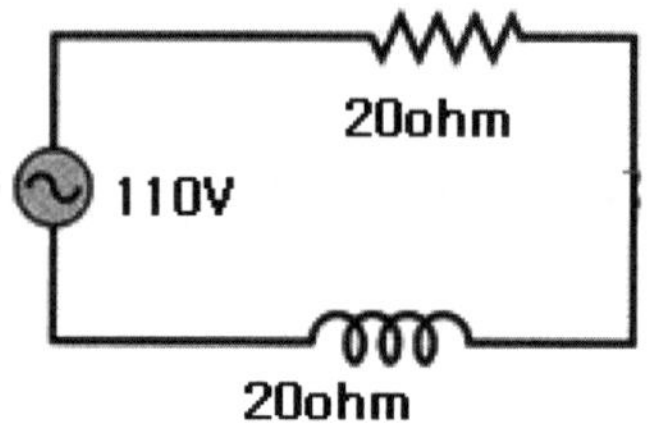

답 $z=\sqrt{20^2+20^2}=20\sqrt{2}$　　　　역률 : $\cos\theta=\frac{R}{Z}=\frac{1}{\sqrt{2}}$

9. 전원전압 115/220V에 10㎌의 콘덴서와 250mH의 코일이 직렬로 접속되어 있을 때, 이 회로의 공진 주파수〔Hz〕는 ?

가. 0.04　　　　나. 25
다. 100.7　　　　라. 2500

답 다. $f=\frac{1}{2\pi\sqrt{LC}}=\frac{1}{2\pi\sqrt{250\times10^{-3}\times10\times10^{-6}}}=100.7[Hz]$

10. 6Ω짜리 2개가 병렬, 여기에 6Ω짜리 1개가 직렬로 연결된 회로의 총 저항은?

답 $R=\frac{R_1R_2}{R_1+R_2}+R_3=\frac{6\cdot6}{6+6}+6=[\Omega]$

제3장 전동기

3

전 동 기

3-1 전동기의 종류

전기적 에너지를 기계적 에너지로 바꾸는 대표적인 전기 기기가 전동기(motor)이다. 좀더 단적으로 표현하면 전기의 힘으로 움직이는 모든 것은 모터라고 말할 수 있다. 즉 아무리 훌륭한 메카니즘이라 해도 거기에 모터가 없으면 그 능력을 발휘할 수 없다. 그러므로 모터는 기계의 왕이라고 해도 좋을 것이다.

전동기는 소형에서 초대형에 이르기까지, 가정용 선풍기, 드라이기, 믹서, 냉장고, 에어컨 등에서 모든 공장 기계에 이르기까지 전기에 의한 동력을 얻는 모든 장치와 기계에 쓰인다. 그리고 전동기는 그림 3-1과 같이 공급전원의 종류에 따라 일반적으로 크게 직류전동기와 교류전동기로 분류하며, 직류전동기에는 직권형, 분권형, 복권형 있고 교류전동기에는 유도전동기와 동기전동기가 대표적이다. 이외에도 내부 구조나 동작원리에 따라 분류되는 브러시리스 모터, 스테핑 모터 등 여러 종류의 모터들이 있다.

그림 3-1 전동기의 종류

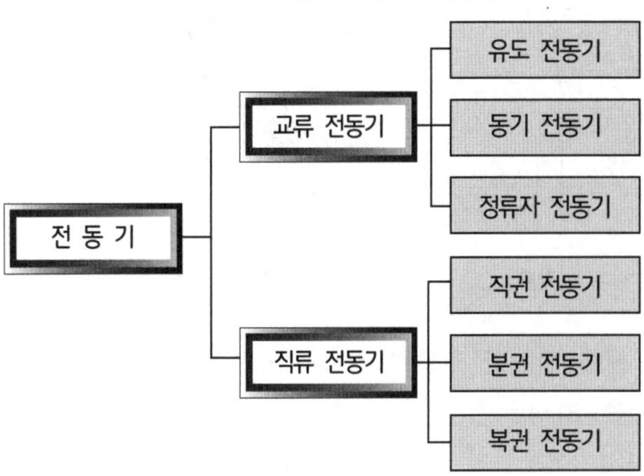

3-2 직류전동기

3-2-1 직류전동기의 원리

그림 3-2와 같이 전동기 구조는 코일과 자석으로 되어 있다. 코일에 전류가 흐르므로 인하여 전류에 의한 자기장이 생겨서 이것이 원래의 자기장과의 상호작용으로 힘이 생기는데, 이 힘으로 축을 회전시킨다. 이는 일정한 크기의 자계속에 하나의 도선을 놓아두고, 이 도선에 전류를 흘리면 도선에 힘이 작용하게 된다. 이때 전류와 힘, 그리고 자계의 방향사이의 관계를 나타낸 것이 플레밍의 왼손법칙(Fleming's left-hand rule)이다. 엄지는 운동방향(힘, 회전력 방향), 검지는 자속(자기력)의 방향, 그리고 장지는 전류의 방향을 나타낸다.

그림 3-2 직류전동기의 원리

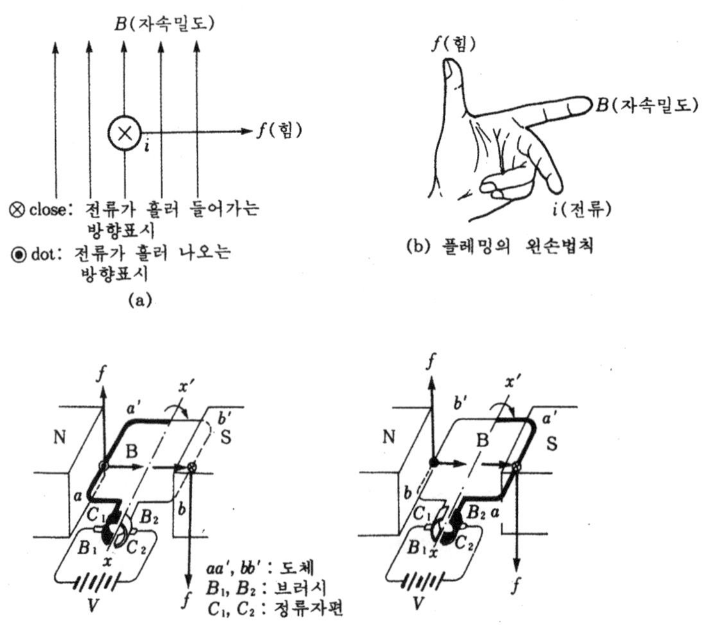

(a) (b) 플레밍의 왼손법칙

(c) 기준이 되는 상태 (d) 180° 회전한 상태

자기장 내에 있는 도체에 전류가 흐르면 전자력(회전력, 힘)이 작용하여 도체가 움직인다. 이때 자속밀도를 B[wb/㎡], 전류를 I[A], 도체의 길이를 ℓ[m], B와 I가 이루는 각을 θ라고 하면, 전동기의 전자력(회전력) F는 다음과 같다.

$$F = Bi\ell \sin\Theta [N] \qquad \cdots\cdots(3\text{-}1)$$

그림 3-2(a)에서 자계내에 있는 도체(코일)가 선단부에 있는 정류자(commutator)와 접속되어 전기자(armature)를 구성하고 있다. 정류자에는 또한 브러시(brush)가 접촉되어 있다. 이 전동기에 전원을 접속하면 전류는 브러시와 정류자를 통해 도체(코일)에 흐르게 된다. 이때 도체(코일)에는 플레밍의 왼손법칙에 따라 회전력(torque)이 발생한다. 그러면 전기자는 회전중심을 축으로 해서 시계방향으로 회전한다.

3-2-2 직류전동기의 구성요소

직류전동기(DC motor)는 직류전력을 기계적 동력으로 변환하는 장치로서, 그 구조는 그림 3-3과 같다. 직류전동기와 직류발전기의 구조는 동일하며 이들을 직류기(DC machine)라 총칭한다. 직류 전동기의 주요 구성요소는 전기자, 계자, 정류자, 브러시 등으로 이루어져 있다.

그림 3-3 직류전동기의 구조

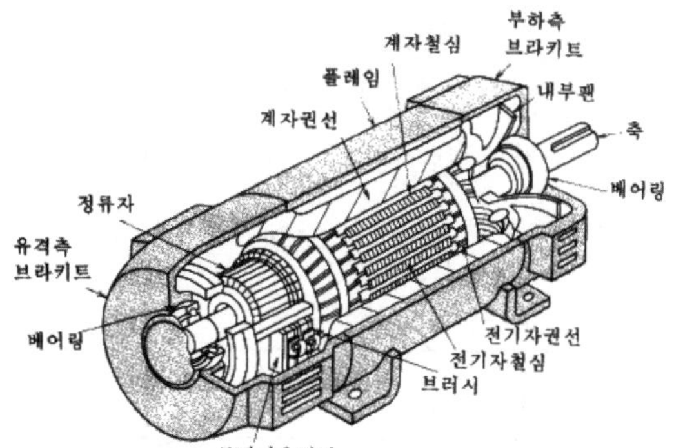

1) 전기자(armature)

가. 전기자 철심과 전기자 권선

그림 3-4와 같이 전기자(armature)는 전기자 철심과 전기자 권선으로 되어 있다. 전기자 철심(armature core)은 전기자가 회전함에 따라 내부의 자속방향

이 변화하기 때문에 철손, 즉 와(渦)전류(eddy current)와 히스테리시스(hysteresis) 현상에 의한 손실이 생긴다. 이러한 철손을 줄이기 위하여 전기자 철심은 얇은 규소강판을 겹쳐서 만든 성층철심(laminated core) 구조를 갖는다.

그림 3-4 직류전동기의 회전부의 구조

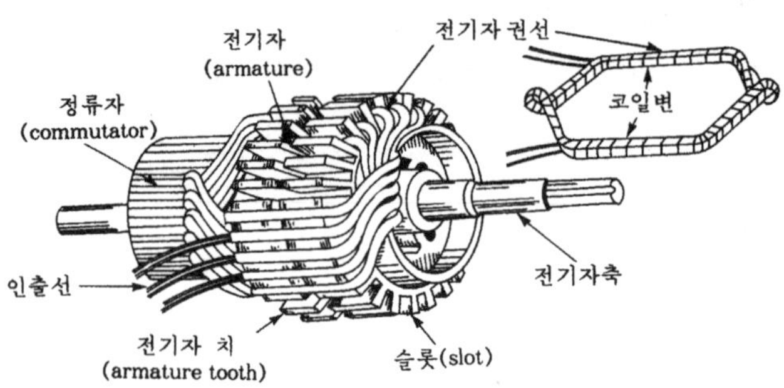

전기자 권선(armature winding)에 주로 사용되는 코일은 둥근 연동선이나 평각 동선을 사용한다. 전기자 권선을 넣기 위한 전기자 철심의 홈을 슬롯(slot)이라 하며, 전기자 권선이 회전시 원심력에 의해 나오는 것을 방지하기 위하여 밀폐형 슬롯을 사용한다. 전기자 권선은 코일을 감는 방법에 따라 그림 3-5와 같이 파권식(wave winding)과 중권식(lap winding)으로 나눈다.

파권식은 직렬권이라고 하며, 자극 수와 관계없이 병렬 회로수가 2개이므로 고전압, 저전류용 발전기나 전동기에 사용된다. 중권은 병렬권이라고 하며, 자극 수와 병렬 회로수가 같게 되므로 저전압, 대전류용 발전기에 사용된다.

그림 3-5 파권과 중권

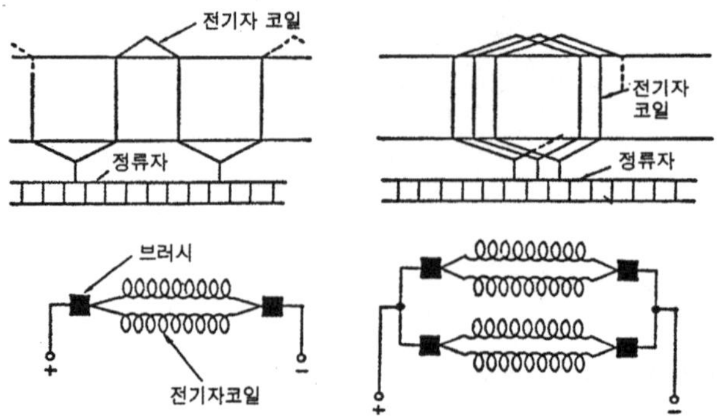

(a) 파 권 (b) 중 권

나. 전기자 반작용(armature reaction)

전기자 권선에 전류가 흐르면 자기력이 발생되고, 이 자기력이 계자의 자기력에 작용하여 자속의 분포가 그림 3-6과 같이 편류시키는 현상을 전기자 반작용(armature reaction)이라 한다. 이 현상은 자기적 중성축이 이동하게 되어 브러쉬가 중성축에 존재할 수 없게 되어 중성축 밖의 권선들은 전동기의 경우 토크를 떨어뜨리고 발전기의 경우 전압을 감소시키는 역할을 하게 된다. 전기자 반작용을 방지하고 줄여주기 위해서는 브러시를 새로운 중성축으로 이동시키는 방법, 보극이나 보상권선을 설치하는 등의 방법이 있다.

그림 3-6 직류발전기의 전기자 반작용

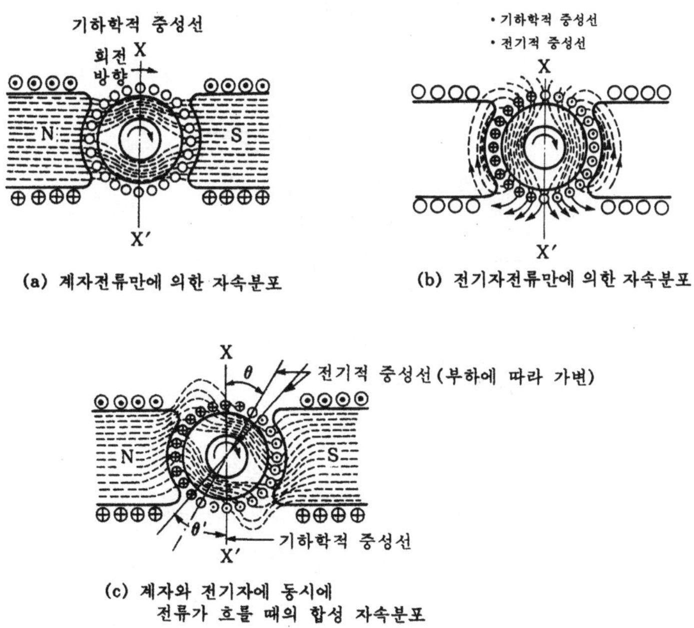

다. 히스테리시스손과 와류손

전동기 회전시 손실은 그림 3-7과 같이 여러 가지가 있으나, 철손의 비중이 가장 크다. 히스테리시스 손실은 히스테리시스 곡선처럼 자화하는 방향이 주기적으로 변화하면 열이 발생한다. 그림 3-8과 같이 히스테리시스 곡선의 면적이 곧 손실이다.

그림 3-7 전동기의 손실

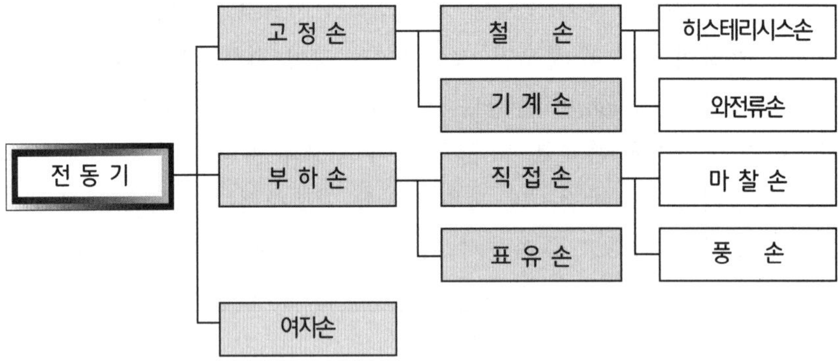

그림 3-8 연철과 강철의 히스테리시스 손실

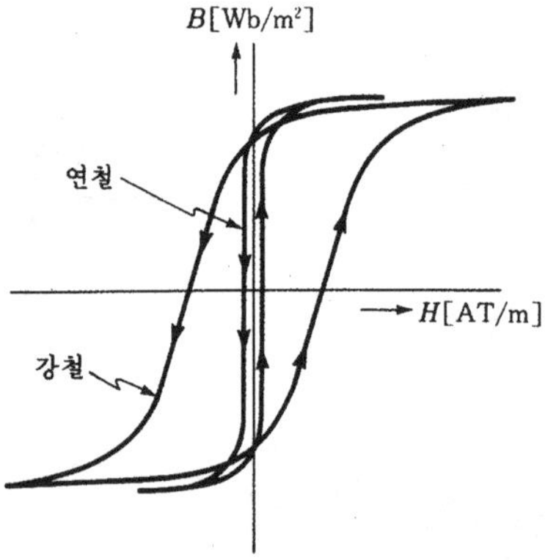

와전류 손실은 와전류(eddy current, 맴돌이 전류)에 의한 손실이다. 그림 3-9와 같이 도체에 자속이 통과할 때 또는 도체와 자속이 상대 운동할 때, 그 도체 내에 전자유도작용에 의하여 기전력이 유기된다. 이 기전력에 의해 도체에 흐르는 유도 전류는 도체 중에서 저항이 가장 적은 곳으로 회로를 형성하여 흐른다.

이와 같이 도체내부에서 자속이 변하고 있을 때 전류가 소용돌이 모양으로 흐르는 전류를 와전류(맴돌이 전류) 또는 발견자의 이름을 따서 푸코전류(Foucault current)라고도 한다. 와전류는 도체의 저항에 의해 온도의 상승과 주울열을 발생시켜 전력손실을 가져온다. 이와 같은 전력의 손실을 와전류 손실이라고 한다.

그림 3-9 와전류 발생원리

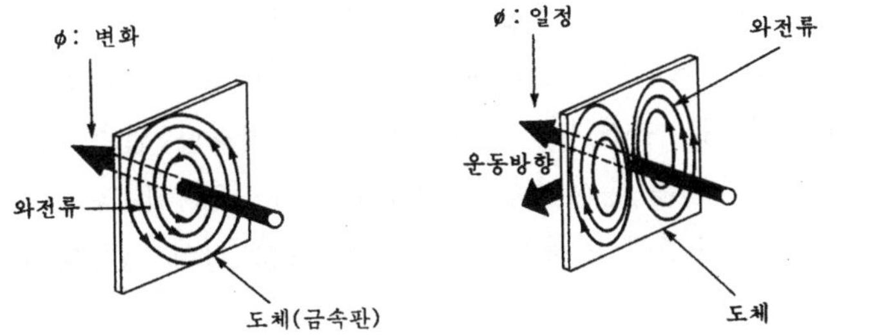

(a) 금속판과 쇄교하는 자속이 변할 때 (b) 자속은 일정하고 금속판이 움직일 때

2) 계자(field magnet)

계자는 자기틀(magnet frame)이라고 불리는 계철(yoke)에 고정된 자극을 말한다. 자극은 요크에 볼트로 결합되어 있으며, 영구자석을 사용하거나 계자 철심(field core)에 계자 권선(field winding)을 감기도 한다. 계자 철심은 와전류 손실을 방지하기 위하여 여러 겹의 얇은 연강판을 성층 시켰으며, 계자 권선은 절연한 둥근 동선이나 평각동선을 사용한다.

3) 정류자(commutator)

정류자(commutator)는 전기자축의 끝에 설치되어 있다. 경동으로 된 쐐기 모양의 편으로서, 각각은 운모판에 의하여 절연되어 전기자 코일과 연결되어 있다. 소형기에서는 전기자 코일을 정류자편의 한쪽 끝에 직접 납땜하고, 중형기 이상에서는 전기자 코일을 정류자편의 한쪽 끝에 붙어있는 라이저(riser)를 이용하여 접속한다. 직류전동기는 정류자가 있으므로 정류자 전동기라고도 한다.

그림 3-10 정류자 연결

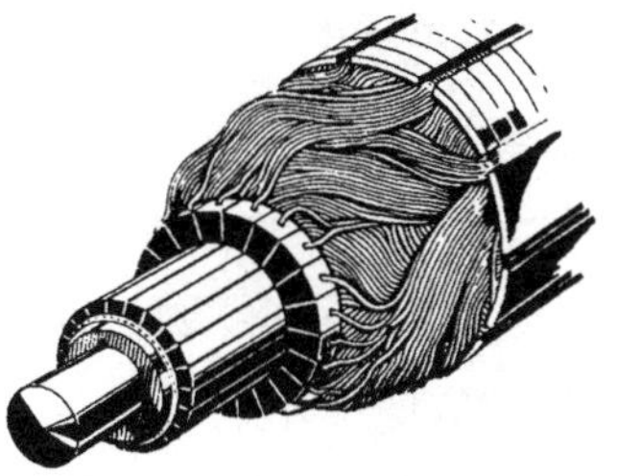

4) 브러시(brush)

브러시(brush)는 일반적으로 탄소(carbon)로 만들며 그림 3-11과 같이 브러시 홀더(brush holder)로 지지되어 있다. 브러시는 정류자면과 접촉하여 전기자가 회전시 전기자 권선과 외부회로를 연결하고 있다. 그러므로 적당한 접촉저항을 가져야 하고 마모성이 적어 정류자면을 손상시키지 않아야 한다. 브러시 홀더는 브러시를 바른 위치에 유지시키고 스프링에 의하여 적당한 장력으로 항상 정류자면에 접촉시켜 주는 장치이다.

그림 3-11 브러시(brush) 접촉

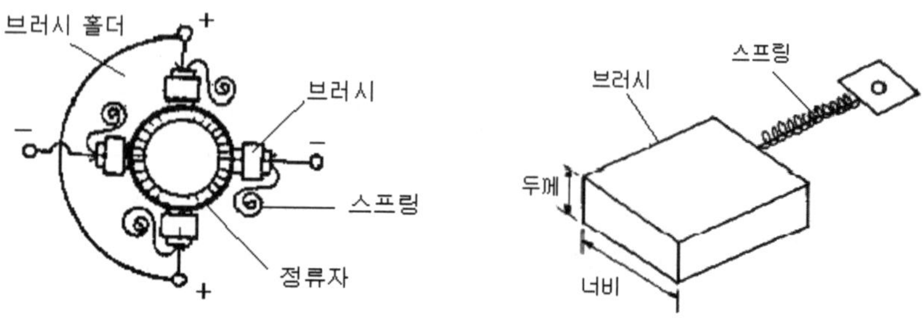

그림 3-11과 같이 정류자 면과의 접촉시 브러시는 두께 100%, 너비 70%이상이 접촉되도록 하고, $\frac{1}{3} \sim \frac{1}{2}$ 이상 마모되면 교환하도록 한다.

3-2-3 직류전동기의 종류

직류전동기는 전기자 코일과 계자 코일의 연결방법에 따라 직권형, 분권형 및 복권형으로 나누며, 회전방향이 변하는 가역전동기가 있다.

1) 직권 전동기(series-wound motor)

그림 3-12와 같이 전기자 코일과 계자 코일이 서로 직렬로 연결된 것이다. 직권전동기의 특징은, 시동할 때에 전기자 코일과 계자 코일 모두에 전류가 많이 흘러 시동 회전력(torque)이 크다는 것이 장점이다. 회전속도는 부하(load)의 크기에 따라 다르므로, 부하가 작으면 매우 빠르게, 부하가 크면 천천히 회전한다. 즉 회전속도의 변화가 크다는 것이 단점으로, 특히 부하전류가 매우 작은 무부하 상태에서는 속도가 매우 빨라 위험하므로 무부하 운전은 피해야 한다.

직권전동기는 시동시 회전력(torque)이 크므로, 부하가 크고 시동 토크가 크게 필요한 항공기나 자동차 기관(engine)의 시동용 전동기로 사용된다. 또한 가정용 청소기, 드라이어, 전동공구용 모터로도 사용되고 있다.

그림 3-12 직권전동기의 특성곡선

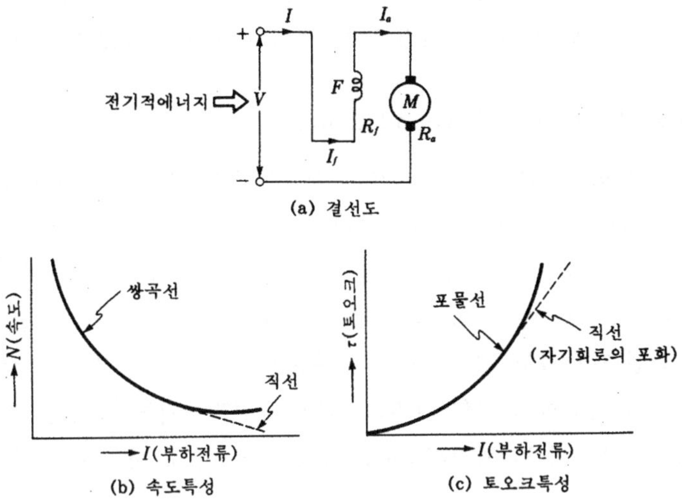

2) 분권 전동기 (shunt-wound motor)

그림 3-13 분권전동기의 특성

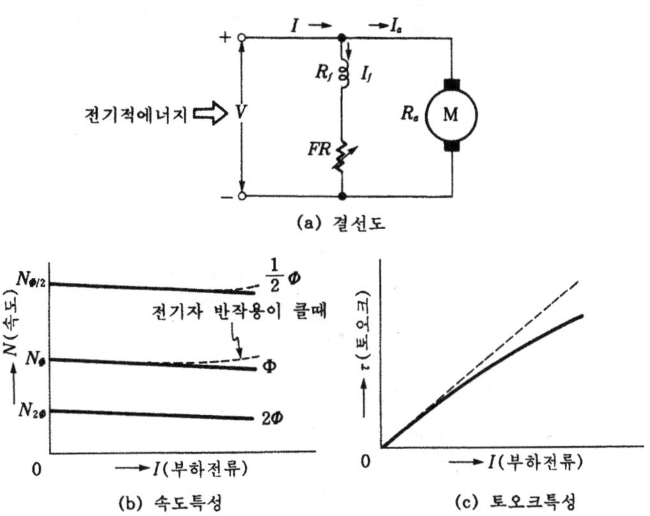

분권전동기는 그림 3-13과 같이 전기자 코일과 계자 코일이 병렬로 연결되어 있

다. 분권전동기의 특징은, 회전속도에 따라 계자 전류가 변화하지 않아 부하에 따른 속도의 변화가 일정하다. 이는 전기자가 회전하면서 역기전력(역전류)을 발생시키므로 해서 계자의 입력전류를 제한하여 일정하게 만든다. 따라서, 분권전동기는 정속도(定速度) 작동용 전동기에 주로 사용된다.

분권전동기의 회전속도는 전기자 코일에만 관계하여 전기자 전류가 클수록(부하가 클수록) 회전력이 크게 되기는 하지만 같은 크기의 직권전동기보다는 회전력이 낮다.

3) 복권 전동기 (compound-wound motor)

복권전동기는 그림 3-14와 같이 전기자 코일과 계자 코일이 직렬과 병렬로 연결된 것이며, 직권계자와 분권계자의 자극방향이 서로 같으면 가동복권전동기이고 자극방향이 서로 반대이면 차동복권전동기이다. 가동복권전동기는 직권전동기와 분권전동기의 장점을 다 가지고 있어 중간적인 특성을 가지고 있다. 즉, 기동할 때에 직권전동기와 같이 회전력이 크고, 기동 후에는 분권전동기와 같이 정속도 특성을 나타낸다. 그러나 구조가 복잡한 단점을 가지고 있다. 복권전동기는 크레인, 엘리베이터, 자동차나 헬리콥터 윈드 실드 와이퍼(wind shield wiper)등에 사용되고 있다.

그림 3-14 복권전동기의 특성

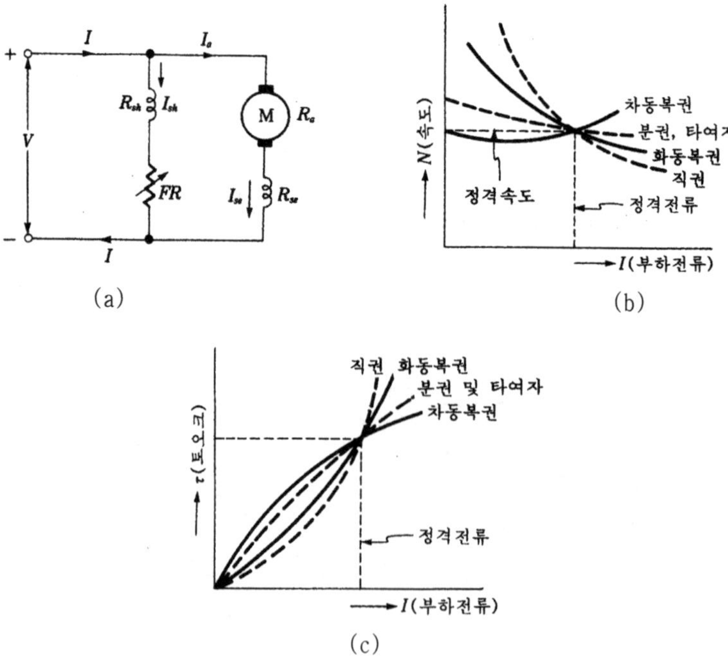

4) 가역전동기 (reversible motor)

전동기의 회전방향이 반대로 되려면, 전기자의 극성 또는 계자의 극성 중에서 어느 하나를 바꾸어야 한다. 전기자와 계자의 극성을 모두 바꾸면 회전방향은 변하지 않는다. 이와 같이 회전방향을 필요에 따라 스위치 조작으로 반대로도 할 수 있는 전동기를 가역전동기(reversible motor)라고 한다.

그림 3-15 가역전동기

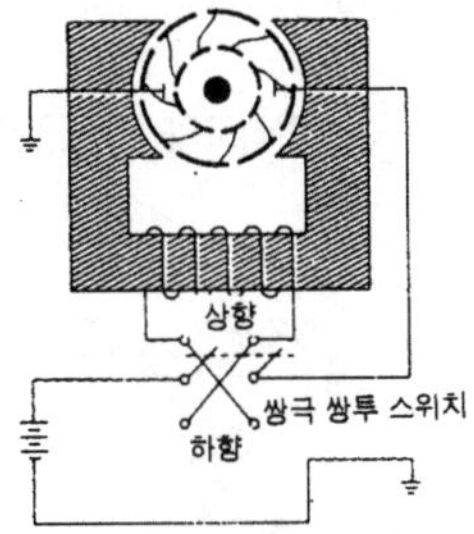

3-3 교류전동기

3-3-1 교류정류자 전동기(universal motor, 만능전동기)

교류 정류자 전동기(universal motor)는 유도전동기의 고정자와 직류전동기의 전기자를 조합하여 만든 구조로서, 직류전동기와 작동원리 뿐만 아니라 모양과 구조가 같다. 단지 교류와 직류를 겸용으로 사용할 수 있다는 것이다. 가역전동기에서 설명한 것과 같이, 계자 및 전기자의 극성을 동시에 바꾸면 회전방향은 변하지 않는다. 따라서, 직류전동기에 교류를 가해도 회전력(torque)의 변하지 않으므로 회전방향은 같게 된다.

직류전동기에 주파수가 낮은 교류를 가하면 전기자의 관성 때문에 평균 회전력에서 거의 균일하게 회전한다. 이와 같이, 직류전동기는 교류로도 구동이 가능하므로 직류와 교류를 겸용할 수 있는 전동기를 만능전동기라고도 한다.

3-3-2 유도전동기(induction motor)

1) 유도전동기의 원리

그림 3-16에서 영구 자석을 화살표 방향으로 이동시키면 원판은 영구 자석이 이동하는 방향을 따라서 회전한다. 영구자석에 의한 자속을 원판이 자르게 되어 전자유도법칙(플레밍의 오른손법칙)에 의하여 원판에 와전류(맴돌이 전류)가 유도된다. 이 와전류(유도전류)와 자속과의 관계에서 플레밍의 왼손법칙에 따라 자석의 이동방향과 같은 방향으로, 전자력(회전력) F가 원판에 작용하여 회전하게 되는 것이다.

그림 3-16 아라고의 원판(圓板)

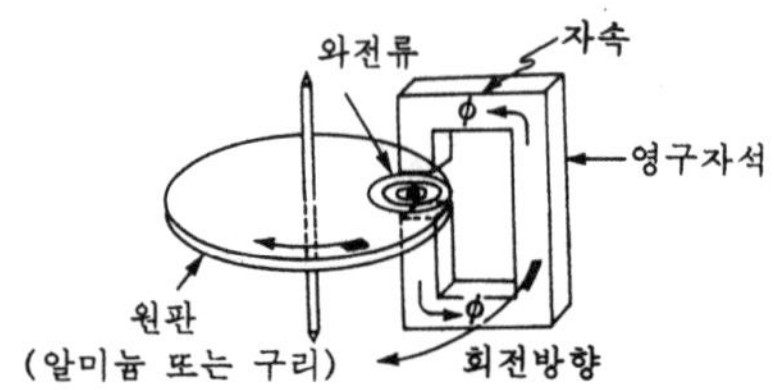

이 실험은 프랑스의 물리학자 아라고(Arago)가 1824년 시행한 것인데, 그 후 1831년 영국의 과학자 패러데이가 전자유도법칙을 발견하는 계기가 되었다. 이와 같은 현상은 원통 도체에서도 동일하게 나타나, 원통도체는 자석의 회전방향을 따라 회전하게 된다. 유도전동기는 이 원리를 이용한 것이다.

유도전동기는 고정자 권선에 흐르는 전류에 의해 발생하는 회전 자기장과 로터에서 발생되는 와전류(유도전류)와의 상호작용에 의해 회전력을 얻는다. 이 때문에 유도전동기(induction motor)라고 한다.

2) 유도전동기의 원리

가. 고정자(stator)

유도전동기의 주요 구성부분은 고정자와 회전자이다. 고정자는 고정자틀(stator frame), 철심 및 권선 등의 세 부분으로 되어 있으며, 전원으로부터 교류전류를 공급받아 회전자계를 만들고, 전자유도작용에 의해 전력을 회전자에 전달하는 역할을 한다. 그림 3-17은 고정자틀의 내부에 규소강판을 성층한 원통형의 철심을 설치한 구조를 나타낸다.

그림 3-17 고정자의 구조

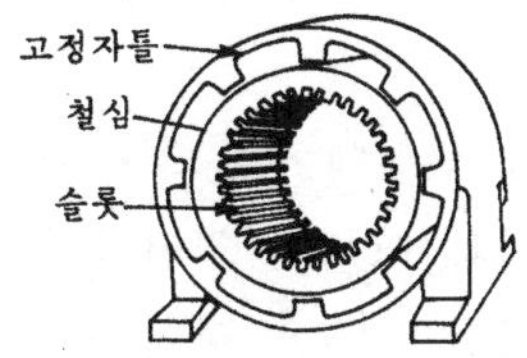

나. 회전자(rotor)

그림 3-18 농형 회전자

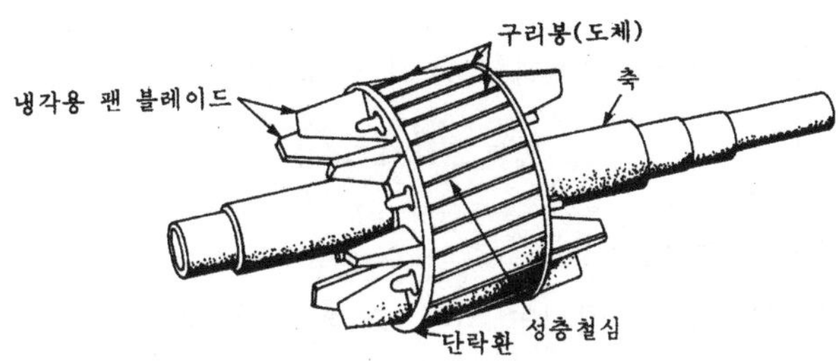

회전자는 철심, 권선 및 축 등의 세 부분으로 이뤄지며, 회전자의 모양과 철심의 슬롯에 감기는 권선의 종류에 따라 농형 회전자(squirrel cage rotor)와 권선형 회전자(wound rotor)의 두 가지로 나누어진다.

그림 3-19 권선형 회전자

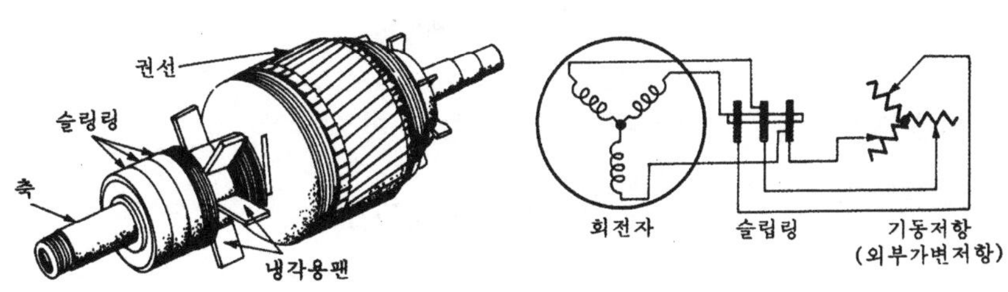

다. 슬립(slip)

전동기가 정격 전압 V[V]과 정격 주파수 f[Hz]하에서 정격 출력을 내면서 운전하고 있을 때의 매분의 회전수를 정격 회전 속도 N[rpm ; revolution per minute]이라고 한다. 전동기의 내부에는 몇 개의 자극 P가 형성되는데 1쌍의 자극이 생기는 것을 2극, 2쌍의 자극이 생기는 것을 4극, 3쌍의 자극이 생기는 것을 6극이라 한다.

3상 유도전동기 고정자 권선에 3상 교류를 흘리면 극수에 따라 자극이 생기고, 이것이 전류의 교번과 더불어 회전한다. 이와 같이 고정자 코일은 정지하고 있고, 자극만이 회전하는 것을 회전 자장이라고 부른다. 이 회전 자장은 반사이클 마다 다음의 극으로 이동한다. 주파수 f는 1초 동안의 싸이클(cycle) 수인데, 이는 극수 P의 $\frac{1}{2}$ 이 된다. 이때, 회전자장이 N_S 회전시 주파수 f는

$$f=\frac{PN_s}{2}\times\frac{1}{60}=\frac{PN_s}{120}[Hz] \qquad \cdots\cdots(3\text{-}2)$$

이다. 그러므로 자장이 회전하는 동기 속도 N_S는

$$N_s=\frac{120f}{P}[rpm] \qquad \cdots\cdots(3\text{-}3)$$

와 같이 나타낼 수 있다.

유도 전동기는 무부하에서는 거의 N_S와 같은(엄밀히 말하면 약간 느린) 속도로 회전자가 회전하지만, 부하를 걸면 회전 속도가 수[%] 느려지는 데, 이것을 슬립 (slip)이라고 한다. 그 이유는 회전자 권선에 유도 전류를 흐르게 하려면, 회전자는 회전자장의 속도보다 낮은 속도로 회전하여야 하기 때문이다. 즉, 슬립이란 회전자장의 속도 N_S와 회전자의 실제 정격속도 N과의 속도차이를 말하는 것이다. 그러므로 슬립 S는 다음과 같이 구한다.

$$S=\frac{N_S-N}{N_S}\times 100[\%] \qquad \cdots\cdots(3\text{-}4)$$

예를 들어, $P=4$, $f=60[Hz]$이면 동기 속도는

$$N_s=\frac{120\times 60}{4}=1800[rpm]$$

이다. 이때 정격 회전 속도가 $1720[rpm]$이라면, 슬립 S는

$$S=\frac{1800-1720}{1800}\times 100=4.4[\%]$$

가 된다.

라. 유도전동기의 종류

유도 전동기의 종류는 단상 유도전동기와 3상 유도전동기로 분류된다. 보통 소형 전동기는 1마력(746W)이하의 출력을 나타내는 전동기이다. 3상 유도전동기는 3상 교류 전원을 공급받을 수 있는 공장의 큰 동력이나 대형 빌딩 등에서 사용되고, 단상 유도전동기는 가정의 냉장고, 전기세탁기, 선풍기 등이나 농어촌 등에서 소형 전동기에 사용되고 있다. 항공기에서는 Intercooler Shutter, Oil shut off valve, Surface Lock 등 비교적 적은 부하에 단상유도전동기가 사용되며, Hydraulic Pump 등 큰 부하에는 3상 유도전동기가 사용된다.

일반적으로 전동기라 하면 대부분 유도전동기를 의미한다. 보통 전동기(motor)라고 하면 유도 전동기라고 해도 좋을 만큼 널리 보급되어 있다. 유도전동기는 고정자와 회전자 코일이 전기적으로 연결되어 있지 않다. 그러므로 정류자나 브러시 등의 부품이 없어 구조가 간단하다. 또한 스파크 발생 따위가 없어 취급 및 유지보수가 간편하다. 물론 가격도 싸다.

현재 거의 대부분이 교류로 배전되어 있는 데다 유도전동기는 교류에 대한 작동 특성도 좋기 때문에, 시동이나 계자 여자(exciting)에 특별한 조치가 필요 없고 부하 감당 범위가 넓다. 또한 정확하게 일정한 회전수를 요구하지 않을 때에는 비교적 큰 부하를 감당할 수 도 있다. 이와 같은 장점으로 유도 전동기는 널리 이용된다.

3-3-3 동기전동기(synchronous motor)

동기전동기는 전원주파수와 동기(조)하여 회전하는 전동기로서, 회전자는 유도 전동기와 달리 단순한 양도체가 아니라 영구자석이나 외부 직류전원에 의한 전자석으로 되어 있다.

동기 전동기의 회전원리는 그림 3-20과 같이 고정자의 회전자기장이 발생하면, 회전자인 계자는 이것을 따라서 돌아간다. 전원 주파수가 일정하게 회전자기장의 속도 N_S가 $\frac{120f}{P}$ 의 값을 갖게 한다면, 즉 정상적으로 운전할 경우에 회전자 정격속도 N는 부하의 경중에 관계없이 N_S완전히 일정하다는 점이 동기전동기의 특징이라고 할 수 있다.

그림 3-20 동기전동기의 원리

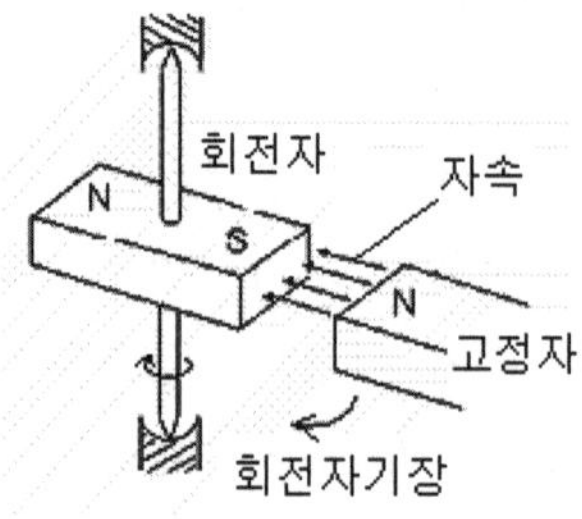

동기전동기는 단상 동기전동기와 3상 동기전동기로 분류되는 데, 단상 동기전동기는 회전자(계자)가 영구자석인 소형전동기에 주로 사용하며, 3상 동기전동기는 회전자가 직류전원의 공급을 받는 전자석인 대형전동기에 사용한다. 동기전동기는 일반적으로 일정한 회전수가 필요한 장치에 사용하는데, 단상 동기전동기는 시계 등 정밀장치에 사용된다. 항공기에서는 기관(engine)의 회전 속도를 표시하는 회전계기에 3상 동기전동기를 사용한다. 이 3상 동기전동기는 소형 3상 교류발전기와 전기적으로 연결되어 있다.

그림 3-21 3상동기 전동

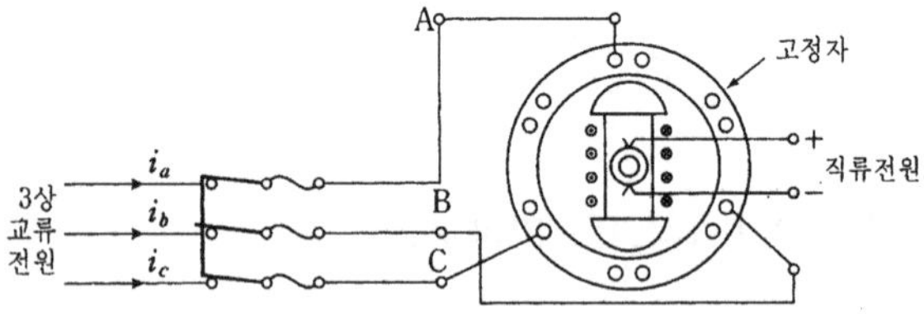

3-4 전동기의 정비

전동기에 이상이 생겼을 경우에는, 먼저 외부 전원장치부터 조사해야 한다. 전동기가 전혀 회전하지 않는다면 전원이나 회로배선에 잘못이 있다. 대부분의 고장은 전동기의 전원부분과 전동기에 의해 구동되는 기계부분에서 일어난다.

1) 베어링

모든 베어링과 마찬가지로 베어링의 역할은 전동기의 원활한 회전과 축을 지지하는 것이다. 베어링 윤활상태가 불량하면 축의 원활한 회전이 안되어 전동기 속도가 느려지면서 과열된다. 또한 베어링이 마멸 및 파손시에는 축의 지지가 안되어 회전시 평형을 잃어 진동과 소음이 발생한다. 축이 휘어졌을 경우도 마찬가지다.

2) 브러시

직류전동기 경우, 브러시 스프링의 장력이 크면 전기흐름은 양호하나 브러시와 정류자 간의 마찰이 심해 마멸이 촉진되고 과열의 원인이 된다. 반대로 마모가 심해 스프링의 장력이 약해졌을 때에는 접촉불량으로 스파크가 발생할 수도 있고, 접촉저항이 증가하여 전류가 감소하게 된다. 그러면 회전속도가 느려지게 된다.

3) 전기자 및 계자권선

전기자 및 계자권선이 단락되면 과전류가 흘러 속도가 빨라지고 과열의 원인이 된다.

4) 인가 전압

인가전압이 너무 높으면 과전류가 흘러 속도가 빨라지고 과열의 원인이 되며, 인가전압이 너무 낮으면 전류가 감소하여 속도가 느려지게 된다.

5) 전기자 회로시험

가. 단락시험

그림 3-22와 같이 그로울러(Growler) 위에 전기자를 놓고 다시 그 위에 실톱(또는 얇은 철판) 따위를 대고서, 전기자를 천천히 돌리면 전기자 코일이 단락된 부분에서 과전류에 의한 자기력 증가로 실톱이 전기자로 끌리면서 부르르 떤다.

그로울러는 이렇게 단락시험 뿐만 아니라 단선과 접지 시험 모두 가능하다. 단선과 접지 시험은 멀티테스터(multitester) 등 다른 계기로도 가능하지만 단락시험은 그로울러 만으로 가능하다.

그림 3-22 그로울러(growler)

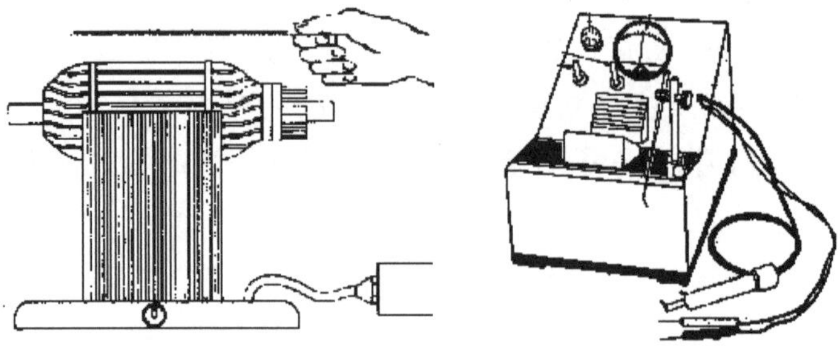

나. 단선시험

그림 3-23 전기자 단선시험

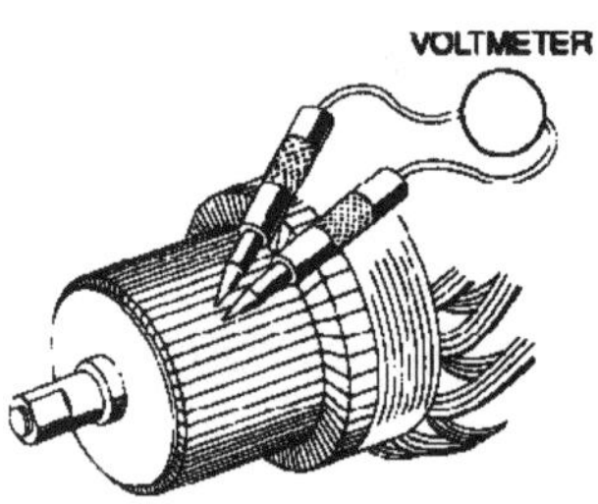

그림 3-24 전기자 접지시험

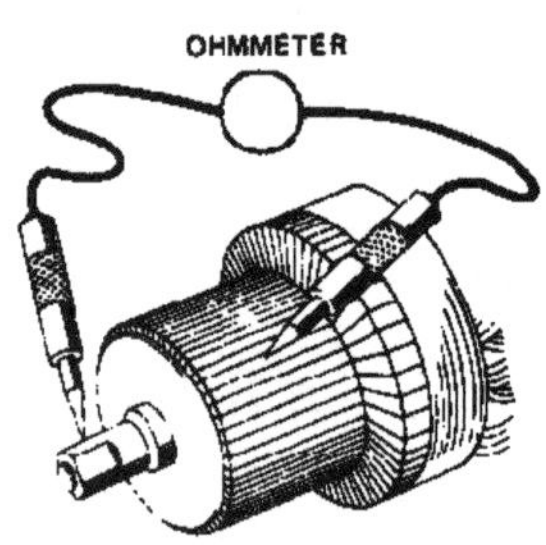

전기자의 단선시험은 그림 3-23과 같이 두 개의 리드선을 정류자편에 대고 전류가 흐르면 정상이고 전류가 흐르지 않으면 단선된 것이다.

다. 접지시험

그림 3-24와 같이 하나의 리드선은 정류자편에 대고, 다른 하나의 리드선은 축이나 계철(yoke)에 댄다. 전류가 흐르면 접지(누전)나 단락된 것이고 전류가 흐르지 않으면 정상이다.

참고 모터를 발명한 사람은 ?

"모터를 발명한 사람 ?" 하면 영국의 물리학자 패러데이(Michael Faraday : 1791~1867)와 미국의 전기 물리학자 헨리(Joseph Henry : 1798~1878)를 기억해야 할 것이다.

패러데이(Michael Faraday)의 전자기 유도의 발견이 모터 발명의 계기가 되었다. 즉, 패러데이의 위대한 발견 전자기 유도에서 출발하여 변압기를 만들고, 발전기를 만들었으며, 그 후 모터의 원형이 만들어 졌다

다른 한편, 헨리(Joseph Henry)는 패러데이와 거의 같은 무렵에 전자기 모터의 원형을 다 만들어 내었는데, 일상 업무(교육)에 쫓겨서 연구 발표가 늦어져 결과적으로 패러데이가 앞지르게 되었다고 한다. 또 일설에 의하면 헨리가 패러데이보다 빨리 전자기 유도를 발견하였으며 모터의 발명도 헨리가 최초라 하고 있다. 이렇게 되면 상당히 그 판정이 어렵게 되는데, 일반적으로는 패러데이의 업적이라고 본다.

아무튼 두 사람 모두 물리학상 큰 공헌이 인정되어 패러데이의 이름은 콘덴서 정전용량의 단위 패럿[F]에, 또 헨리의 이름은 인덕턴스의 단위 헨리[H]에 각각 사용되고 있다.

단원정리

1. 전동기의 종류
   1) 직류전동기 : 직권전동기, 분권전동기, 복권전동기
   2) 교류전동기 : 만능전동기, 유도전동기, 동기전동기

2. 직류전동기
   1) 직류전동기(직류발전기)의 3대 구성요소 : 전기자, 계자, 정류자
   2) 전기자 철심
      ① 밀폐형 슬롯 : 여기에 전기자 코일을 감으며 밀폐형이어서 전기자 회전시 원심력에 의한 코일의 이탈을 방지한다
      ② 전기자 철심은 철손을 줄이기 위해 규소강판(규소+순철)을 얇게해서 성층시킴
   3) 전기자 코일
      ① 코일을 운모로 감싸서 절연시킴
      ② 결선방법 : 파권(직렬권)
   4) 전기자 반작용(Reaction)이란 : 전기자에 전류가 흐르면 전기자에서 자기력이 발생하여 계자 전류에 의한 자속의 분포와 크기가 변화한다. 즉 전기자가 기울어진다. 그러면 브러시에 아크가 발생하여 마멸되며 출력이 저하된다.
      *대책 : 브러시 이동, 보극 설치, 보상권선 설치
   5) 직류전동기의 종류
      ① 직권전동기 : 계자 코일과 전기자 코일이 직렬로 권선
         ㉠ 장점 : 시동회전력이 크다
         ㉡ 단점 : 회전속도의 변화가 크다
            *가역전동기 : 직권전동기의 계자나 전기자 코일의 전류 방향중 하나만 바꾸면 전기자의 회전방향은 반대로 된다

② 분권전동기 : 계자 코일과 전기자 코일을 병렬로 권선

㉠ 장점 : 회전속도가 일정하다

㉡ 단점 : 회전력이 낮다

③ 복권전동기 : 전기자 코일과 계자 코일을 직렬 및 병렬로 권선

㉠ 장점 : 회전력이 크고 회전속도가 일정하다

㉡ 단점 : 구조가 복잡하다

3. 교류전동기

1) 만능전동기 (Universal Motor, =교류정류자 전동기)

직류 및 교류를 모두 사용할 수 있는 전동기

2) 유도전동기 (Induction Motor)

① 회전원리 : 계자의 자기력과 전기자 코일의 유도전류(와전류)

② 특징

㉠ 교류에 대한 작동 특성이 좋고, 부하 감당 범위가 넓다

㉡ 브러시와 정류자가 없다

*브러시와 정류자가 없는 전동기의 특징

–브러시와 정류자의 마모가 없어 불꽃발생이 없으며 유지보수비가 적게 든다

–브러시와 정류자 사이의 저항 및 전도율의 변화가 없어 출력이 안정하다

③ 슬립(Slip) S

동기속도 N_S에 대한 회전자(전기자)의 속도 감소분 $N_S - N$의 비율,

$$S = \frac{N_S - N}{N_S}$$

* N_S : 교류전원 주파수와 일치하는 동기속도 $f = \frac{PN_S}{120}$

* N : 부하가 걸렸을 때의 유도전동기의 회전자(전기자) 회전수

3) 동기전동기 (Synchronous Motor)

교류발전기의 전원주파수와 동기하여 회전하는 전동기로서, 회전식 계기에 사용된다.

4. 전동기의 고장탐구

1) 베어링의 역할

① 원활한 회전 : 베어링의 윤활상태가 불량하면 축의 원활한 회전이 안되어 전동기 속도가 느려지면서 과열된다

② 축의지지 : 베어링이 마멸되거나 파손되면 축의 지지가 안되어 회전시 평형을 잃어 진동과 소음이 발생한다

2) 브러시 스프링의 장력

① 장력이 크다 : 전기흐름은 양호하나 브러시와 정류자 간의 마찰이 심해 마멸이 촉진되고 과열된다

② 장력이 작다 : 접촉불량으로 인해 접촉저항이 증가하여 전류 및 회전속도가 감소한다. 또한 스파크가 발생한다

3) 전기자 및 계자 권선의 단락

권선이 단락되면 과전류가 흘러 속도가 빨라지고 과열된다

4) 인가전압

① 인가전압이 높으면 과전류가 흘러 속도가 빨라지고 과열된다

② 인가전압이 낮으면 전류가 감소하여 속도가 느려진다

5. 전기자 회로시험

1) 테스터기

① 그로울러(Growler) : 단락, 단선, 접지 모두 시험 가능하다

② 멀티테스터, 메가테스터 : 단선 및 접지만 시험할 수 있다

∴ 그로울러만으로 시험할 수 있는 것은 단락시험이다

2) 시험종류

① 단락시험 : 그로울러 위에 전기자를 올려놓고 돌리면서 실톱 따위를 대보면 단락부분에서 부르르 떤다

② 단선시험 : 두 개의 테스터 리드봉 중 하나는 정류자편에 고정시키고 다른 하나를 돌아가면서 나머지 정류자편을 찍어본다. 전류가 흐르면 정상이고 안흐르면 단선된 것이다.

③ 접지시험 : 두 개의 테스터 리드봉 중 하나는 하우징에 고정시키고 다른 하나를 돌아가면서 정류자편을 찍어본다. 전류가 흐르면 접지된 것이고 안흐르면 정상이다.

연 습 문 제

1. 플레밍의 왼손법칙에서 손가락의 명칭을 쓰시오.

답 엄지 : 힘(회전력, 전자력)의 방향
곤지 : 자기력(자기장, 자속)의 방
중지 : 전류의 방향

2. 항공기 교류 전동기의 종류가 아닌 것은 ?

가. 가역 전동기　　나. 유니버셜 전동기
다. 유도 전동기　　라. 동기 전동기

답 가

3. 전동기에 새 브러시를 사용할 때 주의할 점은 브러시의 면이 최대한 정류자와 많이 닿도록 해야하는 데 두께와 너비 쪽이 각각 몇 % 닿아야 하는가 ?

답 두께 쪽은 100%, 너비 쪽은 70%이상 접촉되도록 한다.

4. 엔진 Starter에 요구되는 특성은 ?

답 회전력(힘)이 커야 한다.

5. 직류전동기는 그 종류에 따라 부하에 대한 토오크 특성이 다른데 정격이상의 부하에서 토오크가 크게 발생하여 왕복기관의 시동기에 적합한 것은 ?

가. 분권식(shunt-wound)　　나. 복권식(compound-wound)
다. 직권식(series-wound)　　라. 유도식(induction)

답 다

6. 배터리에 직렬로 연결된 스타터가 있다. 배터리의 내부저항이 0.02Ω, 회로의 저항이 0.04Ω, 전류가 150A, 전압이 24V 일 때, 스타터의 단자전압은 얼마인가 ?

답 $24V = (0.02 + 0.04) \times 150 + V_M \quad \therefore \ V_M = 24 - 9 = 15[V]$

7. DC MOTOR의 회전 방향을 바꾸려면 전기자 코일과 계자 코일에 들어가는 전류의 방향을 어떻게 해야 하는가 ?

답 둘 중에 하나의 방향을 반대로 한다

8. 직류전동기 중 회전을 일정하게 하려면 어떤 전동기를 사용해야 하는가 ?

답 분권전동기

9. 시동기의 전원 극성을 반대로 한다면 회전방향은 어떻게 되는가 ?

답 변하지 않는다

10. 유도전동기에서 400Hz, 4극, 슬립 4%일 때, 회전수는 ?

답 $N_S = \frac{120f}{P} = \frac{120 \times 400}{4} = 12,000$ $\qquad S = \frac{N_S - N}{N_S} \times 100[\%]$

$4 = \frac{12000 - N}{12000} \times 100$ $\qquad \therefore N = 11520[rpm]$

11. 동기전동기란 무엇인가 ?

답 전원주파수와 동기하여 회전하는 전동기

12. 전기식 회전계에 사용하는 지시계 형식은?

가. 유도 전동기 나. 동기전동기
다. 분할 전동기 라. 가역 전동기

답 나

13. Brush Type D.C Motor 에 Oil 이 묻어있다면 회전시 어떤 현상이 일어나겠는가?

답 불꽃발생(arching)

14. GROWLER TEST는 무슨 상태를 판정하기 위해 실시하는가?

답 전기자 단락

15. 직류전동기의 전기자(Armature)의 재료는?

답 규소강

16. 시동기의 전원 극성을 반대로 한다면 회전방향은 ?

답 변화하지 않는다

17. 전기자에 전류가 흐르면 전기자에서 자기력이 발생하여 계자 전류에 의한 자속의 분포와 크기가 변화하여 전기자가 약간 기울어진다. 이 현상을 무엇이라 하는가 ?

답 전기자 반작용(반응, reaction)

18. 전기자 반작용(armature reaction)의 대책 3가지는 ?

답 브러시 이동, 보극설치, 보상권선 설치

19. 전동기 브러시 스프링의 장력이 약할 때 나타나는 현상은 ?

답 불꽃(=스파크, 아크)발생, 전기 전도성 감소, 전동기 속도 감소

20. 큰 힘이 요구되는 곳에 사용되며 항공기에서 가장 많이 사용되는 전동기는 ?

답 3상 유도전동기

제4장 발전기

4-1 발전기의 종류

4-2 직류발전기

4-3 교류발전기

4

발 전 기

4-1 발전기의 종류

발전기는 전자유도 효과에 따라 기계적 에너지를 전기적 에너지로 바꾼다. 발전기의 종류는 크게 직류발전기와 교류발전기로 분류한다. 직류발전기는 직류전압을, 교류발전기는 교류전압을 출력하지만 원리는 같다. 직류발전기의 출력전압이 직류라 하더라도 전기자가 회전할 때 유도되는 전압은 근본적으로 교류전압이고, 직류발전기는 단지 정류과정을 통하여 전기자 코일에 유도된 교류전압을 직류전압으로 정류시킨 것이다.

그림 4-1의 직류발전기에서는 교류를 정류하여 직류로 변환시키기 위하여 자기장을 고정시키고 코일을 회전시키는 방법을 쓴다. 이때, 자기장을 형성시키는 부분의 고정자를 계자(exciting magnetic field)라 하고, 전압이 유기되는 회전자 코일을 전기자(armature)라 한다. 즉 직류전동기와 구조는 같다.

그림 4-1 직류발전기

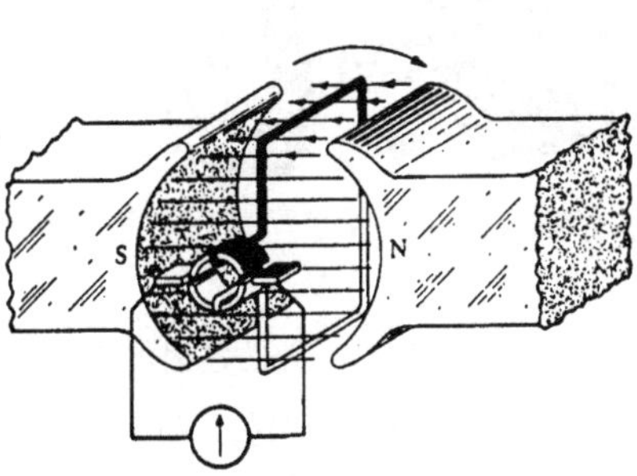

그림 4-2 교류발전기

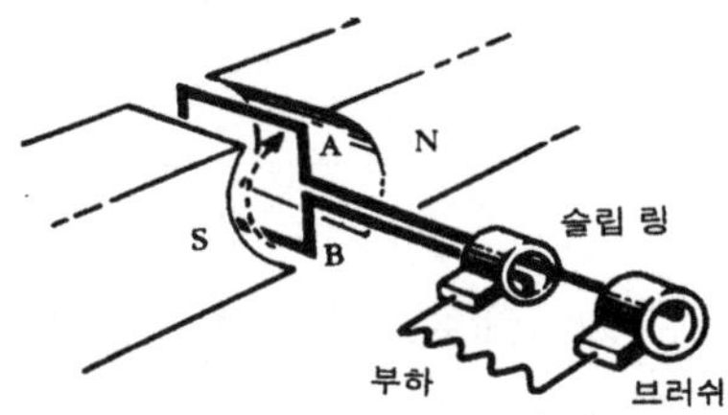

그림 1-11-2 발전기의 기본원리(최소전압유도)

교류발전기에서는 그림 4-2와 같이 전기를 슬립 링(slip ring)과 브러시를 이용하여 출력한다. 슬립 링 대신 2개의 반원통형의 정류자편으로 바꾸어 놓으면 기본적인 직류발전기가 된다.

4-2 직류발전기

4-2-1 직류발전기의 구조와 원리

직류발전기의 구조는 그림 4-3과 같이 회전자인 전기자(armature), 계자(exciting field magnet), 정류자(commutator), 브러시(brush) 부분으로 구성되어 있다. 이는 직류전동기와 같은 구조이나 원리는 전동기와 반대의 과정으로 되어있다. 전기자를 회전시키면 계자의 자속을 끊어 패러데이의 전자유도법칙에 의하여 전기자에 기전력(전류)을 유도하게 된다.

그림 4-3 24볼트 직류 발전기

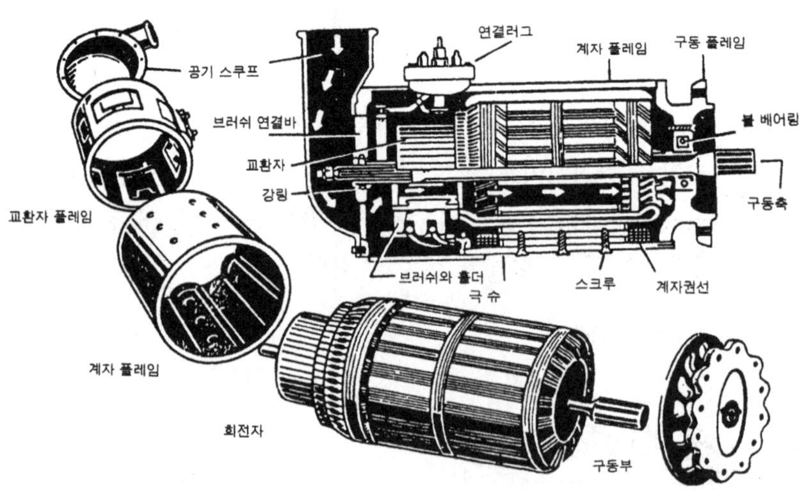

그림 1-11-9 전형적인 24볼트 항공기 발전기

유도 기전력(유도전류)의 방향은 그림 4-4와 같이 플레밍의 오른손법칙(Fleming's right-hand rule)에 따른다. 이때 자속밀도를 $B[wb/m^2]$, 도체의 길이를 ℓ[m], 도체의 회전속도를 $v[m/\sec]$, 그림 4-5와 같이 도체와 자기장이 이루는 각을 θ라고 하면 유도 기전력의 크기 e는

$$e = B\ell\, v\sin\Theta\ [V] \qquad \cdots\cdots(4\text{-}1)$$

가 된다.

그림 4-4 플레밍의 오른손 법칙

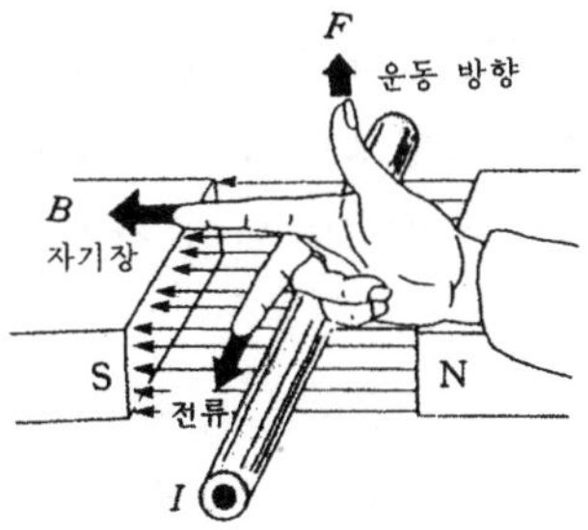

그림 4-5 유도 기전력의 크기

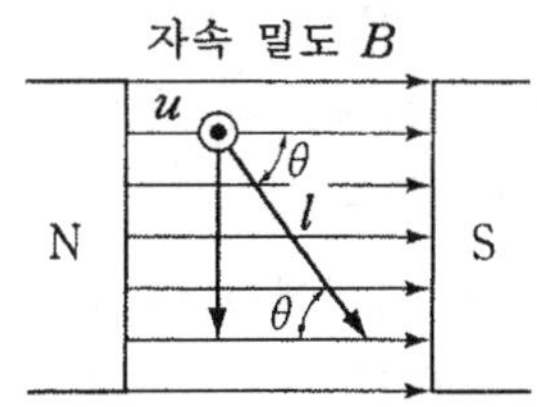

그림 4-6은 자기장 내에서 회전하는 코일의 여러 위치에 따른 유도 기전력의 크기와 정류원리를 나타낸 것이다. 코일의 검은색과 회색 부분은 각각 해당되는 색깔의 정류자편에 연결되어 있고, 브러시의 색깔도 구별되어 있으므로 정류자편과 브러시 사이의 위치를 확실하게 한다. 정류자편들은 서로 절연되어 있으며, 정류자편을 사이에 두고 고정된 2개의 브러시가 서로 반대쪽에 위치하고 있어, 코일로 이루어진 전기자가 회전하면 정류자편도 회전하여 교대로 각 브러시에 접촉된다.

코일은 A 위치에서 시작하여 시계 방향으로 회전한다. A, C 위치에서는 코일이 자력선을 끊지 못하여 기전력이 발생하지 않기 때문에 전류계의 지시 바늘은 0을 가리킨다.

그림 4-6 직류발전기의 작동원리

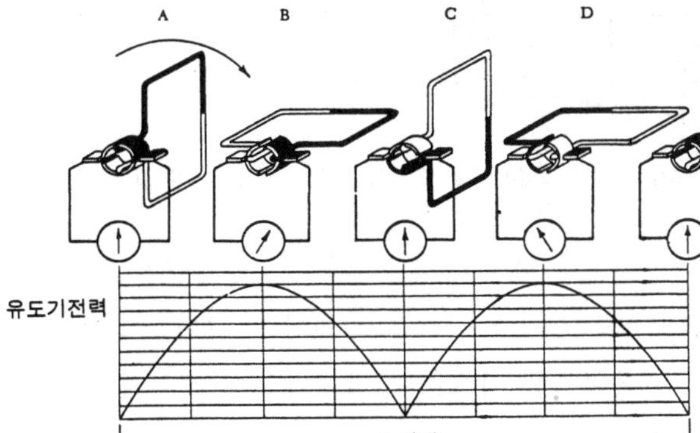

그림 1-11-7 직류발전기의 작동원리

A 위치에서 회전을 시작하면 검은색 정류자편은 검은색 브러시에 접촉하게 되고, 이러한 접촉이 유지되면서 플레밍의 오른손 법칙에 따라 화살표 방향으로 전류를 흘려 줄 수 있는 기전력이 발생하기 시작하여, B위치에서 최대가 되었다가 C위치로 가면서 감소되어 0이 된다.

여기서 좀 더 회전하게 되면, 검은색 정류자편은 흰색 브러시에 접촉하게 되고, 흰색 정류자편은 검은색 브러시에 접촉하게 되므로 먼저의 경우와 반대가 된다. 회전을 계속하게 되면 이러한 접촉이 유지되면서 화살표 방향으로 전류를 흘려줄 수 있는 기전력이 발생하기 시작하여, D위치에서 최대가 되었다가 다시 감소하면서 E위치에서 0이 된다.

이와 같은 사실에서, 흰색 브러시는 흰색과 검은색 정류자편과, 검은색 브러시는 검은색과 흰색의 정류자편과 교대로 접촉하므로, 흰색 브러시는 항상 위쪽으로 운동하는 코일부분과, 검은색 브러시는 항상 아래쪽으로 운동하는 코일부분과 접촉된다. 그러므로 브러시들은 항상 같은 방향으로 흐르는 전류만을 받아들여 언제나 같은 극성을 유지한다.

A와 C위치에서는 각 브러시가 2개의 정류자편에 동시에 접촉되어 직접적으로 단락되는 현상이 생긴다. 이때, 코일에 기전력이 있으면 많은 전류가 흐르게 될 것이므로 아크가 생겨서 정류자와 브러시가 손상된다. 그러므로 기전력이 0이 되는 위치에서 단락이 되도록 브러시 위치를 정해야 하는데, 이러한 위치를 중립면(neutral plane)이라 한다.

그림 4-7 코일이 많은 직류 발전기

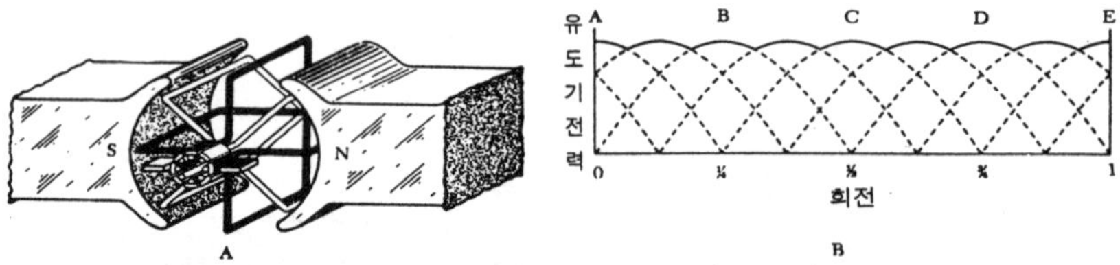

그림 1-11-8 코일이 수를 증가하면 전압의 잔물결 파를 감소한다.

앞에서 설명한 직류발전기는 전기자가 1회전하는 동안에 최대값이 두 번 있게 되는데, 0에서 최대값 사이로 변하므로 전압의 변화가 크다. 그림 4-7과 같이, 코일의 수를 많게 하면 전압의 최대값과 최소값의 차이가 작아지므로, 발전기의 출력전압의 변화가 적어져서 직류에 가깝게 된다. 이때, 정류자편 수는 코일의 수에 비례하여 많아야 한다. 또 계자의 극수를 증가시키면 1회전하는 사이에 발생하는 전압의 최대값의 수가 증가하기 때문에 더욱 유리하다.

4-2-2 직류발전기의 보조기기

항공기에 사용되는 대부분의 전기는 발전기에서 공급한다. 발전기는 기관(engine)에 의하여 구동된다. 항공기에는 전력의 수요에 따라 1대 또는 그 이상의 발전기가 필요하다. 일반적으로 1대의 기관에는 1대의 발전기를 장착하지만, 전력의 수요가 많은 대형 항공기에는 1대의 기관이 2대의 발전기를 구동시키는 것도 있다.

직류발전기의 출력전압은 축전지가 12[V]인 항공기에서는 14[V]이고, 축전지가 24[V]인 항공기에서는 28[V]이다. 직류발전기는 항공기 내에서의 전기의 수요에 따라 형식을 용량별로 나누는데, M형은 50[A], O형은 100[A], P형은 200[A], R형은 300[A], A형은 400[A] 등이 있다.

직류발전기는 발전기 자신이 발생한 출력전압에 의하여 여자시키는 자기 여자(self exciting)방식을 사용하고 있다. 발전기가 처음 발전을 시작할 때에는 남아있는 계자, 즉 잔류자기(residual magnetism)에 의존한다. 잔류자기가 전혀 남아있지 않아 발전을 시작하지 못할 때에는 외부 전원(축전지)으로부터 계자 코일에 잠시동안 전류를 통해 주는데, 이와 같이 하는 것을 계자 플래싱(field flashing)이라 한다.

그림 4-8 직류발전기의 3유닛 조절기

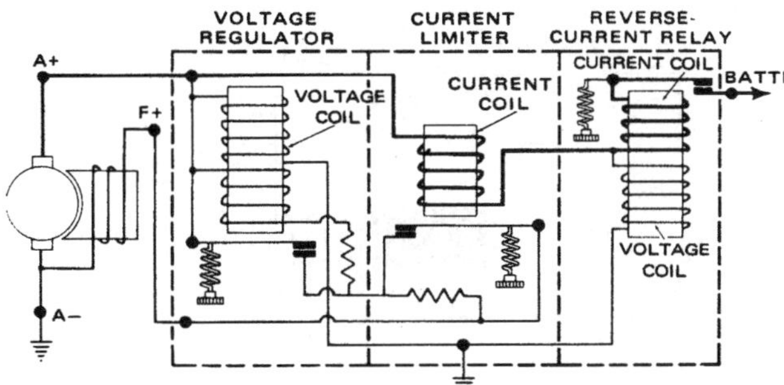

직류발전기의 보조기기에는 전압조절기(votage regulator), 역전류 차단기(reverse current cutout relay), 전류제한기(current limiter), 과전압 방지장치(overvoltage relay), 계자제어장치(field control relay) 등이 있다. 이 중에서 그림 4-8과 같이 구성되는 전압

조절기, 역전류 차단기, 전류제한기를 3 유닛 조절기(three unit controller)라고 한다.

1) 전압조절기(votage regulator)

발전기의 전기자 회전수와 부하의 변동에 따라 출력전압이 변하게 되는데, 이것을 일정하게 유지시키려면 계자코일의 전류를 조절해야 한다. 그 방법에 따른 종류에는 진동형(vibrating type)과 카본파일형(carbon pile type)이 있다. 그림 4-9의 전압조절기는 진동형이다. 진동형은 계속적이지 못하고 단속적으로 전압을 조절하므로 일부 소형 항공기에서만 사용된다.

그림 4-9 진동형 전압조절기

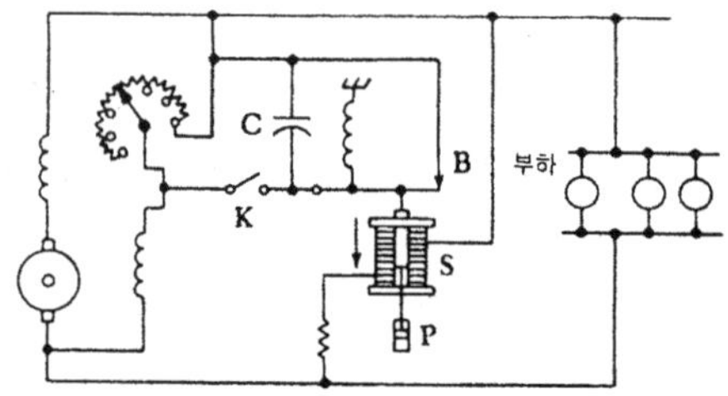

직류발전기의 전압조절기로는 카본파일형이 대표적이다. 카본파일형은 세라믹(ceramic) 절연체로 된 원통관 안에 여러 개의 탄소판(carbon disk)이 배열되어 있는 카본파일이 그림 4-10과 같이 계자코일과 직렬로 연결되어 있다.

그림 4-10 카본파일형 전압조절기

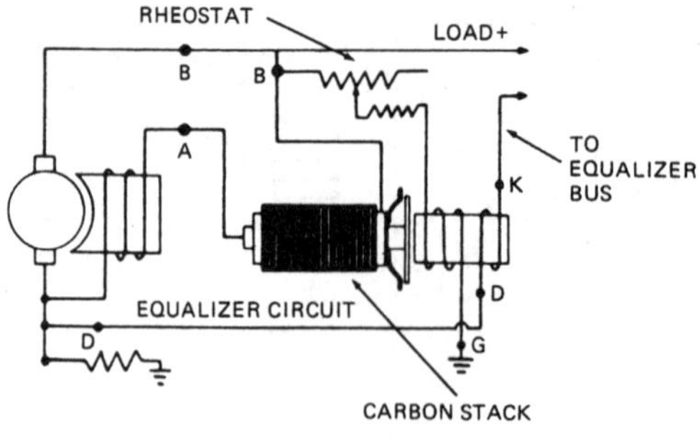

발전기의 전압이 증가하면, 전압 코일에 흐르는 전류가 증가하여 전자석의 흡인력이 증가한다. 그러면 전자석이 스파이더 스프링을 잡아당기므로 해서 탄소판에 작용

하는 압력을 감소시킨다. 즉 탄소판의 간격을 넓혀 탄소판들의 접촉저항이 증가하므로 계자전류가 감소한다. 계자전류가 감소하면 계자 자기장이 약해지므로, 발전기의 전압은 감소하여 정상전압이 된다.

반대로 발전기 출력전압이 감소하면, 전압코일의 전류가 감소하므로 전자석의 흡인력이 감소하여 탄소판에 가해지는 스파이더 스프링의 압력이 강해진다. 즉 탄소판의 간격이 좁혀 접촉저항이 감소하므로 계자전류가 증가한다. 계자전류가 증가하면 계자 자기장이 증가하므로, 발전기의 전압은 증가하여 정상전압이 된다. 전압코일에 흐르는 전류의 기본적인 양은 가변저항에 의하여 결정되므로, 조절노브(adjusting knob)에 의하여 기본 전압의 크기를 조절한다.

2) 역전류 차단기(reverse current cutout relay)

역전류 차단기는 발전기의 출력 쪽과 버스(bus)사이에 장착하여, 발전기의 출력전압이 낮을 때 축전지로부터 발전기로 전류가 역류하는 것을 방지하는 장치이다. 또, 발전기의 출력전압이 축전지 전압보다 높은 정상적인 상태에서는 회로를 형성시켜서 버스를 통하여 부하에 전류를 공급하는 동시에 축전지의 충전을 진행시킨다. 이때의 충전방식은 정전압 충전법이다. 역전류가 생기면 축전지가 불필요하게 방전하며, 발전기가 전동기 효과에 의하여 회전력을 발생하게 되고, 코일도 저항체이므로 심할 때에는 타 버리게 된다.

그림 4-11 역전류 차단기

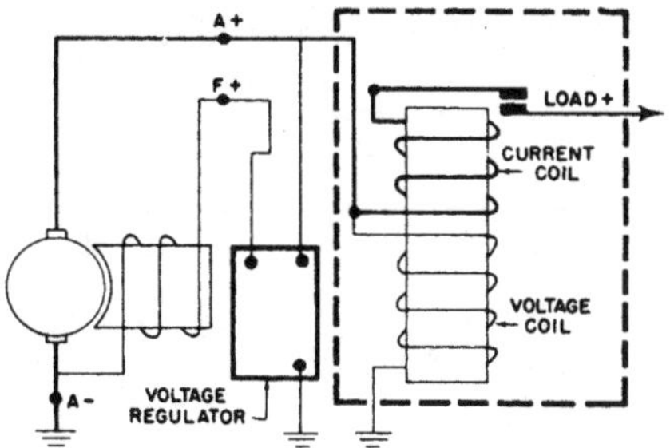

그림 4-11의 역전류 차단기의 작동은 다음과 같다. 초기에 접점 P는 열려있다(open). 발전기가 회전하기 시작하면 전압코일에 1차적으로 전류가 흐른다. 발전기의 출력전압이 축전지 전압보다 높게 되면 전압코일과 전류코일의 전자석 자기력이 증가하여 접점 P를 닫게한다. 그러면 부하 및 축전지에 전류를 공급하게 된다. 전류코

일에는 모든 출력전류가 흐르기 때문에 굵어야 한다. 발전기가 어떤 원인으로 출력전압이 축전지 전압보다 낮아져 역전류가 흐르게 될 경우, 전류코일과 전압코일에서 발생되는 자기장 방향이 서로 반대가 되어 자기력이 상쇄되어 접점 P는 열리게 된다.

4-2-3 직류발전기의 병렬운전

두 대 이상의 발전기가 항공기에 사용될 때에는 서로 병렬로 연결하여 부하에 전력을 공급한다. 이때, 발전기의 공급 전류량은 서로 분담되어야 한다. 어떤 한 발전기의 전압이 다른 것들보다 높을 때에는 전류의 상당한 양을 그 발전기가 부담하게 되어 과전류가 된다. 상대적으로 다른 발전기들은 적은 전류만을 부담한다. 병렬로 운전 중인 2개의 발전기의 부하 전류를 고르게 분배하려면, 그림 3-35와 같은 이퀄라이저회로(equalizer circuit)를 사용하여 2개의 발전기 출력전압이 같도록 한다. 이때, 발전기의 (−)단자인 E와 접지 사이에 저항이 매우 작은 이퀄라이저 저항을 연결해야 한다. 이 저항은 발전기의 용량에 맞게 선정하는 데, 용량 300[A]의 발전기에서는 0.5[V]의 전압강하가 일어나도록 0.00167[Ω]의 저항을 연결한다.

그림 4-12 직류발전기의 이퀄라이저 회로

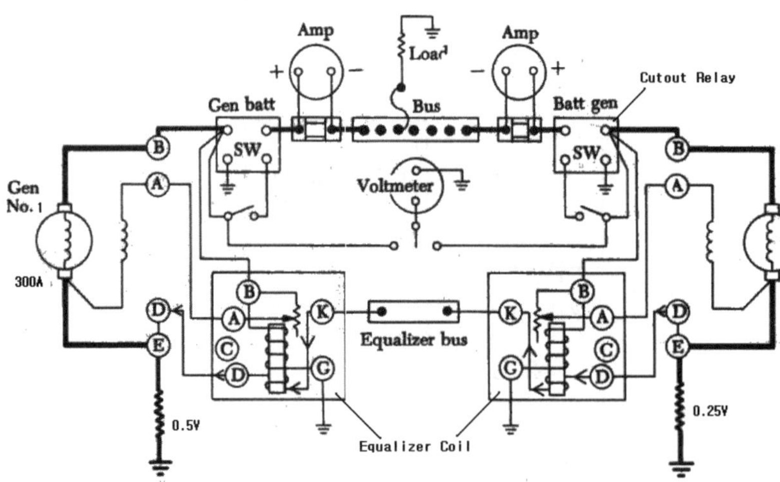

그림 4-12의 이퀄라이저 회로의 작동은 다음과 같다. 왼쪽에 있는 제1발전기가 300[A], 오른쪽에 있는 제2발전기가 150[A]의 전류를 분담한다면, 제1발전기의 이

퀄라이저 저항에서는 0.5[V], 제2발전기의 이퀄라이저 저항에서는 0.25[V]의 전압강하가 생긴다. 그러므로 제2발전기 쪽의 D가 제 1 발전기 쪽의 D보다 전압이 높게 되므로, 그림 4-12와 같은 화살표 방향의 전류가 흐르게 된다.

즉, 제1발전기의 이퀄라이저 코일은 K에서 D로 전류가 흘러 전압조절기의 전압코일의 자화를 돕게 되므로 카본파일의 저항을 증가시켜 전류를 줄어들게 하고, 제2발전기의 이퀄라이저 코일은 D에서 K로 전류가 흘러 전압코일을 방해하게 되므로 카본파일의 저항을 감소시켜 높은 전류가 흐르게 한다. 이와 같은 현상은 양쪽 발전기에 흐르게 되는 전류가 같아질 때까지 계속된다.

이퀄라이저 회로는 발전기의 병렬운전 때, 한 개의 발전기가 고장이 나서 발전을 하지 못할 때에는 다른 정상적인 발전기의 전압을 떨어뜨리는 결과를 가져오기 때문에 고장난 발전기 쪽의 회로는 끊어야 한다.

4-3 교류발전기

4-3-1 교류의 발생 원리

직류발전기에서 설명한 바와 같이, 자기장내에서 도선을 운동시키면 자력선과 상대운동을 하게 되므로 유도 기전력이 발생한다. 교류를 발생시키는 상대운동의 방법에는 두 가지가 있다.

그림 4-13 간단한 교류 발전기

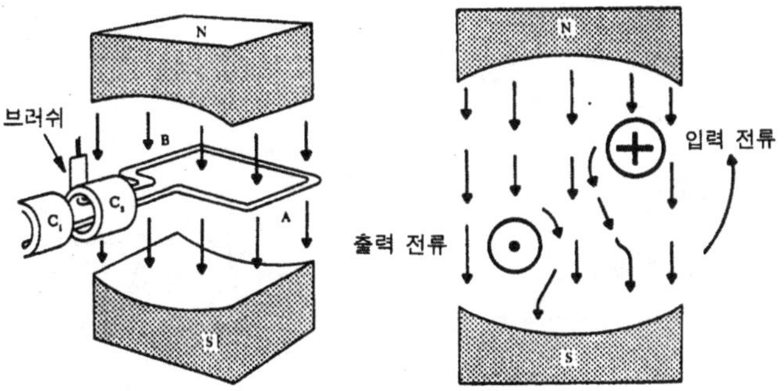

그 한 가지는 주로 직류발전기에서 사용하는 방법으로서, 그림 4-13과 같이 자기장이 고정되어 있고 도선이 운동하는 것이며, 다른 한 가지는 주로 교류발전기에서 사용하고 있는 방법으로서 전기자인 도선이 고정되어 있고 자기장이 운동하는 것이다. 이때 기전력의 크기와 방향은 이들 형식에 관계없이 패러데이(faraday)의 법칙과 플레밍의 오른손 법칙에 따른다.

그림 3-37은 교류의 발생원리를 나타낸 것이다. 그림 4-14(a)에서는 전기자가 자력선을 끊지 못하므로 유도 기전력은 0이다. 왜냐하면 $e=B\ell\ vsintheta$ 에서 Θ가 0이기 때문이다. 전기자가 오른쪽으로 회전할수록 코일이 자력선을 끊으므로 기전력이 유도되기 시작한다. 그림 4-14(b)와 같이 오른쪽으로 90°회전하면, 기전력은 가장 크게 유도된다. 더 회전하면 기전력이 점차 감소되어, 그림 4-14(c)와 같이 180°에서는 자력선을 끊지 못하므로 기전력은 다시 0이 된다.

다시 오른쪽으로 더 회전하면 코일이 자력선을 끊으면서 기전력이 증가되어 270° 위치에서 최대가 되지만, 유도 기전력의 방향은 반대가 되어 그래프상 아래쪽에 표시된다. 더 회전하면 기전력은 감소되다가 360°에서 기전력은 다시 0이 되어 1싸이클을 완료한다.

이와 같이, 자기장 내에서 회전하는 코일을 가진 전기자에는 순간 기전력 e가 유도되며, 기전력은 그림 4-14(d)와 같이 사이파(sine wave)로 나타난다.

그림 4-14 교류의 발생원리

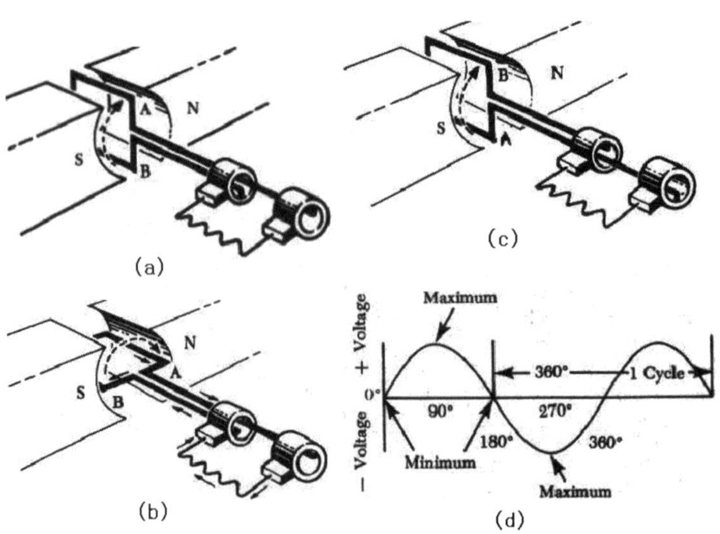

4-3-2 교류발전기의 종류

항공기가 대형화되고 정밀, 고급화됨에 따라 전력의 수요가 많아지게 되었다. 전력의 수요가 많아지면 전압이나 전류를 높여야 하는데, 전압을 자유로이 높이기 어려운 직류를 사용하면 큰 전류가 필요하게 된다. 그러므로 항공기의 모든 이용 부분에 전기를 공급하기 위한 도선은 굵어야 하며, 따라서 전기계통이 차지하는 무게가 무거워지게 된다. 따라서, 전압을 높이기 쉬운 교류를 사용하는데, 현대의 항공기에서는 교류 중에서도 3상 교류를 많이 사용하고, 직류는 비상전원으로 사용한다.

교류발전기는 출력전압의 위상에 따라 단상 발전기와 3상 발전기로 나눌 수 있다. 3상 교류는 단상에 비하여 효율이 우수하고, 결선방식에 다라 전압, 전류에서 이득을 가지며, 높은 전력의 수요를 감당하는 데 적합하다. 그러므로 한국 표준 규격(KS)에서는, 항공기 계통에 사용되는 교류전원을 정격용량이 500[*VA*]이상일 때에는 설계자와 합의하지 않는 한 3상 전원을 사용하도록 정하고 있다.

브러시와 슬립링이 없는 3상 브러시리스 교류발전기(brushless generator)도 있는데, 이는 현재 보잉 747기에서 사용중이다. 3상 브러시리스 교류발전기의 장점은 브러시, 슬립링 또는 정류자가 없으므로 마멸되지 않기 때문에 정비유지비가 적게 든다. 그리고 슬립링이나 정류자와 브러시 사이의 저항 및 전도율의 변화가 없으므로 출력파형이 불안정해질 염려가 없다. 또, 브러시가 없어 아크가 발생하지 않으며, 고공비행시 우수한 기능을 발휘할 수 있다.

그림 4-15 단상교류발전기

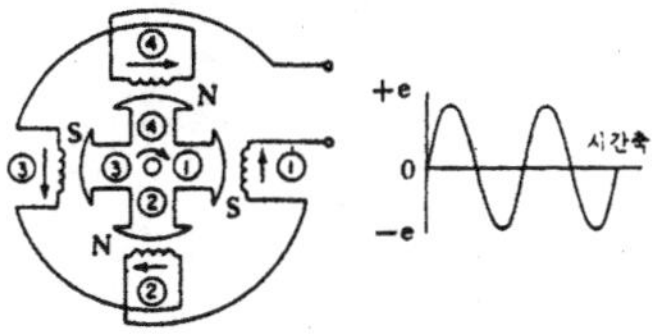

그림 4-16 삼상교류발전기의 출력파형

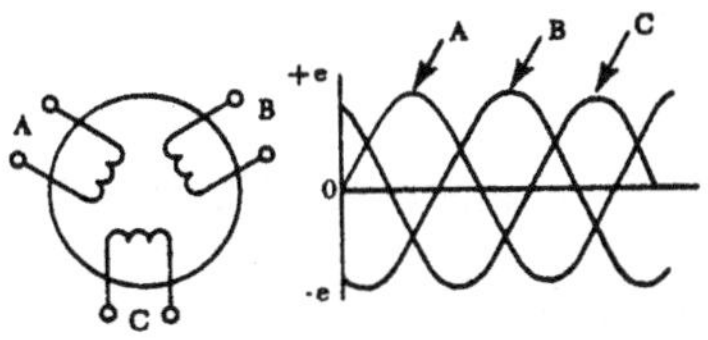

4-3-3 3상 교류발전기

1) 3상 교류발전기의 구조

직류발전기에서는 계자를 고정시키고 전기자를 회전시키는 방법을 사용하였으나, 교류발전기에서는 굵고 무거운 전기자 코일의 회전으로 인한 원심력의 문제를 없애기 위하여 전기자를 고정시키고 무게가 가벼운 계자를 회전시킨다. 그래서 교류발전기에서는 전기자를 고정자(stator), 계자를 회전자(rotor)라고 더 많이 불리운다.

스테이터(stator)는 3개 조의 코일과 마그네틱 코어(magnetic core)로 구성되어 있으며, 코어는 와류 손실을 감소하기 위하여 얇은 연철판으로 요크(yoke)에 볼트로 고정되어 있다. 로터(rotor)는 내부의 철심에 코일이 감겨있고 슬립링을 통해 전류가 들어오면 전자석이 된다. 이때, 로터가 회전하면서 자속을 끊어 스테이터 코일에 기전력이 발생되도록 한다. 스테이터 코일의 유도전류는 슬립링과 브러시를 통해 부하에 공급된다.

2) 3상 교류발전기의 결선방법

항공기에서는 그림 4-17과 같이 3상 4선식 Y결선(성형결선, 스타결선)이 일반적으로 사용되고 있는데, 이것은 단자가 a, b, c, N 4개이며, 이들 중 중선선 N은 기체구조(structure)에 접지한다. 단자 a, b, c 이전의 스테이터 코일의 각 조를 a, b, c상(phase) 또는 r, s, t상이라 한다. 제조회사마다 다르지만 일반적으로 각 상에 연결되는 선(line)의 색깔은 a상-적색, b상-황색, c상-청색, N상-녹색으로 표시한다.

그림 4-17 3상 Y결선(4선식)

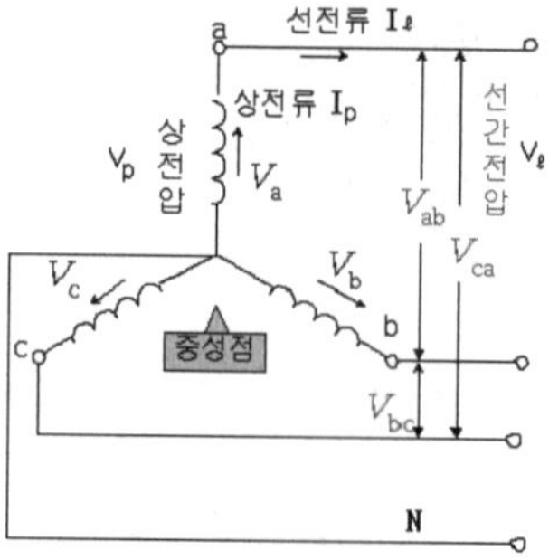

그림 4-17과 같이 a, b, c 각 상(phase)의 전압(V_a, V_b, V_c)을 상전압 V_P이라 하고, 각 선(line) 사이에 걸리는 전압(V_{ab}, V_{bc}, V_{ca})을 선간전압 V_ℓ 이라 한다. 그리고

각 상에서 나오는 전류를 상전류 I_P라 하고, 각 선에 흐르는 전류는 선전류 I_ℓ 라고 한다.

그림 4-18 3상 교류의 발생

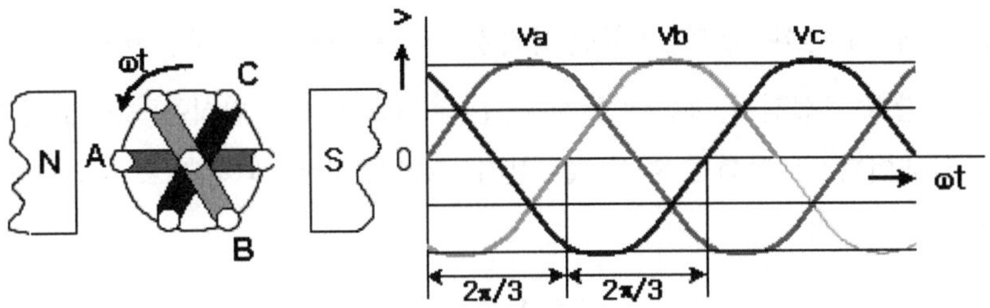

(a) 코일들의 배치 (b) 각 코일에 발생되는 전압

3상 교류는 그림 4-18과 같이 주파수가 동일하고 위상이 $\frac{2\pi}{3}$ (120°)[rad] 만큼씩 다른 3개의 파형이 출력된다. 그러므로 각 상의 출력전압은

$$V_a = V_m \sin\omega t \qquad \cdots\cdots(4\text{-}2)$$

$$V_b = V_m \sin(\omega t - 120^\circ) \qquad \cdots\cdots(4\text{-}3)$$

$$V_c = V_m \sin(\omega t - 240^\circ) \qquad \cdots\cdots(4\text{-}4)$$

와 같이 나타낼 수 있다. 그리고 선간전압은 2개의 상전압의 차이가 되므로, a와 b 단자에 걸리는 선간전압을 구해보면, 다음과 같다.

$$\begin{aligned} V_\ell &= V_{ab} = V_a - V_b \\ &= V_m \sin\omega t - V_m \sin(\omega t - 120^\circ) \\ &= V_m(\cos 0^\circ + j\sin 0^\circ) - V_m(\cos(-120^\circ) + j\sin(-120^\circ)) \\ &= V_m(1 + j0) - V_m\left(-\frac{1}{2} - j\frac{\sqrt{3}}{2}\right) \\ &= V_m\left(\frac{3}{2} + j\frac{\sqrt{3}}{2}\right) \\ &= \sqrt{3}\, V_m\left(\frac{\sqrt{3}}{2} + j\frac{1}{2}\right) \\ &= \sqrt{3}\, V_m(\cos 30^\circ + j\sin 30^\circ) \\ &= \sqrt{3}\, V_m \sin(\omega t + 30^\circ) \end{aligned} \qquad \cdots\cdots(4\text{-}5)$$

그러므로 선간전압 V_ℓ은 상전압 V_p의 $\sqrt{3}$ 배이고 위상은 30° 앞선다. 그리고 상전류 I_P와 선전류 I_ℓ의 값은 같다.

Y결선의 장점은 중선선(neutral line)을 이용하여 접지 시키거나 선간전압보다 $\sqrt{3}$ 배 낮은 상전압을 사용할 수 있다는 것이며, 단점은 어느 한 상(phase)의 코일이 단선되면 부하측에 전압을 공급하지 못한다는 것이다.

반면에, 그림 4-19와 같은 △결선(삼각결선, 환상결선)은 선간전압 V_ℓ은 상전압 V_p의 값이 같고, 선전류 I_ℓ가 상전류 I_P의 $\sqrt{3}$ 배이고 위상은 30° 뒤진다. 즉, Y결선과는 반대이다. △결선은 어느 한 상의 코일이 단선 되더라도 부하에는 전압이 공급된다.

그림 4-19 △결선

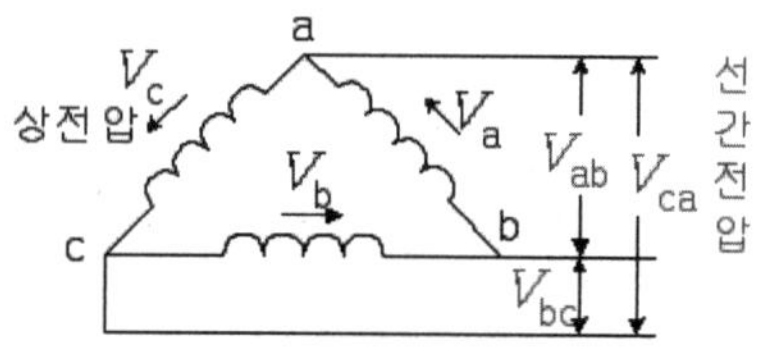

3) 3상 교류의 전력

3상 회로에 있어서의 전력은 그림 4-20과 같이 부하의 Y, △ 접속 방식이나 평형, 불평형에 관계없이 각 상에 대한 전력을 구한 다음에 3개의 상을 합치면 된다. 각 상전압을 V_p, 상전류를 I_p, 위상차를 Θ라고 하면, 각 상의 피상전력 P_a는

$$P_a = V_P I_P \qquad \cdots\cdots(4\text{-}6)$$

이므로, 3상 전체의 전력은 다음과 같다.

$$\text{피상전력} \quad P_a = 3V_P I_P \qquad \cdots\cdots(4\text{-}7)$$

$$\text{유효전력} \quad P = 3V_P I_P \cos\Theta \qquad \cdots\cdots(4\text{-}8)$$

$$\text{무효전력} \quad P_r = 3V_P I_P \sin\Theta \qquad \cdots\cdots(4\text{-}9)$$

그림 4-20 3상 부하의 접속방법

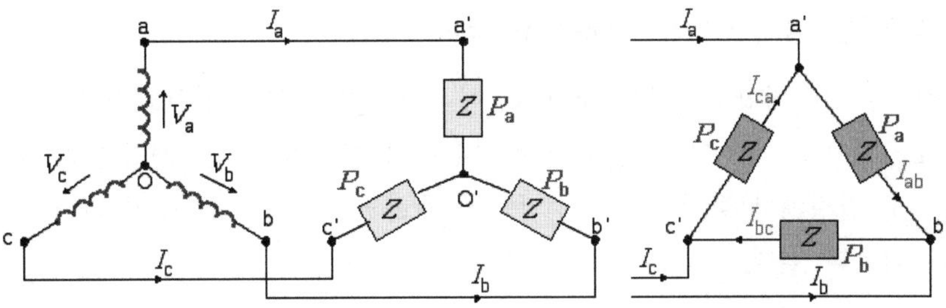

(a) Y 결선 부하　　(b) Δ 결선 부하

따라서, Y결선의 부하인 경우는 $V_\ell = \sqrt{3}\,V_P$, $I_P = I_\ell$ 이고, △결선 부하인 경우에는 $V_P = V_\ell$, $I_\ell = \sqrt{3} I_P$이므로, Y이나 △결선 어느 경우에나 3상 전력은 다음과 같이도 나타낼 수 있다.

$$\text{피상전력} \quad P_a = \sqrt{3}\,V_\ell I_\ell \qquad \cdots\cdots(4\text{-}10)$$

$$\text{유효전력} \quad P = \sqrt{3}\,V_\ell I_\ell \cos\Theta \qquad \cdots\cdots(4\text{-}11)$$

$$\text{무효전력} \quad P_r = \sqrt{3}\,V_\ell I_\ell \sin\Theta \qquad \cdots\cdots(4\text{-}12)$$

그리고, 3상 부하의 Y결선 및 △결선 접속을 그림 4-21과 같이 상호 변환할 수 있는데, 그 관계식은 다음과 같다.

$$Z_\triangle = 3Z_Y \qquad \cdots\cdots(4\text{-}13)$$

그림 4-21　3상 부하의 Y-△, △-Y 변환

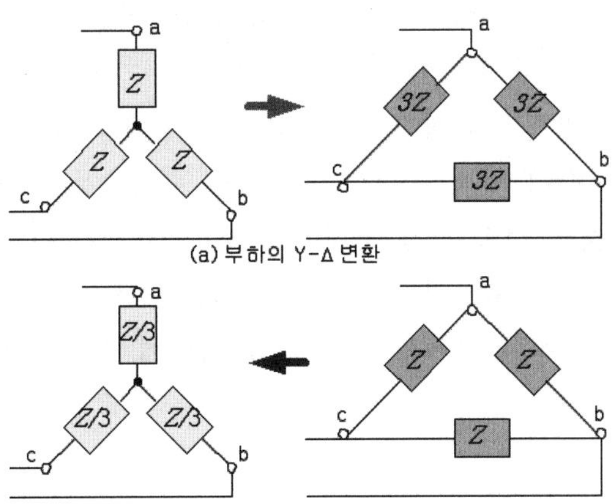

(a) 부하의 Y-Δ 변환

(b 부하의 Δ-Y변환

4-3-4 교류발전기의 보조기기

1) 정속 구동 장치(CSD, Constant Speed Drive)

교류전압은 교류전압조절기의 전압코일에 의한 자기력의 세기에 의해 카본파일의 저항이 조정되므로 계자의 전압이 조정된다. 교류발전기에서는 전압뿐만 아니라 출력 주파수도 일정해야 한다. 이때, 주파수는 계자의 극수와 회전수에 따라 결정되며, 관계식은 다음과 같다.

$$f=\frac{PN}{2}\times\frac{1}{60}=\frac{PN}{120}[Hz] \qquad \cdots\cdots(4\text{-}14)$$

그림 4-22 발전계통

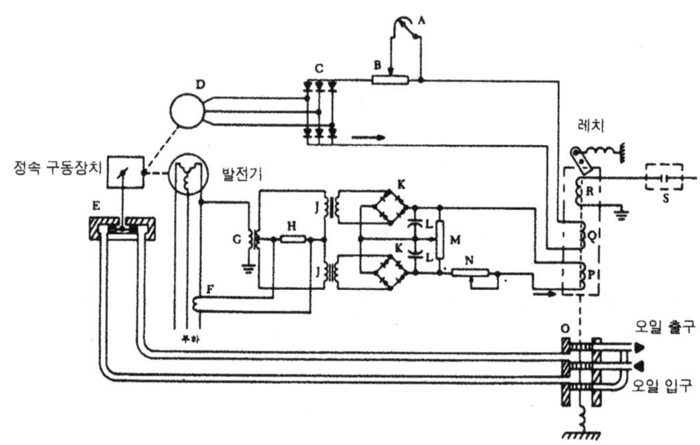

여기서, f는 주파수 $[Hz]$, P는 계자의 극 수, N은 분당 회전수 $[rpm]$이다.

항공기에 사용되는 3상 교류는 주파수가 400 $[Hz]$이고, 극 수가 8극이므로 계자의 회전수는 6,000 $[rpm]$이 되어야 한다. 그런데 발전기의 구동 동력은 기관(engine)으로부터 얻어지므로, 발전기의 회전은 기관의 회전수에 따라 변하게 된다. 교류발전기에서는 기관의 회전수에 관계없이 일정한 출력 주파수를 발생할 수 있도록 하는 장치가 필요한데, 이것을 정속 구동 장치(CSD, Constant Speed Drive)라고 한다. 이때, 주파수 조절 범위는 400±1 $[Hz]$로서 2 $[Hz]$가 넘으면 안된다. 이것은 그림 4-23와 같이 항공기 기관의 구동축과 발전기축 사이에 장착하여 발전기의 회전수를 일정하게 한다.

그림 4-23 정속구동장치

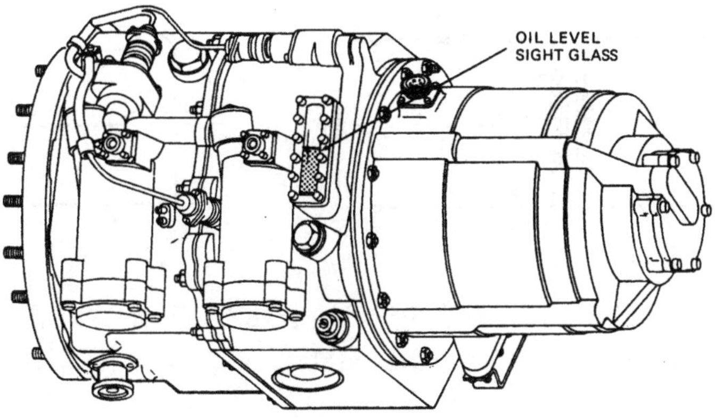

2) 정류기

항공기의 많은 장치들은 고전류, 저전압 직류로 작동한다. 교류계통을 주전원으로 하는 항공기에는 별도로 직류발전기는 설치하지 않고 변압 정류기(transformer rectifier)에 의해 직류를 공급한다.

정류기란, 전류 흐름 방향을 한쪽으로만 흐르게 함으로써 교류를 직류로 바꾸는 장치이다. 최근에는 대부분의 항공기가 반도체 정류기(solid-state rectifier), 즉 다이오드(diode)를 이용한 정류기를 사용하고 있다.

교류로부터 직류를 얻어내는 회로를 정류회로라고 하며 크게 반파 정류회로와 전파 정류회로로 분류된다. 반파정류회로는 그림 4-24과 같이 다이오드 등의 정류 소자를 사용하여 교류의 (+) 또는 (−)의 반 사이클만 전류를 흘려서 부하에 직류를 흘리도록 한 회로이다. 다이오드(diode)는 (+)에서 (−)쪽 정방향으로는 전류를 흐르게 하지만 (−)에서 (+)쪽 역방향으로는 전류를 통과시키지 않는 특성을 가지고 있다.

전파 정류회로는 중간탭 전파 정류회로와 브릿지 전파 정류회로가 있다. 중간탭 전파 정류회로는 그림 4-25(a)와 같이 다이오드를 사용하여 교류의 (+), (−) 어느 반 사이클에 대해서도 정류를 하여 부하에 직류 전류를 흘리도록 한 회로로서 중간 탭이 있는 트랜스포머(transformer)가 필요하다.

브릿지 전파 정류회로는 그림 4-25(b)와 같이 중간 탭이 있는 트랜스포머를 사용하지 않고 다이오드 4개를 브릿지 모양으로 접속하여 정류하는 회로이다. 입력 교류 전압이 양의 반주기에서는 점 A가 점 B보다 전위가 높으므로, $D_3 \to R_L \to D_1$의 방향으로 전류가 흐른다.

그림 4-24 반파 정류회로와 입·출력 파형

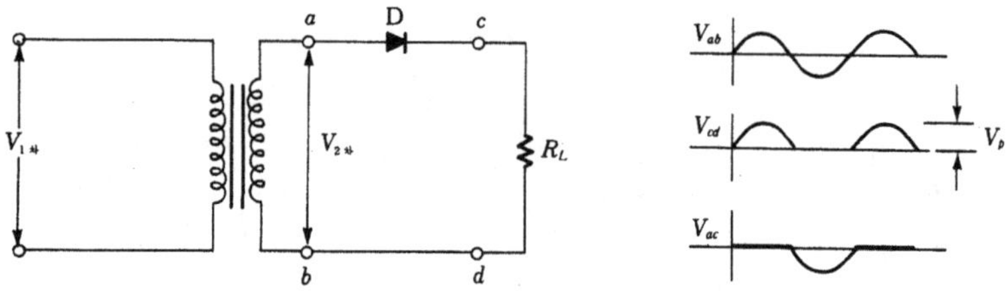

또, 입력 교류전압이 음의 반주기에서는 점 B가 점 A보다 전위가 높으므로, $D_2 \rightarrow R_L \rightarrow D_4$의 방향으로 전류가 흐른다. 따라서, 저항 R_L의 단자에는 전파 정류의 출력전압이 가해진다.

그림 4-25 전파 정류회로와 입·출력파형

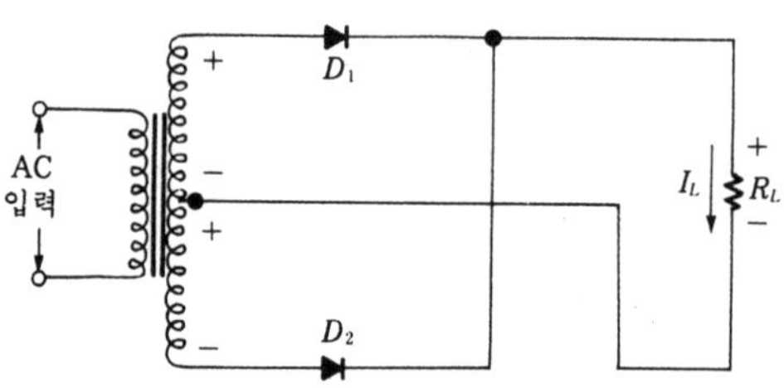

(a) 중간탭(center-tap)전파정류기

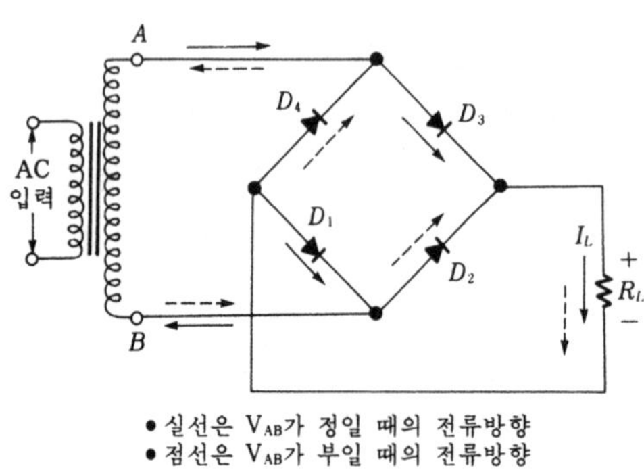

(b) 브리지 전파정류기

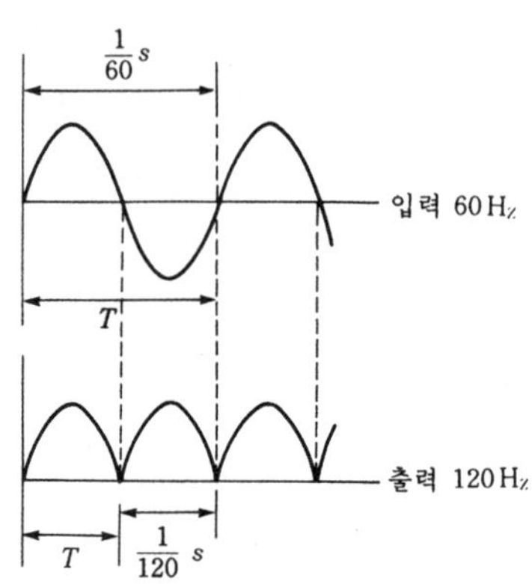

(c) 입출력파형

그림 4-26는 항공기에서 3상 교류발전기의 정류회로 중 하나이다. 이 회로의 3상 전파정류는 6개의 다이오드(+다이오드 3개와 -다이오드 3개)로 구성된 브리지 회로를 이용하여 정류한다.

그림 4-26 전파 삼상 정류기와 출력파

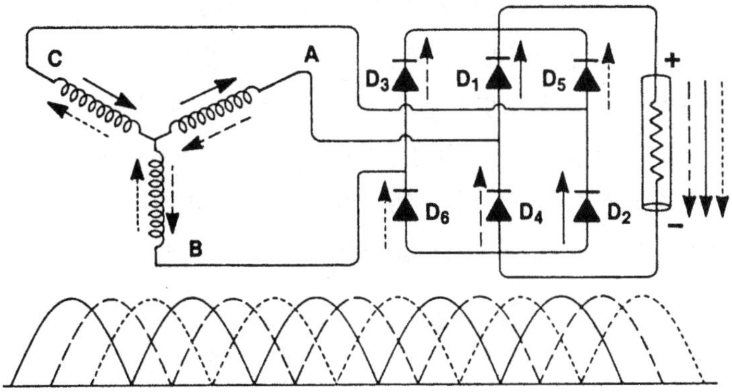

이때 각 상(phase)에는 각각 1개씩의 (+)다이오드와 (−)다이오드가 설치된다. 단상 교류는 1개의 정류 다이오드로는 양(+) 또는 음(−)의 반파 중 하나만 정류된다. 단상 교류의 두 반파를 모두 정류하기 위해서는 각 상에 2개의 정류 다이오드가 필요하게 된다. 즉, 양(+)의 반파는 (+)측 다이오드에 의해서, 음(−)의 반파는 (−)측 다이오드에 의해서 정류된다. 3상 교류의 양(+)의 반파와 (−)의 반파가 모두 정류되어 합해지면 60°간격의 출력 파형이 형성되어 약간의 리플(ripple)이 있는 맥류가 된다.

3) 교류 전압조절기

3상 교류발전기에서 정류 다이오드는 여자전류와 발전기 전류를 정류할 뿐만 아니라, 3상 코일로 전류가 역류하는 것을 방지한다. 그러므로 교류발전기에는 역전류 차단기는 필요치 않다.

그림 4-27 탄소파일 전압조정

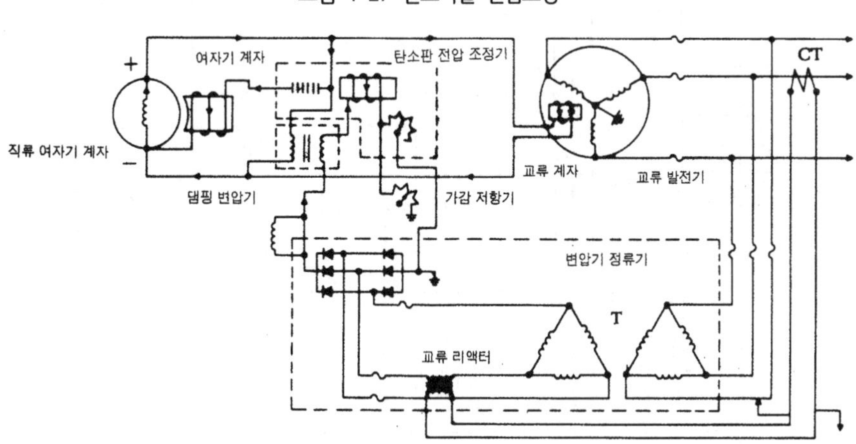

교류계통에서 전압조절의 원리는 직류계통에서와 유사하다. 전압조절의 목적은

첫째, 구동축의 회전수가 변하더라도 출력전압을 항상 일정하게 유지하는 것이다.

둘째, 부하가 급격히 변하더라도 출력전압을 거의 일정하게 한다.

셋째, 여러 개의 발전기를 병렬운전할 때 각 발전기가 부담하는 전류를 같게 한다.

3상 교류발전기의 전압 조절은 회전계자에 공급되는 직류전류를 조절함으로써 이루어진다. 교류 전압조절기에는 카본 파일형 전압조절기, 자기 증폭기(magnetic amplifier)형 전압조절기, 트랜지스터(transistor)형 전압조절기 등이 있다.

그림 4-28 자석증폭형 전압조정기

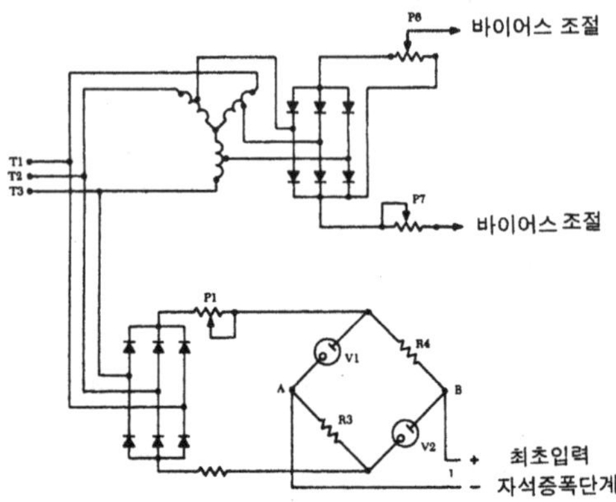

그림 4-29 트랜지스터 전압 조정기

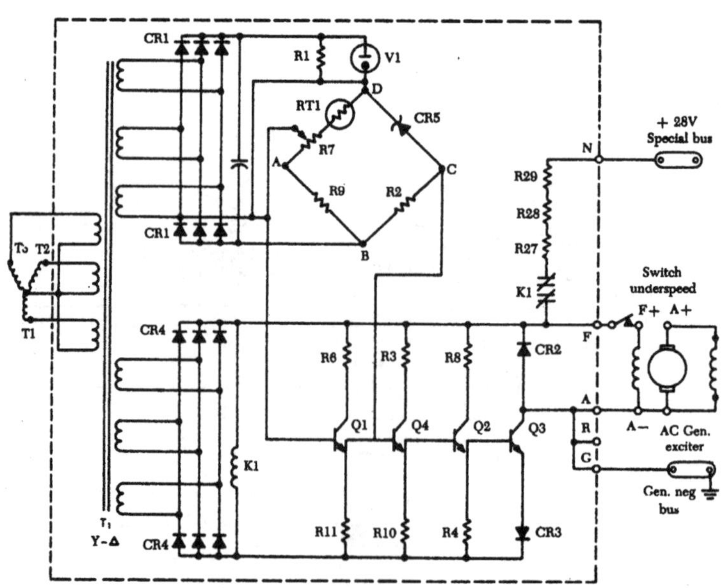

4) 인버터 (Inverter)

인버터는 직류(D.C)를 교류(A.C)로 변환시키는 장치이다. 인버터는 항공기 내에 다른 교류전원이 없을 때, 즉 교류발전기가 고장났을 때와 직류를 주전원으로 하는 항공기에서 교류장비를 작동시키기 위한 전원장치이다. 그러나 교류를 직류로 변환시키는 데에는 정류기만으로 간단히 정류되지만, 직류를 교류로 바꾸는 것은 간단하지 않다. 일부 항공기에서는 교류발전기를 직류전동기로 구동시키는 방식을 사용하여 직류를 교류로 바꾼다.

그림 4-30 회전형 인버터

그림 4-31 고정형 인버터

이와 같이 교류발전기와 직류전동기를 조합한 인버터를 회전형 인버터(rotory type inverter)라 하며, 직류전동기 축의 전기자에 교류발전기의 회전계자를 연결하여 함께 회전하도록 한다.

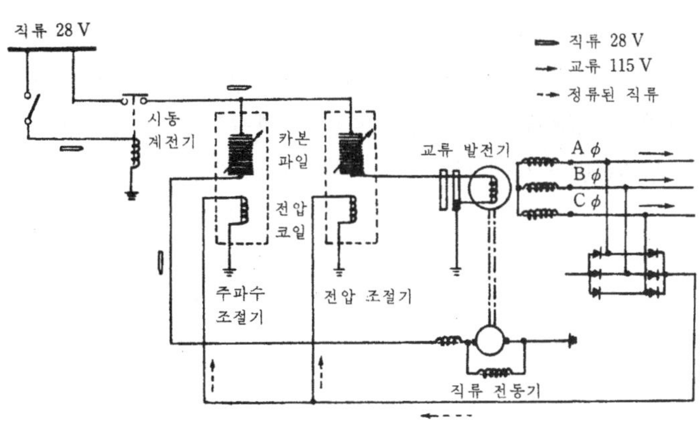

그림 4-32 인버터의 회로도

그러나, 회전형 인버터는 출력에 비해 무겁고, 브러시 등과 같은 마멸 부품이 있어 정기적인 점검이 필요하므로, 현재는 콘덴서, 다이오드, 트랜지스터 등과 같은 전기 부품의 조합으로 만들어진 고정형 인버터(static inverter)가 많이 쓰이고 있다.

항공기에서 교류를 사용하는 장치로는 Radar, Radio, Lighting, Instrument (Gyro compass, Indicator, Transmitter) system 등이 있다.

4-3-5 교류발전기의 병렬운전

교류발전기를 2대 이상 운전해야 할 때에는, 각 발전기의 부하를 동일하게 분담시킴으로써 어느 한쪽 발전기에 무리가 생기는 것을 피하도록 한다. 그러나 직류발전기와는 달리, 교류발전기의 병렬 운전 조건은 각 발전기의 전압(기전력의 크기), 주파수, 위상 등이 서로 일치해야 한다. 이들이 서로 일치하는 지를 확인하고 나서 이상이 없을 때에만 수동 또는 자동으로 병렬운전을 한다.

전압이 서로 일치하지 않으면 전압이 높은 발전기에서 전압이 낮은 발전기로 무효순환전류(reactive circulating current)가 흐르게 되어 전력손실을 가져온다. 주파수와 위상이 서로 다를 경우에는 주파수와 위상차를 같게 하려는 동기화 전류(synchronizing current)가 흘러 또한 전력손실을 가져온다.

병렬운전 중에 어느 한 쪽의 발전기가 다른 발전기에 비하여 회전속도가 느리다면, 이 발전기의 출력은 낮다. 따라서, 다른 발전기로부터 역전류가 흐르게 되어, 이 발전기는 순간적으로 전동기의 구실을 하므로 기관 구동력이 남게 된다. 이 남은 구동력에 의하여 발전기의 속도는 빨라지게 된다. 이와 같은 효과로, 느리던 발전기는 스스로 빨라져서 다른 발전기와 마찬가지로 자기 몫의 부하를 감당하게 된다. 이때의 역전류를 동기화 전류라고 한다.

병렬운전을 할 때에는 교류발전기에서 가한 부하 범위를 넘거나, 주위의 작동환경이 매우 나쁜 경우를 제외하고는 일반적으로 주파수의 조절범위가 400±1[Hz]로서, 병렬운전을 할 때 두 발전기의 주파수의 차이가 최대로 2[Hz]가 넘지 않도록 해야 한다.

참고 킥보드의 바퀴가 빛나는 원리는 ?

요즘 킥보드가 새로운 레저용품으로 인기를 끌면서, 어둠이 깔린 길거리에서도 어린이들이 킥보드를 타고 다닌다. 킥보드 중에는 어두운 곳에서 탈 경우 안전성을 높이기 위해 바퀴에서 형형색색의 빛을 발하는 종류가 있다.

킥보드에서 빛이 나는 이유는 뭘까 ? 이는 킥보드 바퀴에 자전거 바퀴에 달려 있는 것과 같은 원리의 소형발전기가 장착되어 있기 때문이다.

소형발전기의 원리는 '전자기학의 아버지'라 불리는 19세기 영국 물리학자 마이클 패러데이가 발견한 '전자기 유도현상'이다. 패러데이는 전류가 흐르면 자기장이 생긴다는 사실을 역으로 가정, '자기장에 의해 전류를 흐르게 할 수 없을까'라는 문제를 놓고 실험을 거듭한 끝에 법칙을 찾아냈다. 구리 도선이 감긴 코일에 자석을 밀어 넣었다 뺐다 하는 과정을 반복하면 전압이 유도된다. 유도전압 크기는 구리 도선의 수와 자석이 움직이는 속도에 비례한다.

킥보드 바퀴에는 원통 모양의 고정된 영구 자석이 있고, 주위에는 코일이 감겨 있다. 이 때문에 바퀴가 회전하면 코일에 전류가 발생한다. 발생된 전류는 발광 다이오드를 통해 반짝이는 빛으로 바뀌고, 색을 넣으면 빨강·파랑 등 다양한 빛깔을 내기도 한다.

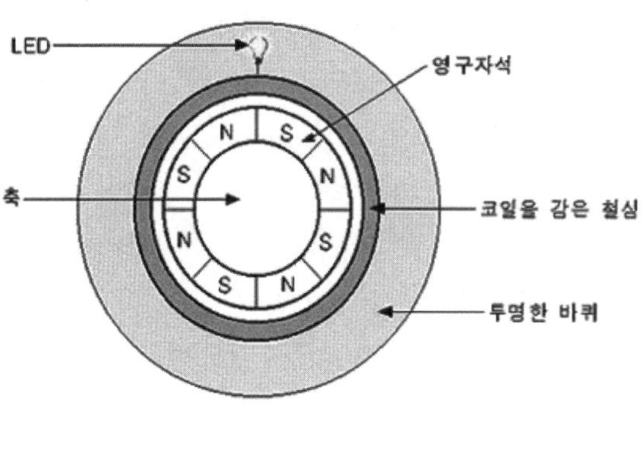

단원정리

1. 직류발전기(DC Generator)

계자를 하우징에 고정시키고 전기자를 회전시켜 전기를 생산한다

1) 직류발전기의 구성요소 (직류전동기와 같다)

① 전기자(Armature, 회전부분) : 전기자 코일의 권선방법은 중권이다

② 계자(Exciting Magnetic Field) : 고정부분

③ 정류자(Commutator)

④ 브러시(Brush)

- $\frac{1}{3}$~$\frac{1}{2}$이상 마모되면 교환한다
- 브러시와 정류자편 접촉시 브러시 두께 쪽은 100%, 너비 쪽은 70%이상

2) 직류발전기의 종류

① 직권발전기 : 전기자 코일과 계자 코일을 직렬로 연결

② 분권발전기 : 전기자 코일과 계자 코일을 병렬로 연결

③ 복권발전기 : 전기자 코일에 2개의 계자 코일을 직렬 및 병렬로 연결

3) 직류발전기 3유닛 조정기

① 카본파일식(Carbon Pile) 전압조정기

- 카본파일이 계자 코일과 직렬로 연결되어 있다
- 카본파일 : 카본 판(Sheets)을 여러 장 겹친 것으로 접촉압력을 가하면 시트 간의 간격이 좁아져 접촉저항이 감소한다. 반대로 압력이 감소하면 접촉저항은 증가한다. 즉 가변저항의 역할을 한다.

② 역전류차단기(Cutout Relay)

발전기가 고장나거나 성능 저하시 출력전압이 낮아질 때, 축전지에서 발전기로 역전류가 흐르는 것을 차단하는 장치이다.

③ 전류제한기 (Current Limiter) : 부하공급 전류를 일정하게 조절한다

4) 직류발전기의 병렬운전

직류발전기의 병렬운전 조건은 발전기의 출력전압을 같도록 하는 것이다. 출력전압이 같도록 조정하는 회로를 이퀄라이저(Equalizer) 회로라 한다.

2. 교류발전기(AC Generator=Alternator)

내부의 로터(회전자)를 회전시켜 스테이터(고정자)에서 전기를 생산한다

1) 교류발전기의 구성요소

① Stator(고정자) : 교류전기가 발생되는 부분

- 스테이터 철심 : 얇은 규소강판을 성층시킴
- 스테이터 코일 : 3라인의 코일이 120°위상차로 Y결선 되어 있음 (3상 Y결선)

② Rotor(회전자)

로터 내부의 철심에 코일이 감겨있고 전류가 들어오면 전자석이 된다. 로터가 회전하면서 자속을 끊어 스테이터 코일에 전기가 발생되도록 한다

③ 정류기 : 실리콘 다이오드 6개를 사용하여 교류를 직류로 정류시킨다.

④ 슬립링과 브러시 : 슬립링과 브러시가 접촉하여 전기를 공급한다

2) 교류발전기의 출력주파수

$$f=\frac{P}{2}\cdot\frac{N}{60}=\frac{PN}{120}$$ [Hz 또는 cps]

(P : 계자의 극수, N : 분당회전수 [rpm])

3) 정속구동장치 (CSD : Constant Speed Drive)

항공기에서는 출력주파수가 400Hz로 일정하게 유지되어야 한다.

그래서 엔진의 구동축과 발전기축 사이에 정속구동장치를 설치하여 엔진의 회전수에 관계없이 항상 일정한 회전수를 발전기축에 전달한다.

*주파수 조절 범위는 400±1[Hz]로서 2[Hz]가 넘으면 안된다

4) 교류전압조정기

① 출력조정전압 : 28V

② 출력전압조정 방법 : 로터(계자)에 흐르는 전류를 제어한다

③ 정류 및 역류방지 : 다이오드

cf. 직류발전기 역류방지 : 역전류차단기

5) 교류발전기의 병렬운전조건 3가지

① 기전력(전압)의 크기가 같을 것

② 위상이 같을 것

③ 주파수가 같을 것

6) 교류발전기의 장점

구조가 간단하다, 출력 효율이 우수하다, 정비 및 유지보수가 용이하다

7) 3상교류 결선방법

① Y결선(=스타결선=성형결선) : $I_p = I_\ell \quad V_\ell = \sqrt{3}\, V_p$

② △결선(=삼각결선=환상결선) : $V_p = V_\ell \quad I_\ell = \sqrt{3}\, I_p$

8) 3상교류전력(Y결선)

* 상전압, 상전류 일 때

$P_a = 3 V_p I_p [VA]$,

$P = 3 V_p I_p \cos\Theta [W]$,

$P_r = 3 V_p I_p \sin\Theta [VAR]$

* 선간전압, 선전류 일때

$P_a = \sqrt{3}\, V_\ell I_\ell [VA]$,

$P = \sqrt{3}\, V_\ell I_\ell \cos\Theta [W]$,

$P_r = \sqrt{3}\, V_\ell I_\ell \sin\Theta [VAR]$

3. 브러시리스(Brushless) 교류발전기

정류자, 브러시, 슬립링이 없이 회전계자를 여자시켜 고정 스테이터에서 전기를 생산한다

① 정류자와 브러시의 마모가 없어 불꽃발생이 없으며 유지보수비가 적다

② 정류자와 브러시, 슬립링과 브러시 사이의 전기저항 및 전도율의 변화가 없어 출력파형이 안정하다

③ 고공비행시 성능이 우수하다

④ 단점이라면 구조가 복잡하고 가격이 비싸다

4. 인버터(Inverter)

직류(D.C)를 교류(A.C)로 변환시키는 장치

: 인버터의 종류는 회전식 인버터와 고정식 인버터가 있다

5. 계자 플래싱(Feild Flashing)

계자에 잔류자기가 전혀 남아 있지 않아 발전을 시작하지 못할 때 외부전원을 통하여 잠시동안 계자 코일에 전류를 공급하는 것을 일컫는다

6. 직류발전기와 교류발전기의 비교

항 목	직 류 발 전 기	교 류 발 전 기
전 기 생 산	전기자	스테이터
브러시 수명	짧다	길다(슬립링이 있어서)
여 자 방 법	자여자(영구자석 사용)	타여자(전자석 사용)
정 류	정류자	다이오드
역 류 방 지	역류방지기(컷아웃릴레이)	다이오드
조 정 기	전압조정기, 전류조정기, 역류방지기	전압조정기

연 습 문 제

1. 발전기의 무부하 상태에서 전압을 결정하는 3가지 주요한 요소가 아닌 것은 ?

가. 회전자가 자장을 끊는 속도　　나. 자장의 세기

다. 자장을 끊는 회전자 수　　라. 회전자의 회전방향

답 다. 유도 기전력　$e = B\ell\, v\sin\Theta\,[V]$

2. 발전기의 회전자 코어의 재료는 ?

가. 니켈강　　나. 철

다. 니켈-크롬강　　라. 규소강

답 라

3. 교류값을 직류값으로 사용하는 것을 실효값이라 한다. 최대값의 몇 배인가 ?

답 $I = \frac{Im}{\sqrt{2}} \fallingdotseq 0.707Im$

4. 카본파일이 사용되는 기기는 ?

답 전압조정기

5. 전압 조절기를 조절하는 시기는 보통 어느 때 하는가 ?

가. 기관이 냉각상태에 있을 때 한다.

나. 매 50시간마다 점검을 한다.

다. 매 지상 점검 때마다 한다.

라. 기관이 충분히 난기운전(WARMING UP)이 되었을 때 한다.

답 라

6. 전압조정기는 궁극적으로 발전기의 무엇을 조정하는 것인가 ?

답 계자(로터)전류

7. 역전류 차단기의 설치목적은 ?

답 축전지에서 발전기로 역류하는 전류를 차단한다. 왜냐하면 발전기 코일도 하나의 저항체이므로 역전류에 의해 탈 수가 있다.

8. 항공 전기계통 중 발전기 3상 회로에서 각 상의 위치를 식별하기 위해서 색깔로 표시한다. A, B, C 상의 색깔은 ?

답 a상 : 적색, b상 : 황색, c상 : 청색

9. 극이 4극인 교류발전기에서 400Hz의 주파수를 발생시키려면 발전기 계자 회전속도는 분당 얼마인가 ?

가. 6,000rpm　　나. 8,000rpm
다. 10.000rpm　　라. 12,000rpm

답 라. $f=\frac{P}{2}\cdot\frac{N}{60}=\frac{PN}{120}$ $\quad N=\frac{120f}{P}=\frac{120\times 400}{4}=12,000[rpm]$

10. 교류 발전기의 출력 주파수를 일정하게 유지시켜 주는 장치는 ?

답 정속구동장치(C.S.D)

11. 인버터의 작동 중 바른 것은 ?

가. 직류를 교류로 바꾼다
나. 교류를 직류로 바꾼다
다. 시동시 고전압을 얻는다
라. 축전지에서 전류가 역류되는 것을 방지한다

답 가

12. 항공기 전기계통에서 병렬 운전할 때 맞춰야 할 것 중 틀린 것은 ?

가. 전압　　나. 주파수

다. 위상　　라. 부하의 양

답 라

13. 직류 발전기에서 계자 플래싱(Field Flashing)이란 ?

가. 계자코일에 배터리로부터 역전류를 가하는 행위

나. 계자코일에 발전기로부터 역전류를 가하는 행위

다. 계자코일에 배터리로부터 정(+)의 방향에 전류를 가하는 행위

라. 계자코일에 발전기로부터 정(+)의 방향에 전류를 가하는 행위

답 다

14. 교류가 직류에 비해 장점이 아닌 것은 ?

가. 병렬운전이 용이하다

나. 전압조절이 용이하다

다. 가는 전선으로 다량의 전력송전이 가능하다

라. 브러시가 없는 모터에 사용 가능하다

답 가

15. 어떤 교류 발전기가 정격 115V, 1kVA, 역률 0.866이라면 무효전력은 얼마인가 ?

가. 450VAR　　나. 500VAR

다. 750VAR　　라. 1,000VAR

답 나. 문제와 보기를 보면, 3상 전체의 전력을 언급하는 것이 아니라 하나의 라인과 접지선과의 전압인 115V를 언급하므로 단상의 무효전력을 구하라는 것을 알 수 있다.

$\cos^2\theta + \sin^2\theta = 1$

$\sin\theta = \sqrt{1 - \cos^2\theta} = \sqrt{1 - 0.866^2} = 0.5$

무효전력 $P_r = VI\sin\theta = 1000 \times 0.5 = 500\,[VAR]$

16. 3상 결선은 몇 도 간격으로 되어 있는가 ?

답 120° $(= \frac{2}{3}\pi)$

17. 3상교류 발전기에서 발전된 전압을 정의 방향으로 순차적으로 모두 합하면 1개의 상전압과 비교할 때 몇 배가 되는가 ?

답 $\sqrt{3}$ 배

제5장 축전지

5-1 축전지 개요

5-2 납산축전지

5-3 알칼리 축전지

5-4 축전지 용량

5-5 축전지 충전

5-6 축전지 정비

5

축 전 지

5-1 축전지 개요

5-1-1 축전지의 종류

전지란 화학변화에 의하여 생기는 에너지 또는 빛, 열 등의 물리적인 에너지를 전기에너지로 변환하는 장치이다. 알칼라인 전지, 망간전지 등처럼 충전이 안 되는 건전지 따위를 1차 전지라 하고 충전이 가능한 전지를 2차 전지라 한다.

2차 전지는 일단 그 에너지를 다 사용해 버리면 그것으로 끝나는 건전지와는 달리 외부에서 전류를 흐르게 하여 전지 내부에 화학변화를 발생시켜 다시 에너지를 출력할 수 있는 전지이며 축전지, 충전용 전지라 칭한다. 축전지는 납축전지(140년 전인 1859년 프랑스의 프란테가 발명), 니켈카드뮴 전지(1899년 스웨덴의 융너(Waldmar Jungner)에 의해 발명), 휴대폰이나 노트북 등에 많이 쓰이는 리튬이온 전지, 태양전지, 연료전지 등 여러 가지가 있다.

5-1-2 축전지의 원리

이온화 경향이 다른 두 금속을 전해질 속에 넣고 도선으로 연결하면 이온화 경향이 큰 금속은 양이온으로 되어 용액 속으로 녹아 들어가고 이온화 경향이 큰 금속이 내놓은 전자는 도선을 통하여 이온화 경향이 작은 금속으로 이동하게 된다. 그리고 용액 속의 양이온은 전자를 얻어 중성 물질로 석출된다. 이 때 전자가 흘러나오는 극을 (−)극이라 하고 전자가 흘러들어 가는 극을 (+)극이라고 한다. 두 극에서는 산화와 환원 반응이 일어나 전류가 흐르게 된다. 이온화 경향의 순서는 K Ca Na Mg Al Zn Fe Ni Sn Pb (H) Cu Hg Ag Pt Au 으로 앞쪽이 크며 뒤로 갈수록 작다.

그림 5-1 1차 전지의 원리

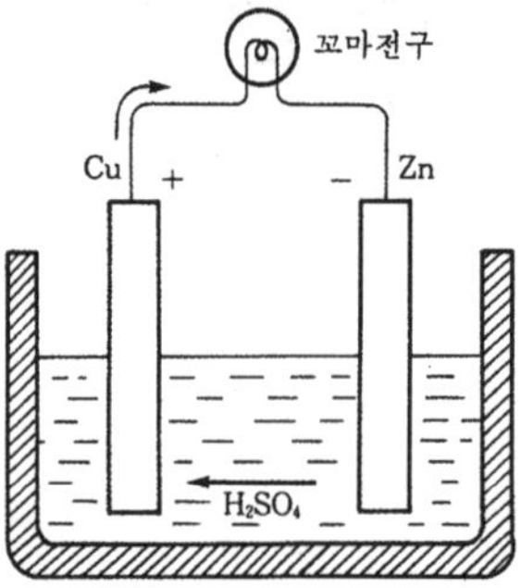

그림 5-1과 같이 묽은 황산용액에 구리(Cu)와 아연(Zn)판을 넣으면 아연판과 구리판은 각각 음극, 양극으로 되어 그 사이에 기전력이 발생하는 데, 이것이 볼타전지의 원리이다. 이와 같이 어떤 물질이 물에 녹아 양이온과 음이온으로 분리되는 현상을 "전리(이온화, ionization)"라 하고, 물에 용해되어 전류를 잘 흐르게 할 수 있는 물질을 전해질 또는 전해액(電解液, electrolyte)이라 한다. 이때, 전해액에 전류가 흘러 화학 변화를 일으키는 현상을 "전기분해"라 한다.

5-2 납산 축전지(Lead Acid Battery)

5-2-1 납산 축전지 개요

항공기에 사용되는 납산 축전지는 외형과 용량에서만 자동차에 사용되는 것과 차이가 있고, 나머지는 대체로 같다. 납산 축전지의 기본 구성은 그림 4-2와 같이 극판, 격리판, 케이스(또는 컨테이너), 커버, 지지대, 플러그, 단자 등으로 되어 있다. 양(+)극판은 과산화납(PbO_2), 음극판은 해면상납(Pb), 전해액은 묽은 황산($2H_2SO_4$)이다.

납산 축전지의 장점은 화학반응이 상온(常溫)에서 발생하므로 위험성이 적고, 신뢰성이 크며, 비교적 가격이 저렴하다는 것이고, 단점은 수명이 짧고 충전시간이 길다는 것이다.

그림 5-2 납산 축전지 구조

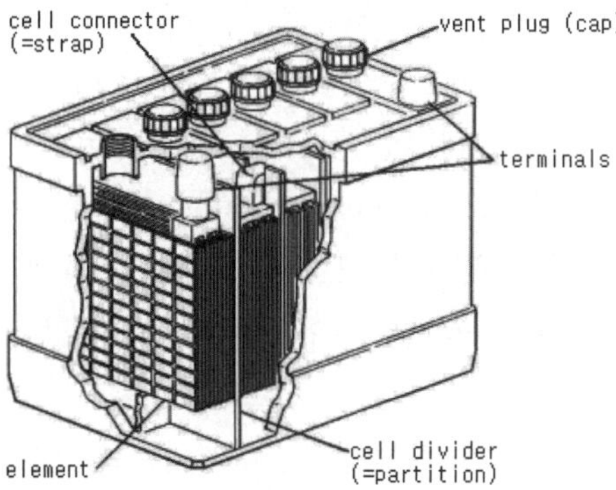

5-2-2 납산 축전지의 구조

그림 5-3 납산축전지 셀의 구조

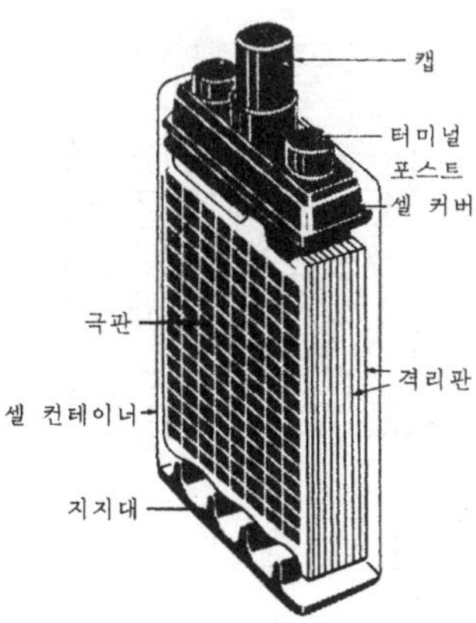

1) 극판(plate, element)

양(+)극판은 과산화납(PbO_2), 음극판은 해면상납(Pb), 전해액으로는 묽은 황산($2H_2SO_4$)을 사용하며 에보나이트나 합성수지제의 케이스 내에 넣은 것이다. 그러나, 실제의 축전지에서는 작은 체적에서 가능한 큰 전기적 에너지를 인출할 목적으로 화학반응을 일으키는 극판과 전해액의 접촉면적을 크게 하여야 한다. 따라서, 극판은 얇은 판으로 여러 장을 병렬로 접속하여 극판군을 형성하여 양극판과 음극판을 서로 마주보게 배치하고 있다.

양극판과 음극판 모두 격자(grid)에 납가루나 산화납가루를 묽은 황산으로 개어서 반죽(paste)하여 바른 후 건조(乾操), 화성(化成) 등의 공정을 거쳐서 양극판은 과산화납(lead peroxide)으로, 음극판은 해면상납(spongy lead)으로 한 것이다.

일반적으로 격자는 철망형태로 납(Pb)과 안티몬(Sb)의 합금으로 주조되고 있다. 두 극판 모두 납가루를 반죽하여 붙이기 때문에 결합력을 좋게 하기 위해 격자의 재질도 납으로 한다. 그러나 납이 물에 잘 녹으므로, 잘 녹지 않는 안티몬(10%)을 합금시킨다.

양극판(Positive Plate)은 기판과 활성물질(active material)인 과산화납($Pb0_2$)으로 되어 있으며 암갈색을 띄고 있다. $Pb0_2$는 산화된 납의 미립자가 무수히 많이 결합되어 있으며 다공성이 풍부하며 입자간을 전해액이 자유로이 확산, 침투되도록 되어 있다. 하지만 결합력이 부족하기 때문에 사용함에 따라 결정성 입자가 파괴, 미세화되어 극판에서 떨어져 내린다.

그림 5-4 격자

음극판(Negative Plate)은 기판과 활성물질인 해면상납(Pb)으로 되어 있으며 회색을 띄고 있다. 해면상납은 다공성과 반응성이 풍부하여 결합력이 커 탈락은 거의 없으나 오래 사용하는 동안 수축, 경화하여 다공도가 감소하기 때문에 이것을 방지하기 위하여 활성물질 중에 약간의 유기팽창제가 배합되어 있다.

과산화납의 결정성 입자가 탈락하거나 음극판의 다공도가 감소하면 축전지의 용량이 감소되며 수명이 다한 것이 된다. 그리고 양극판이 음극판보다 더 활성적이므로 양극판을 보호하고 용량을 증대시킬 목적으로 음극판을 1장 더 두고 있다. 그러므로 양극판은 항상 음극판 사이에 있게 되며, 각 셀의 양면에는 음극판이 있게 된다.

그림 5-5 극판과 격리판

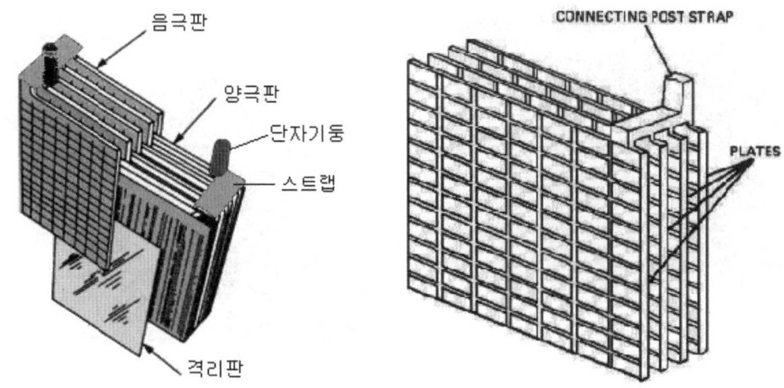

2) 격리판(Separater)

격리판은 서로 번갈아 가며 조립된 양극판과 음극판의 단락을 방지하기 위해 양쪽 극판의 사이에 끼워져 있다. 이때, 홈이 파져 있는 면은 양극판 쪽으로 향하게 한다. 그 이유는 양극판의 활성물질이 음극판보다 화학적 활동이 더 활발하여 침전물이 많이 발생하므로, 그만큼 빨리 전해액이 홈을 타고 들어와 침투확산이 잘 되도록 하기 위해서이다.

격리판이 파손되거나 변형되어 양쪽 극판이 서로 단락되면 축전지 내에 충전되어 있던 전기적 에너지가 소멸된다. 격리판은 비 전도성이며 다공성이 풍부하고 전기저항이 적고, 내열 및 내산성이 우수한 것이 요구되므로 재질로는 합성수지, 또는 강화섬유가 많이 쓰여진다.

3) 극판군(plate group)

극판군(極板群)은 여러장의 극판과 격리판을 조립하여 접속편(strap)에 용접하여 양극판은 (+)단자에 음극판은 (−)단자기둥과 연결한 것이다. 이와 같이 제작한 1개의 극판군을 1셀(cell ; 단전지)이라고 한다. 충전한 직후의 납산 축전지의 1셀의 전압은 2.2[V]이지만, 사용할 때의 전압은 내부 저항에 의한 전압강하 때문에 2[V]정도이다. 12[V] 축전지는 6개의 셀을, 24[V] 축전지는 12개의 셀을 직렬로 연결하여 한 단위로 이룬다. 극판의 수를 늘리면 극판이 전해액과 대항하는 면적이 증가하므로 축전지의 용량이 증가하여 이용하는 전류가 많아진다.

그림 5-6 극판군(셀)

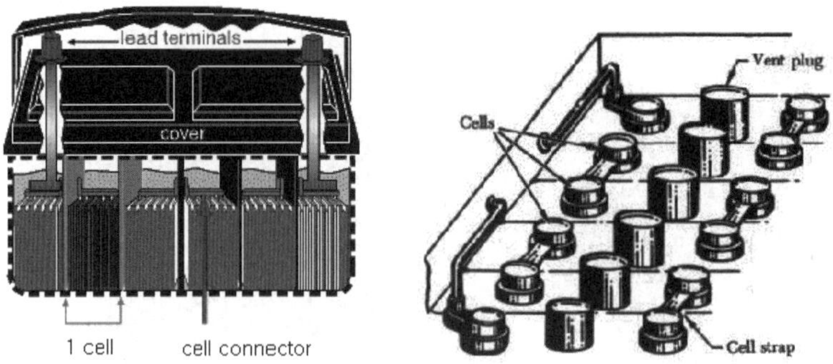

4) 케이스와 커버 (Case and Cover)

케이스(또는 Container)는 극판군과 전해액을 저장하는 용기로 합성수지(플라스틱) 또는 에보나이트로 만들어진다. 내부는 격벽(Partition)에 의하여 분할되고 있고, 케이스의 밑부분에는 지지대(rest, 받침대)가 있다. 이 지지대로 극판군을 지지하는 동시에 극판에서 탈락된 활성물질을 지지대 사이에 축적시켜 수용하게 되어 있다. 활성물질이 지지대에 가득차면 양극판과 음극판이 단락되는데, 이러한 현상을 브릿지(bridge) 현상이라고 한다.

커버(또는 lid)는 축전지 내부의 전해액이 새어 나오지 않게 케이스의 윗 부분을 덮은 것으로 합성수지로 제작하며 케이스와는 접착제로 접착되어 있어 기밀(氣密)과 수밀(水密)을 유지하고 있다. 축전지 케이스와 커버의 청소는 물, 탄산나트륨(소다) 또는 암모니아수로 한다.

5) 마개 (plug)

커버의 가운데에는 플러그(또는 cap)가 있다. 이 플러그를 열고 비중계나 온도계를 넣어 측정한다. 그리고 전해액이나 증류수를 주입한다. 그래서 필러 플러그(filler plug)라고도 한다.

플러그의 중앙에는 작은 구멍이 있어 축전지 내부에서 발생하는 산소와 수소가스를 방출한다. 그래서 벤트 플러그(vent plug)라고도 한다. 플러그 내부에는 납추(lead weight)가 있는데, 충전시 발생하는 가스는 압력으로 납추를 밀고 구멍으로 방출된다. 또한, 항공기의 자세가 흔들리거나 배면 비행시 납추에 의해 가스 배출구를 막게 함으로써 전해액이 누설되지 않도록 한다.

그림 5-7 플러그(캡)

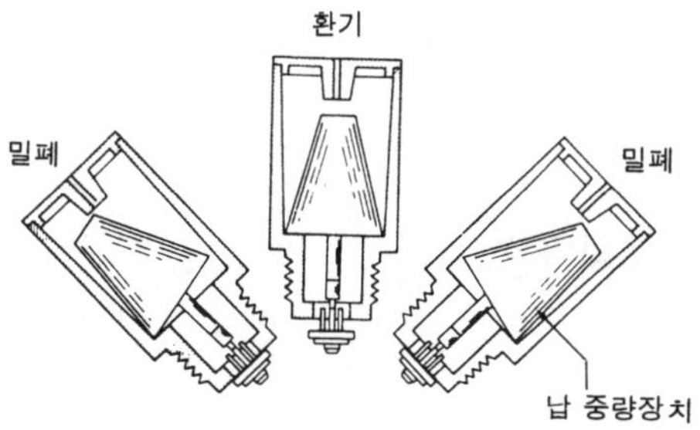

그림 1-12-5 필러 캡의 납 중량 밸브

6) 단자 기둥 (terminal post)

단자 기둥은 외부회로와 접속되는 것으로 납합금의 재질을 사용한다. 양극과 음극의 단자는 문자, 색깔 및 크기 등으로 표시하여 잘못되는 것을 방지하고 있으며 단자의 식별방법은 다음과 같다.

① 양극은 (+), 음극은 (−)의 부호로 표시되어 있다.
② 양극은 적색, 음극은 흑색으로 표시하기도 한다.
③ 양극은 지름이 굵고, 음극은 가늘다.
④ 양극은 POS, 음극은 NEG의 문자로 표시하기도 한다.
⑤ 부식물이 많은 단자기둥이 양극이다.

그림 5-8 단자기둥

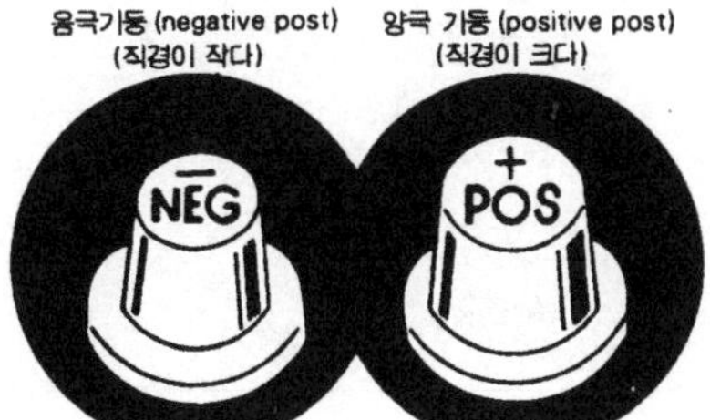

양극 단자기둥은 과산화납과 연결되어 있기 때문에 산화되기 쉬워 부식이 발생한다. 이 부식을 제거하지 않고 방치해두면 충·방전 작용이 원활히 이루어지지 않아 축전지 수명이 단축된다. 만약 부식이 발생하였을 때에는 부식물을 깨끗이 제거한 다음 그리스(greese)를 얇게 발라주어야 한다.

그리고 축전지 단자기둥에서 케이블을 분리할 경우에는 반드시 접지단자, 즉 음(−)극 단자의 케이블을 먼저 분리하도록 하고, 설치할 경우에는 나중에 설치하여야 한다.

5-2-3 납산 축전지의 화학반응

1) 화학반응식

축전지의 (+), (−)양 단자기둥 사이에 부하를 접속하고 축전지로부터 전류를 흐르게 하는 것을 방전(discharge)이라고 하며, 반대로 충전기나 발전기 등의 직류전원을 접속하여 축전지에 전류를 공급하는 것을 충전(charge)이라고 한다.

축전지를 충·방전시키면 축전지 내부에서는 양(+)극판과 음(−)극판이 전해액과 화학반응을 일으킨다. 즉, 축전지의 충·방전 작용은 양극판의 활성물질인 과산화납과 음극판의 활성물질인 해면상납 및 전해액인 묽은 황산에 의하여 형성된다. 납산 축전지의 충·방전 화학작용은 다음과 같다.

◆ 방전시 화학 반응 ◆

양극판		전해액		음극판		양극판		전해액		음극판
PbO_2	+	$2H_2SO_4$	+	Pb	→	$PbSO_4$	+	$2H_2O$	+	$PbSO_4$
과산화납		묽은황산		해면상납		황산납		물		황산납

◆ 충전시 화학 반응 ◆

양극판		전해액		음극판		양극판		전해액		음극판
PbO_2	+	$2H_2SO_4$	+	Pb	←	$PbSO_4$	+	$2H_2O$	+	$PbSO_4$
과산화납		묽은황산		해면상납		황산납		물		황산납

2) 방전작용

외부 회로가 형성되어 축전지에서 전기가 흘러 나가면 그림 5-9와 같이 양극판의 과산화납(PbO_2)과 음극판의 해면상납(Pb)이 전해액 중의 황산($2H_2SO_4$)과 화학반응하여 서서히 황산납($PbSO_4$)로 변하고 전해액($2H_2SO_4$)은 물($2H_2O$)에 가깝게 되어 간다.

양극판의 과산화납은 방전이 되면 과산화납 중의 산소(O^-)가 전해액의 황산 중의 수소(H^+)와 결합하여 물(H_2O)이 생성된다. 과산화납 중의 납(Pb^+)은 전해액의 황산(SO_4^- , sulfate)과 결합하여 황산납($PbSO_4$)이 된다. 한편, 음극판인 해면상납도 황산(SO_4^-)이온을 취하여 마찬가지로 황산납이 된다.

이와 같은 과정이 진행되고 있을 때에는 음극판에서 양극판으로 전자가 흐르게 되고, 결과적으로 전류가 양극판에서 음극판으로 흐르며, 전해액 속의 황산의 양은 줄어들고 물의 양은 증가하여 전해액은 묽어진다. 따라서 방전이 진행됨에 따라 전해액의 비중은 감소한다.

방전이 계속되어 극판 표면에 황산납의 막이 두꺼워지면 묽어진 전해액과 활성물질 간의 화학반응이 약해지는데, 이 상태가 심해지면 축전지의 내부저항이 증가하여 전류는 점차 흐르기 어렵게 된다. 방전이 지나치게 계속되면 극판이 완전히 방전되어 전기를 발생할 수 없게 된다. 황산납의 층이 두꺼워지면 재충전할 때에 피막의 용해가 어려워진다. 그러면 화학반응이 거의 일어나지 않는다. 이와 같이 충전이 불가능한 상태로 황산납($PbSO_4$)이 굳어지는 것을 황화(黃化)현상(sulfation, 설페이션)이라 한다.

그림 5-9 방전중의 화학변화

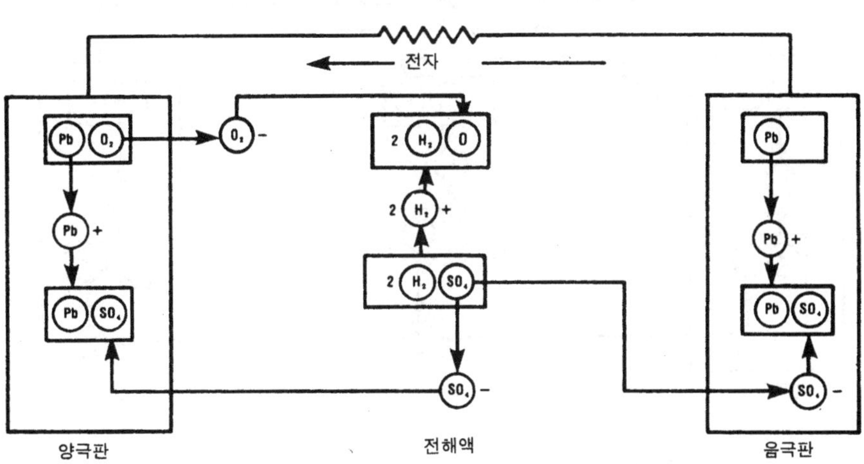

방전이 진행되면 내부 저항은 증가하고 단자 전압은 점차 감소된다. 축전지는 어느 한계(약 90%)까지 방전을 하면 단자 전압은 급격히 낮아지기 시작한다. 이 한계를 넘어서 방전을 지속시키면 전압은 지나치게 낮아져 실용되지 못할 뿐만 아니라 축전지 성능의 열화를 초래하게 되는데, 여기서 어느 한계 이하의 전압이 될 때까지 방전을 해서는 안되는 전압을 방전 종지전압(Final Voltage)이라고 한다.

축전지에서 방전과 더불어 전압이 강하하는 것은 방전 초기에는 극판의 표면이 황산납이 되고, 방전이 지속되면 극판의 중심부에 전해액이 침투되어야 하기 때문에 화학변화가 완만하게 되어 전압이 내려간다. 다시 방전을 계속하면 표면에 생성된 황산납이 중심부의 활성물질로 들어가는 전해액의 통로를 막기 때문에 방전을 할 수 없게 된다. 이에 다라 급격하게 전압이 강하된다. 방전 종지 전압은 축전지에 따라서 조금씩 다르기는 하지만 1셀당 1.7～1.8(1.75)V이다.

3) 충전작용

방전된 축전지에 외부의 직류전원(충전기 또는 발전기)으로부터 충전 전류를 흐르게 하면, 방전에 의해 황산납으로 변화되었던 양극판과 음극판의 활성물질은 납(Pb^{+})과 황산이온(SO_4^{-})으로 분해된다. 전해액 중의 증류수는 산소와 수소로 분해되며, 수소(H^{+})는 황산이온(SO_4^{-})과 결합하여 황산(H2SO4)을 생성함과 동시에 전해액으로 환원된다.

그림 5-10 충전중의 화학변화

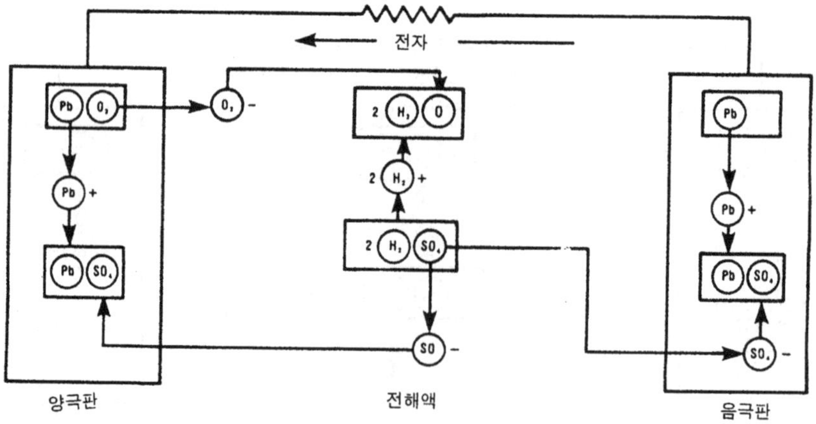

이에 따라 전해액의 황산 농도는 증가하고 비중은 상승한다. 이 상태가 되면 양극판은 과산화납으로, 음극판은 해면상납이 된다.

5-2-4 전해액 비중

1) 전해액과 비중의 개념

전해액(Electrolyte)은 증류수에 황산을 희석하여 제조한 것이며, 무색 무취의 묽은황산(회유산)을 사용한다. 전해액은 극판과 접촉하여 충전시에는 전류를 저장하고, 방전시에는 전류를 발생시켜 주며, 셀 내부에서 전류를 전도하는 작용도 한다.

순수한 황산의 비중은 1.300이다. 전해액의 비중은 방전함에 따라 감소한다. 축전지 비중은 1.275～1.300이면 고충전 상태, 1.240～1.274이면 중충전 상태, 1.200～1.239이면 저충전 상태이다. 표준온도 20℃에서 완전 충전상태의 비중은 열대지방 1.240, 온대지방 1.260, 한대지방 1.280을 기준으로 하고 있다. 우리나라는 온대지방이지만 1.280을 표준으로 하여 제조하고 있다. 표준상태의 비중일 때 황산의 전도성이 가장 높다. 그리고 완전 방전시에는 비중이 1.050 정도이다.

여기서, 비중(specific gravity)이란 표준물질에 대한 어떤 물질의 밀도의 비를 말한다. 즉 물질의 질량이 같은 부피를 가진 표준물질이 질량의 몇 배인가를 나타내는 수치를 말한다. 상대밀도라고도 한다. 표준밀도는 보통 4°c의 순수한 물을 사용하는데, 4℃ 물의 밀도는 0.999973 g/cm^3이다. 비중이 1보다 크면 물에 가라앉고, 1보다 작은 것은 물에 뜬다. 고체는 4℃의 물 1cm^3를 1g으로 하고 이것을 표준으로 한다. 기체의 경우는 0℃, 1기압에서의 공기를 표준으로 취한다.

축전지 전해액 비중은 방전량에 비례하여 감소하므로 비중계로 전해액 비중을 측정함으로써 축전지의 방전 상태를 알 수 있다. 축전지를 오랫동안 방전상태로 방치해 두면 극판이 영구황산납이 되거나 축전지의 기능을 상실하게 된다. 따라서 전해액 비중이 1.200(20℃) 정도되면 즉시 보충전을 해야 한다.

2) 온도와 비중관계

전해액의 비중은 온도의 변화에 따라 변동한다. 그렇기 때문에 비중계를 사용할 때에는 전해액의 온도를 고려해야 한다. 묽은 황산의 체적이 온도변화에 따라서 팽창하거나 수축하므로서 단위 체적당의 중량이 변화한다. 즉, 그림 5-11과 같이 온도가 상승하면 전해액 비중은 감소하고 온도가 하강하면 비중이 증가하는데, 그 변화량은 온도 1℃당 0.0007이다. 따라서, 측정한 비중에서 축전지의 충·방전 상태를 판단할 경우에는 표준온도 20℃일 때의 비중값으로 환산하여야 한다. 표준온도의 비중값은 다음의 식으로 환산한다.

$$S_{20} = S_t + 0.0007 \times (t - 20) \qquad \cdots\cdots(5\text{-}1)$$

여기서, S_{20} : 표준온도(20℃)로 환산한 비중

S_t : t℃에서 실제로 측정한 비중

t : 비중 측정시 전해액의 온도

0.0007 : 온도계수

그림 5-11 전해액 온도에 따른 비중 변화

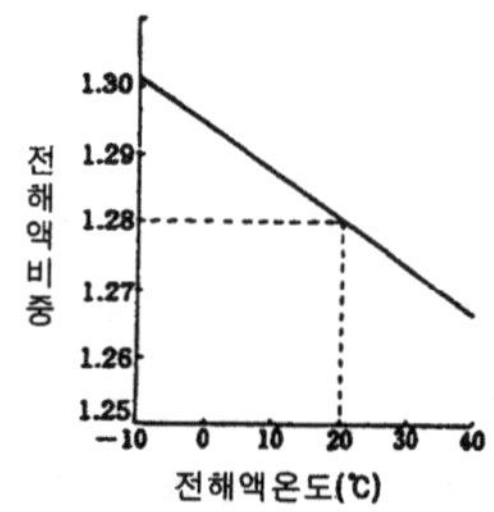

하지만 전해액의 온도에 따른 비중은 21~32℃(70~90°F)에서는 변화가 적기 때문에 굳이 표준온도로 환산(수정)할 필요는 없다. 위의 식(5-1)을 이용하여 표를 만들면 표 5-1과 같다. 측정시의 온도가 표준온도보다 높으면 표 5-1에 나타난 값만큼 측정값에 더해야 하고, 온도가 낮으면 빼야 한다.

표 5-1 전해액 온도와 비중

Electrolyte temperature		Correction points
°F	℃	
120	48.9	Add 16
110	43.3	Add 12
100	37.8	Add 8
90	32.2	No correction
80	26.7	No correction
70	21.1	No correction
60	15.6	Subtract 8
50	10.0	Subtract 12
40	4.4	Subtract 16
30	-1.1	Subtract 20
20	-6.7	Subtract 24
10	-12.2	Subtract 28
0	-17.8	Subtract 32

-10	-23.3	Subtract 36
-20	-28.9	Subtract 40
-30	-34.4	Subtract 44

3) 비중계

축전지의 충방전 상태를 판단하기 위해 전해액 비중을 측정하는데, 비중을 측정하는 기구에는 흡입식 비중계나 광선 굴절식 비중계를 사용한다.

그림 5-12 흡입식 비중계

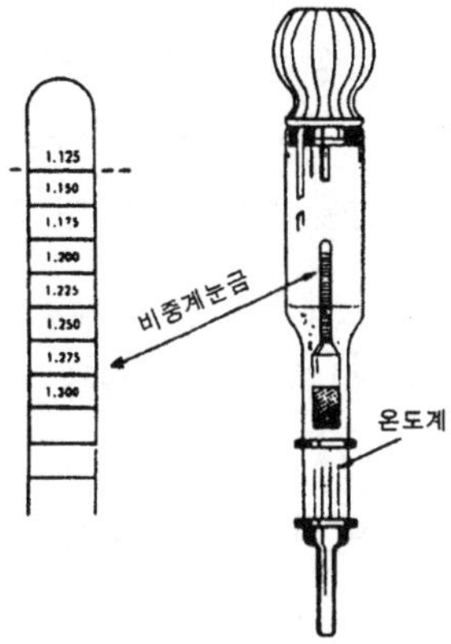

흡입식은 그림 5-12와 같이 고무 벌브(bulb), 유리관, 흡입관 등으로 구성되어 있는 유리관에 뜨개를 넣은 것이며 축전지 커버에 있는 벤트 플러그를 열고 흡입관을 넣고 전해액을 빨아들여 뜨개가 정지한 위치를 비중계의 눈금에서 읽는다. 뜨개와 액면이 접하는 부분은 표면장력으로 부풀어오르므로 가장 높은 부분의 눈금을 읽어야 한다.

그림 5-13 광선 굴절식 비중계

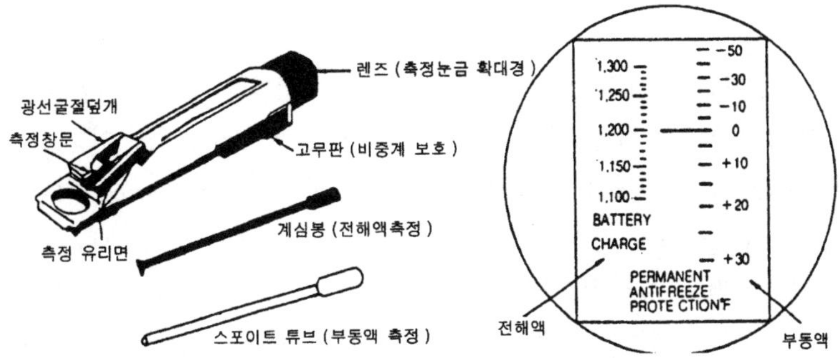

한편, 그림 5-13과 같은 광선 굴절식 비중계는 광선 굴절 덮개를 열고 계심봉으로 전해액을 묻혀 측정 유리면에 충분히 바른 후 광선 굴절 덮개를 가볍게 덮은 다음 광선 굴절 덮개를 빛이 밝은 부분으로 향하게 하고 비중계를 수평으로 한 후 렌즈를 들여다보아 밝은 부분과 어두운 부분의 경계선 눈금을 읽으면 된다.

4) 전해액 제조

실제로 사용되는 축전지의 전해액은 표준상태의 비중보다 어느 정도 높은 비중을 사용하여 기전력을 상승시키는 것과 방전시에 있어서 내부 저항 증가를 감소시키고 있다.

정상적으로 전해액이 줄어드는 현상은 전해액 중의 물이 증발하기 때문이므로, 이 때에는 증류수만을 보충한다. 하지만 전해액이 쏟아졌을 경우에는 표준 비중의 전해액을 주입한다. 그리고 전해액을 만들 때는 다음과 같이 한다.

① 전해액을 혼합할 때 용기는 반드시 절연체 재질인 질그릇, 유리그릇, 그리고 에보나이트나 합성수지제 용기 따위를 사용한다. 철제나 목제용기는 사용하지 않도록 한다.

② 증류수에 황산을 천천히 부어서 혼합하도록 한다. 이때 혼합비율은 증류수 60%, 황산 40% 정도로 한다. 그리고 폭발의 위험이 있으므로 황산에다 증류수를 붓지 않도록 각별히 주의한다.

③ 조금씩 혼합하도록 하며, 유리막대 등으로 천천히 저어서 냉각시킨다.

④ 전해액의 온도가 20℃에서 1.260～1.280 되게 비중을 조정하면서 작업을 완료한다.

5-3 알칼리 축전지

항공기에 사용되는 전기적 에너지의 공급원인 전원에는 두 가지가 있다. 그 하나는 기계적 에너지를 전기적 에너지로 변환시키는 발전기(generator)이고, 다른 하나는 화학적 에너지를 전기적 에너지로 변환시키는 축전지(storage battery)이다.

항공기의 기관(engine)이 정상적으로 작동하고 있을 때에는 기관에 의하여 구동되는 발전기에서 전기를 공급하지만, 기관 또는 발전기가 고장났거나 발전기가 너무 낮은 속도로 회전하고 있어 전압이 충분하지 못할 때에는 항공기 운항에 필수적인 부분에 축전지로부터 전기가 공급된다.

지상에서 항공기를 점검하거나 정비할 때, 또는 기관을 시동시킬 때에는 탑재된 축전지를 소모하지 않기 위하여 지상보조 전원장치(GPU)를 사용해야 한다. 비행 중에 전기를 많이 사용하는 항공기에는 탑재용 보조 전원장치(APU)를 탑재하기도 한다. 일반적으로, 소형 항공기에는 납산 축전지(lead-acid battery)가 아직 많이 사용되고 있으나, 전투기 및 대형 항공기에는 알칼리 축전지(alkaline battery)가 사용된다.

5-3-1 알칼리 축전지 개요

알칼리 축전지는 니켈-철 축전지와 니켈-카드늄 축전지가 있는데, 항공기에 사용되는 알칼리 축전지는 니켈-카드늄 축전지이다. 니켈-카드늄 축전지가 많이 쓰이는 이유(장점)는 유지비가 적게 들고 수명이 길며(10～20년), 재충전 소요 시간이 짧고, 신뢰성이 높기 때문이다. 그리고 큰 전류를 일시에 사용하여도 무리가 없다. 즉, 고부하 특성이 좋고 고율방전시 안정된 전압을 유지한다. 또한 진동이 심한 장소에서도 사용 가능하고 부식성의 가스를 거의 방출하지 않는다.

단점이라면 에너지 밀도(축전지 단위 중량당 충전 가능한 에너지의 양)가 25～35Wh/kg 정도로 낮고, 전극으로 사용하는 금속의 가격이 매우 비싸며 자원상 대량 공급이 어렵다.

5-3-2 니켈-카드늄 축전지 구조

니켈-카드늄 축전지의 외형과 셀의 구조는 그림 5-14와 같으며, 기본 단위는 셀(cell)이다. 셀당 전압은 1.2～1.25[V]이고, 내부 저항을 고려해서 12[V]축전지는 10개의 셀을, 24[V] 축전지는 그림 5-15와 같이 19개의 셀을 직렬로 연결하여 사용한다. 그러나 축전지용 충전 장치를 탑재하고 있는 대형 항공기에서는 20셀 또는 22셀의 축전지를 사용하기도 한다.

셀은 수산화니켈의 양극판, 금속 카드늄의 음극판, 극판 사이에 격리판 및 수산화칼륨(KOH, potassium hydroxide)의 전해액, 케이스, 커버, 플러그(캡) 등으로 구성되어 있다.

극판의 제조는, 우선 격자(grid)를 니켈 철망, 또는 많은 구멍이 있는 니켈판을 사용하여 니켈분말을 고온에서 소결(素結, 반죽하여 붙임)하여 기판을 만든다. 양극판은 이 기판을 초산 니켈 용액 중에 넣어 초산 니켈이 스며들게 하고, 음극판은 초산 카드늄 용액 중에 넣어 초산 카드늄이 스며들게 한다. 이것을 전해액에 넣어 전기를 통하면(화학처리) 수산화 제1니켈과 수산화카드늄의 극판이 만들어진다. 극판을 소정의 크기로 잘라 니켈 단자를 부착한다.

그림 5-14 니켈-카드늄 축전지 구조

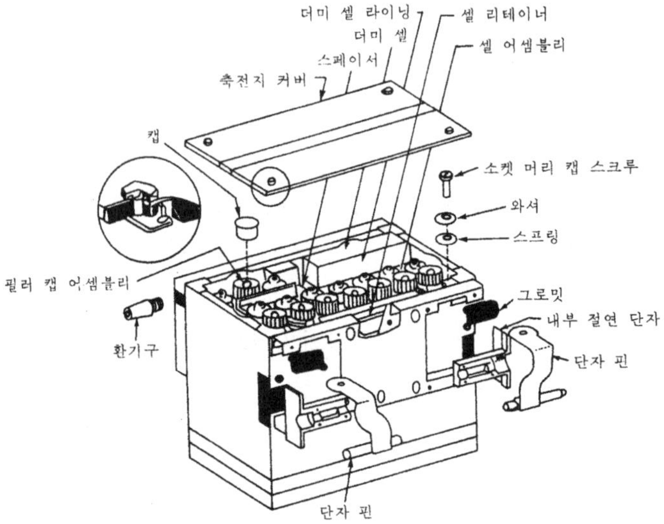

그림 5-15 니켈-카드늄 축전지 셀의 연결

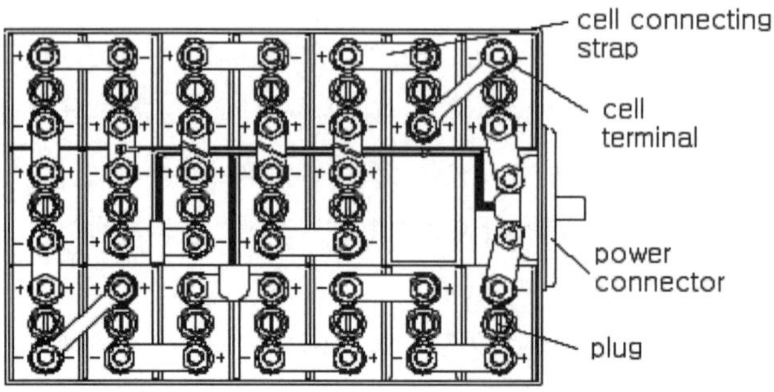

극판을 나일론 플라스틱 케이스에 넣어 플라스틱 커버를 융착한다. 커버에는 양극, 음극의 단자가 나와 있고, 셀을 전기적으로 연결하는 데에 사용한다. 또 커버에는 플러그가 있는데, 가스가 방출되도록 배기 구멍이 있고 전해액이나 증류수 보급이 가능한 구조로 되어 있다.

그림 5-16 니켈-카드늄 축전지 셀의 구조

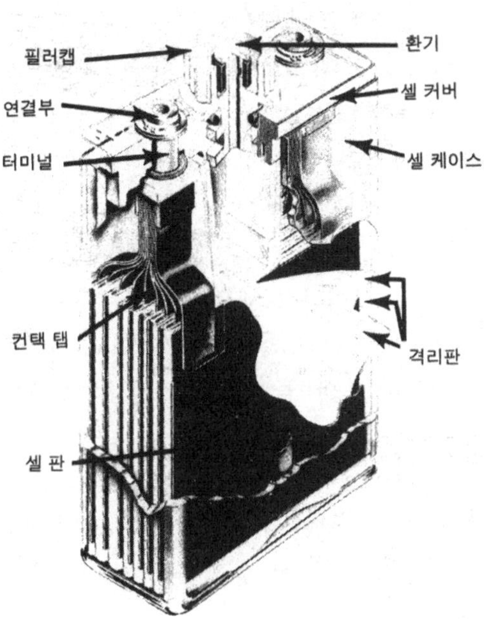

5-3-3 니켈-카드늄 축전지 화학반응

니켈-카드늄 축전지의 화학반응식은 다음과 같다.

◈ 방전시 화학 반응 ◈

양극판		음극판		양극판		음극판
$Ni(OH)_3$	$+$	Cd	$\rightarrow$	$Ni(OH)_2$	$+$	$Cd(OH)$
수산화제2니켈		카드늄		수산화제1니켈		수산화카드늄

◈ 충전시 화학 반응 ◈

양극판		음극판		양극판		음극판
$Ni(OH)_3$	+	Cd	←	$Ni(OH)_2$	+	$Cd(OH)$
수산화제2니켈		카드늄		수산화제1니켈		수산화카드늄

방전할 때에는 수산화 제2니켈($Ni(OH)_3$, 삼수산화니켈)의 양극판은 1개의 수산기(OH^-)를 내놓아 수산화 제1니켈($Ni(OH)_2$, 이수산화니켈)이 되고 음극판은 이것을 받아들여 수산화카드늄($Cd(OH)$)이 된다. 이 과정에서 화학적 에너지가 전기적 에너지로 변환된다. 충전할 때에는 반대 현상이 생기며, 이와 같은 과정이 전체 수명 기간을 통하여 몇 번이고 되풀이된다.

충전과 방전시 전해액 수산화칼륨(KOH)은 화학반응에 개입하지 않으므로 화학적 변화는 없다. 단순히 두 극판 사이의 도체로서만 사용되어 납산 축전지에서와 같이 물이 생기거나 흡수 현상이 일어나지 않는다. 그러므로 전해액의 비중은 변하지 않는다. 전해액은 무게비 30%정도의 묽은 수산화칼륨 수용액이며, 비중은 1.240~1.300이다.

니켈-카드늄 축전지는 방전하고 있을 때에는 많은 양의 전해액을 극판이 흡수하므로 전해액 수면이 낮아지고, 충전하면 수면이 높아진다. 수면의 높이로 충전방전 상태를 알 수 있지만, 엄격한 기준은 되지 못하므로 정밀한 전압계를 사용하여 셀마다 전압을 측정하여 충방전 정도를 판단한다.

그러나 전압은 90%정도 방전할 때까지도 거의 일정하게 유지되므로, 전압계로도 충방전 상태를 판단하는 데에도 어려움이 있다. 이 때에는 정전압 전원에 연결한 다음 전류를 측정하면 충방전 상태를 가장 잘 알 수 있다.

5-4 축전지 용량

축전지 용량이란 완전 충전된 축전지를 일정한 전류로 연속 방전하여 방전중의 단자전압이 규정의 방전 종지 전압이 될 때까지 방전시킬 수 있는 전기량, 즉 축전지가 가지는 총 전기량을 말한다. 내부 저항이 커서 단자전압이 급격히 떨어진 후에 남아 있는 전기량은 쓸모가 없다. 따라서 잔류 부분을 제외한 것이 된다.

용량의 크기를 결정하는 요소에는 극판의 크기(또는 면적), 극판의 두께, 극판의 수 및 전해액의 양 등이 있다. 축전지 용량의 단위는 암페어시(AH ; Ampare Hour)로 표시하며 이것을 식으로 나타내면 다음과 같다.

$$용량[AH] = 방전전류[A] \times 방전시간[H] \quad \cdots\cdots(5-2)$$

이론적으로 50[AH]의 축전지는 50[A]의 전류를 1시간 동안, 25[A]의 전류를 2시간 동안, 또는 10[A]의 전류를 5시간 동안 흐르게 할 수 있다. 그러나 실제로 축전지의 AH로 표시된 용량은 방전율에 의하여 가감된다.

5-4-1 용량과 방전율 관계

축전지의 용량은 방전전류의 크기에 의해 영향을 받게 되는데, 이 방전의 크기를 표시하는 것을 축전지의 방전율이라 한다. 방전전류가 크면 축전지에 열이 발생하고, 극판의 황산납화가 촉진되어 내부 저항의 증가율이 커지기 때문에 효율과 용량이 감소한다. 그러므로 축전지의 용량을 일관성 있게 하려면 방전 시간율을 정할 필요가 있다.

축전지 용량은 방전전류×방전시간으로 표시되므로 방전율을 표시할 때 방전전류의 크기로 표시하거나(이것을 전류율이라고 한다) 방전시간으로 표시한다(이것을 시간율이라 한다).

자동차 축전지의 경우 10시간율, 20시간율, 25암페어율, 냉간율 등이 있으며, 항공기의 경우 납산축전지는 5시간 방전율, 니켈-카드늄 축전지는 2시간 방전율로 규정되어 있다. 5시간 방전율이란 용량 50AH의 축전지라면 10A의 전류로 연속하여 5시간 동안 공급할 수 있다는 것이다.

5-4-2 축전지 연결과 용량관계

1) 직렬연결

직렬연결이란 전압과 용량이 동일한 축전지 2개 이상을 (+)단자와 다른 축전지의 (−)단자를 서로 연결하는 방식이다. 이때 전압은 연결한 개수만큼 증가하지만, 전류는 일정하다. 그러므로 용량도 일정하다. 전압을 높여서 사용하여야 할 때, 이 직렬접속이 이용된다.

그림 5-17과 같이, 전압 24V, 25A 인 축전지 4개를 직렬로 연결하면 전체 전압은 96V 이고 전체 전류는 일정하므로 25A가 된다.

그림 5-17 축전지 직렬연결

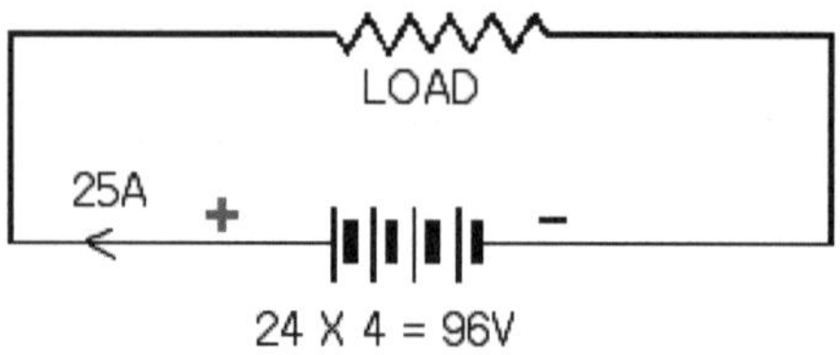

2) 병렬연결

병렬연결이란 전압과 용량이 동일한 축전지 2개 이상을 (+)단자는 다른 축전지의 (+)단자에, (−)단자는 (−)단자에, 즉 같은 극을 공통으로 연결하는 것을 병렬연결이라고 한다. 이때의 전압은 1개의 전압과 같지만, 전류는 개수만큼 증가한다. 따라서 용량도 개수만큼 증가한다.

그림 5-18 축전지 병렬연결

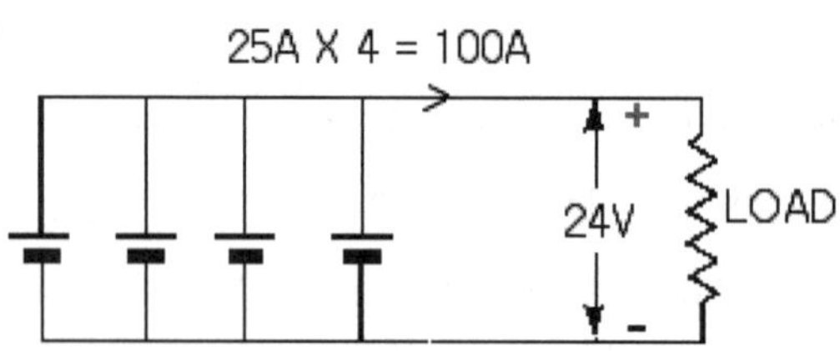

이는 축전지의 용량이 총 유효 극판의 넓이에 비례하기 때문에 축전지를 서로 병렬로 연결하면 용량이 증가하게 되는 것이다. 축전지의 수명도 병렬연결의 수에 비례한다. 다발 항공기와 같이 전력의 소모가 많은 항공기에서는 여러 개의 축전지를 병렬로 연결하여 용량을 증가시킨다.

그림 5-18과 같이, 24V, 25A 인 축전지 4개를 병렬연결하면 전체 전압은 24V가 되고 전체 전류는 100A가 된다.

3) 축전지 내부저항

축전지 내부에는 화학반응에 의한 기전력 뿐만 아니라 축전지 자신 내부에 흐르는 전류의 흐름을 막는 내부저항(internal resistance)을 가지고 있다. 축전지의 내부저항은 0.1[Ω] 정도 또는 그 이하이다. 축전지 내부저항은 오래 사용할수록 커져 다 소모된 축전지의 경우 내부저항이 매우 크다. 축전지에서 전류를 사용하면 내부저항에 의해 전압강하 현상이 일어난다. 따라서 그림 5-19에서 축전지의 단자에 나타나는 전압 V는

$$\begin{aligned} V &= E - V_r \\ &= I \cdot R - I \cdot r \end{aligned} \quad \cdots\cdots(5\text{-}3)$$

으로 된다. 여기서 V는 부하저항 R에 걸리는 단자전압이며, E는 축전지 기전력, V_r은 축전지 내부저항 r에 의한 전압강하이다. 그리고 이 회로의 총저항은 내부저항 r과 부하저항 R의 합이 된다.

그림 5-19 축전지 회로

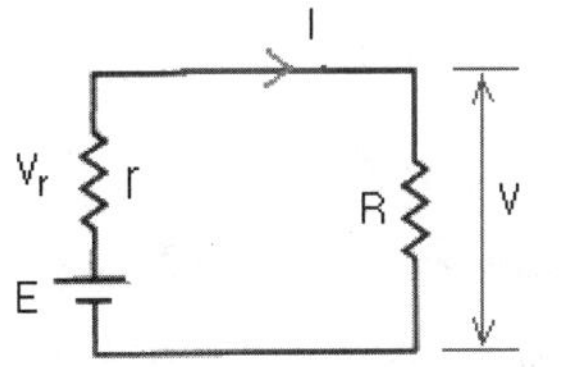

5-4-3 축전지 수명

축전지를 오래 사용하여 충전과 방전 횟수(사이클링 수)가 많아지면 극판의 황산납화가 심해져 수명이 짧아진다. 또 급격한 충전과 방전은 극판을 과열시키므로, 극판에서 활성 물질의 부스러기가 떨어지게 한다. 이와 같은 침전물이 많아지면 극판 사z이에 단락(브릿지 현상)이 일어나고 내부 방전이 심해 수명이 짧아진다. 그리고 축전지수명을 단축시키는 또 하나는 자기방전(自己放電)이라는 것이 있다.

완전히 충전된 축전지라도 외부회로에 의하여 방전시키지 않아도 시간이 경과되면 조금씩 전기 에너지가 감소되어 간다. 이것을 자기방전이라고 하며 온도가 높아질수록 그 정도가 심하다. 납산 축전기의 경우 자기방전의 원인은 다음과 같다.

① 음극의 활성물질인 해면상납과 전해액 중의 황산과의 반응이 일어난다.

$Pb + H_2SO_4 \rightarrow PbSO_4 + H_2(\uparrow)$ (Gas발생)

이러한 반응은 기본적으로 많이 발생하지는 않는다.

② 전해액 중에 불순물(염소, 유기물, 철, 망간, 질산염 등)이 들어 있으면 두 극판의 활성물질과 반응하여 자기방전을 증대시킨다.

③ 전지 표면의 단자 사이에 먼지, 물, 전해액 등의 전도성 물질이 있을 경우 전기적인 회로의 형성으로 누설 전류가 흐르게 되어 전기적 에너지를 감소시킨다.

이외에도 기관 시동시 축전지를 과도하게 사용하여 정격 이하로 용량이 떨어져 방전된 경우, 또는 전해액이 극판의 정상 수위보다 낮은 상태에서 축전지의 사용이 계속되었을 때 축전지의 수명이 규정보다 짧아질 수 있다.

5-5 축전지 충전

5-5-1 충전기(charger)

방전된 축전지는 직류(DC)전원으로 충전하지 않으면 안되므로 교류(AC)전원을 직류로 정류하는 충전기를 사용하여 충전한다. 충전기는 정류소자를 실리콘(Si)을 이용함 실리콘 충전기가 일반적으로 사용되고 있다. 그림 5-20은 충전기의 기본 구성도이며, 충전기는 변압기와 정류기 및 전압 선택용 스위치 등으로 구성되어 있다.

충전기의 접속방법은 충전을 하고자 하는 축전지의 (+)단자와 충전기의 (+)단자를, 축전지의 (−)단자와 충전기의 (−)단자를 접속하여 규정의 전류가 흐르도록 선택스위치로 출력전압을 조정한다.

그림 5-20 충전기 구성도

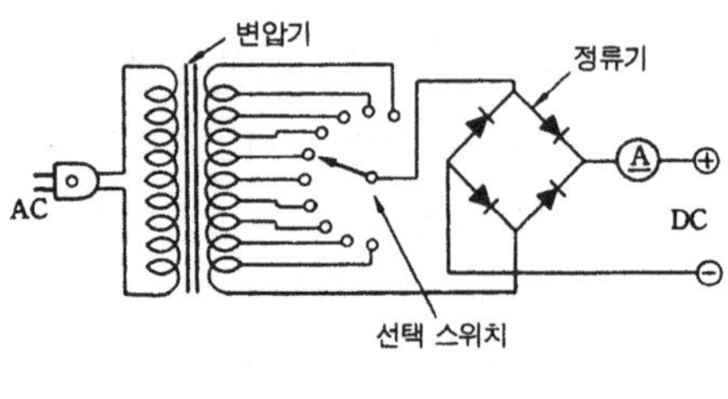

5-5-2 충전방법

축전지를 보충전(補充電)하는 방법에는 정전류 충전법과 정전압 충전법이 대표적이다. 정전류 충전법은 일정한 전류로 충전하는 방법이며, 정전압 충전법은 일정한 전압으로 충전하는 방법이다.

1) 정전류 충전법

충전기에는 각 축전지의 요구 사항에 대하여 충전율을 조절할 수 있다. 한 충전기에 여러 개의 축전지를 동시에 충전할 그 때에는 그림 5-21과 같이 전압에 구애받지 않고 직렬로 연결하는 데, 용량이 다를 경우에는 용량이 작은 것부터 연결한다. 축전지를 충전기에 확실히 연결한 다음 충전기를 작동시키는 데, 충전전류는 축전지 용량의 10% 정도를 잡는다. 용량이 가장 작은 축전지가 충전 완료되면 떼어내고, 나머지 축전지는 계속 충전한다.

그림 5-21 정전류 충전법

정전류 충전법은 충전 완료 시간을 미리 예측할 수 있어 과충전을 예방할 수 있으나 지나치면 과충전의 염려가 있다. 또한 정전류 충전법은 충전시간이 길며 가스발생량이 많아 폭발위험성이 크다.

2) 정전압 충전법

정전압 충전법은 그림 5-22와 같이 구동발전기를 사용하거나, 전압이 일정하게 조절된 전원을 축전지에 공급한다. 축전지에 공급되는 전압은 전압강하를 고려하여 12[V] 축전지의 경우에는 14[V]이고, 24[V] 축전지의 경우에는 28[V]이다. 축전지 여러 개를 동시에 충전하려면 병렬로 연결한다. 만약, 12[V] 축전지를 28[V] 충전기로 충전하고자 할 때에는 2개의 축전지를 직렬로 연결한다. 항공기가 운항 중일 때는 발전기 28[V]에 의한 일정한 충전이므로 정전압 충전법이다.

그림 5-22 정전압 충전법

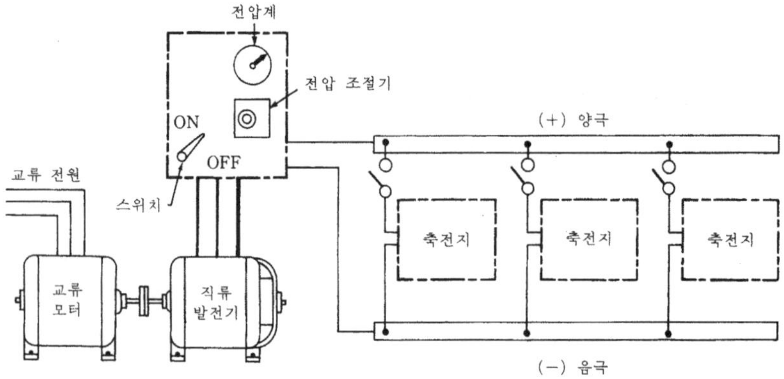

정전압 충전법은 규정 용량의 충전 완료 시간을 미리 예측할 수 없기 때문에, 일정 시간 간격으로 충전 상태를 확인하여 축전지가 과충전 되지 않도록 주의해야 한다. 정전압 충전법은 충전초기에 전류값이 크므로 열로 인한 극판 손상 우려가 있다. 그러나 충전이 진행됨에 따라 차츰 전류가 감소하여 가스발생이 거의 없어지며 충전 능률도 우수해진다.

5-5-3 충전시 주의사항

축전지를 충전할 때 주의 사항은 다음과 같다.

① 충전시 가스가 발생하므로 통풍이 잘되는 곳에서 충전한다.

② 축전지를 충전하기 전에 각 셀을 단락시켜 완전히 방전시킨다. 이는 축전지에서 각 셀의 방전상태가 불균일하여 셀의 전위가 다르므로, 축전지를 재충전하더라도 규정값의 용량에 이르지 못하는 수 가 생길 수 있어 다시 방전되는 과정에서 축전지의 파손을 초래할 수도 있다. 그러므로 셀을 단락시켜 방전하면 각 셀의 전위가 0이 되어 셀 간에 균형이 이루어진다.

③ 역충전하면 과열되므로 충전기의 배선접속을 반대로 하지 않는다. 즉 충전할 때에는 충전기와 축전지의 극성이 서로 같은 것끼리 연결한다.

그림 5-23 화기 및 충격엄금

④ 충전기의 접지선은 반드시 접지시킨다.

⑤ 충전중인 축전지에 충격을 가하지 않는다.

⑥ 납산축전지 충전시에 발생하는 수소가스는 폭발성 가스이므로 축전지를 충전하는 장소에서는 담배를 피워서는 안되며, 기타 화기 및 스파크가 발생하는 발화성 물질이 근접하여서는 절대로 안된다. 그리고 충전기 조작시 스파크가 발생하지 않도록 주의한다.

⑦ 과충전되지 않도록 주의한다. 과충전하면 과열로 인해 극판과 격자가 손상되며, 전해액에 기포가 많이 발생하여 전핵액이 축전지 밖으로 흘러나올 수 있다.

⑧ 납산축전지는 전해액 온도가 45℃ 이상 넘지 않도록 하고, 니켈-카드늄 축전지는 57℃ 이상 넘지 않도록 주의한다. 57℃ 이상에서는 기전력이 저하되므로, 충전전류가 커지고 차츰 발열되어 열폭주 현상이 일어난다. 대형 항공기용 축전지는 온도센서를 장치하여 57℃ 이상에서는 충전을 정지시키거나 충전전류를 감소시키는 회로가 구성되어 있다.

⑨ 충전이 끝났을 때 전해액 온도를 측정한다. 작업실의 실온보다 전해액 온도가 10℃ 이상 높은 경우는 셀의 성능이 떨어지기 시작한 징후다.

⑩ 니켈-카드늄 축전지 경우 완전 충전후 3~4시간 방치한다. 이 동안에 전극판에 흡수되어 있던 가스가 나와 전해액 레벨이 안정된다. 그 후, 규정된 레벨로 전해액을 조절한다. 즉 증류수의 보충이나 전해액 비중조정도 충전완료 후에 3~4시간 지나서 해야 한다. 전해액 레벨이 너무 높은 축전지가 항공기에 탑재되

면, 충전 도중에 전해액이 누출되어 누전의 원인이 되므로 전해액을 적당하게 보충하는 것이 중요하다.

⑪ 충전된 축전지의 단자나 커넥터를 만질 때는 먼저 취급자의 몸에 발생한 정전기를 지면의 금속에 접촉시켜 방전시킨 다음 만져야 한다.

⑫ 충전지가 충전되지 않는 경우는 극판 내부 회로의 단락이나 축전지 자체의 파손일 경우가 있는데, 이때에는 축전지를 교환해야 한다. 그리고 충전 상태가 유지되지 않는다면, 그 원인은 축전지 내부 셀이나 축전지 자체가 파손일 수 있으므로 축전지를 교환해야 한다.

5-6 축전지 정비

축전지에는 기종마다 정해진 정기 교환작업이 있고, 또 전해액이나 연결 부분 등의 정기점검이 있다. 축전지의 정비시 다음과 같은 점들을 고려하여 잘못 취급하는 일이 없도록 한다.

① 니켈-카드늄 축전지의 전해액은 수산화칼륨이고, 납산 축전지의 전해액은 황산이므로 화학적으로 반대의 성질이다. 그러므로 보관 및 정비 장소는 분리된 곳에 설치해야 하며, 충전이나 정비에 쓰는 공구류도 구별해서 사용해야 한다.

② 전해액은 독성이 있어 피부에 닿거나 눈에 들어가면 매우 위험하며, 전기 전도성이 있어 금속 표면을 부식시키는 성질이 있다. 취급시에는 앞치마, 보안경, 고무장갑 및 고무장화를 사용하는 것이 바람직하다.

③ 전해액이 눈에 들어갔을 경우에는 즉시 흐르는 물로 천천히 세척하고 전문의의 진료를 받아야한다. 의복이나 금속표면 또는 실내 바닥에 전해액이 묻었을 경우에는 중화제로 중화시키고 깨끗한 물로 훔쳐낸 다음 건조시킨다. 묽은황산 중화제로는 암모니아수, 중탄산소다(베이킹소다, 중조)를 사용하며, 수산화칼륨 중화제로는 아세트산, 레몬주스, 붕산수 등을 사용한다.

④ 전해액을 조절할 경우는 수산화칼륨이나 묽은황산을 증류수에 조금씩 넣어 비중이 1.300이 되도록 한다. 만약, 수산화칼륨이나 황산을 물에 부으면 친수력이 너무 강하여 폭발할 위험이 있다.

⑤ 정기 교환시 꺼낸 축전지는 플러그(캡)을 막고 깨끗한 물로 세척을 한다. 세척시 산 등의 화학용액을 사용해서는 안된다.

⑥ 니켈-카드늄 축전지 커버나 접속부분에 백색의 분말이 부착되어 있는 것도 있는데, 이것은 수산화칼륨 (KOH)이 누출되어 공기중의 이산화탄소 (CO_2)와 작용하여 탄산칼륨 (K_2CO_3)의 결정체를 형성한 것이다. 무해한 것이므로 브러시로 긁어내고 젖은 걸레로 닦아낸다. 브러시의 사용으로 방전을 일으키지 않도록 주의한다.

⑦ 탄산칼륨의 결정체가 너무 많이 형성되어 있을 때에는, 과충전 되었거나 온도와 전해액이 너무 높은 경우이다. 이 때에는 전해액의 높이를 점검하고, 축전지를 깨끗이 닦아낸 다음에 정전류 충전법에 의하여 재충전한다.

⑧ 축전지 셀의 케이스가 구부러졌거나 찌그러진 경우는 축전지가 과충전 되었거나 열에 의하여 변형된 것이므로 셀을 교환해야 한다.

⑨ 니켈-카드늄 축전지 셀 안에 검은색이나 회색 입자 등의 이물질이 있다면 이는 깨끗한 증류수를 사용하지 않았거나 수산화칼륨의 농도를 너무 짙게 한 경우이다.

⑩ 니켈-카드늄 축전지 경우, 조립한 후에 축전지의 (+)단자와 케이스 사이에 전류계를 연결하고 누설전류를 측정한다. 누설전류가 5mA 이상인 경우는 다시 세척후 건조하여 조립한다.

⑪ 니켈-카드늄 축전지의 용량을 보증하는 데는 충전후 용량의 1/5의 전류로 5시간 방전한다. 5시간 후에 각 셀의 전압이 1.0[V] 이상이면 양호하다. 불량한 셀은 교환한다.

참고 아르키메데스의 원리

자동차의 배터리인 납축전지 속에는 대략 35% 정도의 황산 용액이 들어 있다. 보통 자동차 정비소에서는 납축전지의 충전, 방전 상태를 비중계를 이용하여 확인한다. 정상적인 충전 상태에서는 35% 황산 용액의 비중이 1.28 g/㎤ 정도 되는데 반하여 축전지가 방전되었을 경우에는 황산의 농도가 21%로 줄어들어 용액의 비중 또한 1.15 g/㎤로 낮아지게 된다. 카센타의 비중계에는 비교 눈금이 표시되어 있는데 뜨는 정도를 보고 충전, 방전 상태를 판단한다.

외국의 경우에는 차의 부동액이나 배터리의 상태를 점검할 때 보통 아르키메데스의 원리를 이용한 장치를 이용하고 있다. 자동차의 라디에이터의 부동액을 조사하는 방법으로 튜브 내에 밀도가 서로 다른 작은 공을 넣어 순수한 물일 경우에는 이 공이 모두 뜨고, 순수한 부동액에서는 아무 공도 뜨지 않게 되어 있다. 그러나, 부동액이 5%일 경우에는 한 개의 공이 뜨며 10%일 경우에는 두 개의 공이 뜨게 끔 되어 있어서 뜨는 공의 수로 부동액의 농도를 알 수 있으므로 부동액이 얼지 않을 최소 온도를 결정 할 수 있다.

이와 비슷하게 자동차의 축전지 충전 상태는 축전지에 설치된 소위 "요술쟁이 공" 과정으로 알아볼 수 있다. 배터리 위쪽에 나 있는 창을 통해 내려다보았을 때 빨간색 반점이 보이면 배터리가 충분히 충전되어 있음을 나타내며 검은색이 보이면 심하게 방전되었음을 나타낸다. 이것은 충전되었을 때에는 축전지 용액의 밀도가 증가되어 밀도가 작은 빨간색 공이 떠오르도록 만들어져 있어서, 충전이 되면 빨간색 공이 보이게 되고, 축전지가 방전되어 용액의 농도가 낮아지면 빨간색 공이 가라앉게 되어 창 속이 검게 보이도록 되어있다.

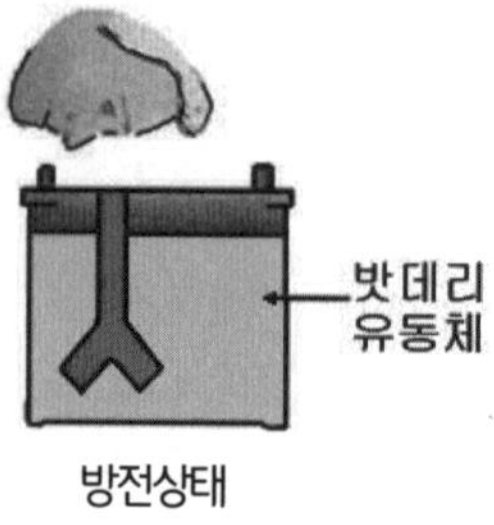

단원정리

1. 축전지를 사용하는 이유
   ① 기동전동기의 구동, 즉 시동시 전원으로 사용
   ② 엔진정지시 전지장치 전원으로 사용
   ③ 발전기 고장시 잠시동안의 비행확보를 위한 전원으로 사용
   ④ 발전기의 출력과 부하와의 불균형 조정

2. 납산축전지 (=연(鉛)축전지 = Lead Acid Battery)
   1) 화학반응식

양극판		전해액		음극판		양극판		전해액		음극판
PbO_2	$+$	$2H_2SO_4$	$+$	Pb	$\leftarrow$	$PbSO_4$	$+$	$2H_2O$	$+$	$PbSO_4$
과산화납		묽은황산		해면상납		황산납		물		황산납

   2) 전해액 : 묽은황산(=회유산)
   순수황산 + 순수한 물(증류수), 무색무취이나 불순물 섞이면 독한 냄새난다
   3) 축전지 구조
   ① 극판 : 격자에 작용물질(과산화납, 해면상납)을 묽은황산으로 반죽하여 소결시킨 것으로 페이스트식(Paste Type)이다.
   cf. 클래드식(Clad Type) : 격자에 납산화물을 도금시켜 놓은 것
   ② 격자의 재질
   납과 안티몬(Sb) (납은 결합력은 좋으나 잘 녹는다. 그래서 잘 안녹는 안티몬을 합금 시킨 것이다)
   ③ 셀(Cell=단전지)
   - 한 셀당 2V의 전압생성
   - 셀당 방전종지 전압 : 1.75[V]

- 12V 축전지는 6개의 셀로구성, 24V 축전지는 12개의 셀로 구성
- 각 셀마다 음극판이 양극판보다 1개 더 많다. 이유는 양극판의 작용물질이 더 활발하게 반응하므로 음극판의 용량을 증가시키기 위해서 이다.

④ 격리판(Seperator=Lattice) : 격리판 한 쪽에는 작은 홈(골)이 파져 있다. 이를 양극판 쪽에 끼운다. 왜냐하면 양극판의 작용물질이 음극판보다 화학적 반응이 더 활발하므로 그만큼 빨리 전해액이 홈을 타고 들어와 침투확산이 잘 되도록 하기 위해서 이다. 또한 양극판에 의한 산화부식을 방지하는 데 목적이 있다.

⑤ 브릿지 현상 : 작용물질의 탈락이나 불순물의 침전에 의해 축전지 밑바닥에서 양극판과 음극판이 단락되는 것

⑥ 캡(=플러그)의 역할 : 전해액 보충, 비중측정, 충전시 산소 및 수소가스 방출

4) 전해액 비중 (1.26-1.28)

- 방전시 : 황산 소비, 물 생성 ⇒ 비중감소(충전상태 미흡)
- 충전시 : 물 소비, 황산 생성 ⇒ 비중증가(충전상태 양호)

∴ 비중계로 축전지의 충방전 상태 점검 가능

5) 전해액의 온도와 비중관계

- 전해액 온도가 높아지면 황산이온의 팽창으로 비중값이 감소한다.
- 전해액 온도가 낮아지면 황산이온의 수축으로 비중값이 증가한다.

∴ 온도에 따라 변화된 비중값을 표준온도(20)의 비중값으로 수정해줘야 한다. $S_{20} = S_t + 0.0007(t - 20)$

- 온도 21～32℃(70～90°F)에서의 전해액 비중변화는 작기 때문에 비중수정이 필요없다

6) 전해액 누설시 : 황산이 산성이므로 알칼리성인 암모니아수, 중탄산소다(베이킹 소다, 중조) 등을 뿌려 중화시킨다.

7) 전해액 만들기

- 증류수(65%)에다 황산(35%)을 조금씩 부어 섞는다.(황산에다 증류수를 부으면 심한 열이 발생하여 위험하다.)
- 용기는 산화되지 않는 그릇으로 질그릇, 유리그릇, 목제용기 등을 사용한다(철제용기는 사용하지 않는다).

8) 축전지 수명의 단축요인

① 자기방전 및 과방전 : 장시간 방전되면 부도체인 황산납으로 굳어져 재충전이 되지 않는 상태가 된다. 이렇게 영구적 황산납으로 굳어지는 현상을 설페이션(=황화현상)이라 한다. (1일 자기방전율 : 0.3~1.5%)

② 과충전 : 산소가스가 과다발생하면 산화작용으로 양극판이 부풀어오르면서 작용물질이 탈락하기 쉽고 심하면 격자까지 균열되어 부수러 진다

③ 충방전 반복 : 작용물질이 팽창과 수축을 계속하여 반복하면 사이클링(충방전 반복작용)이 쇠약해져 그 결과 작용물질이 결합력 약화로 탈락하게 된다

3. 알칼리 축전지 (= Ni-Cd Battery)

1) 화학반응식

양극판		음극판		양극판		음극판
$Ni(OH)_3$	$+$	Cd	$=$	$Ni(OH)_2$	$+$	$Cd(OH)$
수산화제2니켈		카드늄		수산화제1니켈		수산화카드늄

2) 전해액 : KOH (수산화칼륨)

*화학반응에 참여하지 않고 통전역할만 하므로 충방전시에도 비중의 변화가 없다.(전해액 비중 : 1.240 ~ 1.300)

3) 전해액 만드는 방법 : 납산축전지와 마찬가지로 증류수에다 수산화칼륨을 조금씩 부어 섞는다.

4) 장점 : 전해액이 화학반응에 참여하지 않으므로

㉠ 수명이 길다 (납산축전지의 2~3배)

㉡ 유지보수비가 적게든다.

㉢ 고율방전시 성능이 우수하다.

㉣ 충방전시 전압의 변화가 적다.

㉤ 재충전 소요시간이 짧다.

㉥ 고부하에서도 내구성이 좋다.

5) 단점

㉠ 가격이 비싸다

㉡ 자원부족으로 대량생산이 어렵다

㉢ 에너지 밀도가 낮다 (셀당 전압이 1.2 ~ 1.25V)

▷12V 축전지 : 10개의 셀을 직렬연결
24V 축전지 : 19개의 셀을 직렬연결

6) 취급시 주의사항

① 납산축전지와 분리 보관하고, 공구 및 장치들도 구별해서 사용한다.
② 수산화칼륨이 독성 및 부식성이 강하므로 반드시 보호장구를 착용한다.
③ 전해액이 공기중의 이산화탄소와 결합하여 흰색의 탄산칼륨을 만들 수 있으므로 축전지 세척시 캡을 꼭 막는다.
④ 중화제 : 아세트산, 레몬주스, 붕산염 용액

4. 축전지 용량 : [AH] = 방전전류 [A] x 방전시간 [H]

1) 축전지 방전시간율 : 항공기 축전지는 5시간 방전율을 적용한다.

2) 축전지 용량 결정의 3요소

① 셀당 극판수 ② 전해액량 ③ 극판의 넓이(크기)

∴ 축전지를 병렬연결하면 용량이 증가한다

5. 축전지 충전방법

1) 정전류 충전법 : 충전기를 사용하여 일정한 전류로 충전하는 방법

- 충전완료시간을 예측할 수 있다. 시간을 초과하면 과충전의 위험이 있다.
- 충전전류는 축전지 용량의 10% 정도로 한다.

2) 정전압 충전법 : 발전기나 충전기 등을 사용하여 일정한 전압으로 충전하는 방법

- 충전초기에 전류값이 큰 단점이 있다 (열로 인한 극판 손상)
- 충전이 진행됨에 따라 차츰 전류가 감소하여, 충전상태에 도달하면 거의 전류가 흐르지 않게 된다. 따라서 가스발생이 거의 없고 충전 능률도 우수하게 된다
- 충전완료시간을 예측할 수 없기 때문에 중간중간 충전상태를 확인하여 과충전을 방지한다
- 항공기 내에서의 발전기에 의한 충전은 정전압 충전법이다.

6. 충전시 주의사항

① 통풍이 잘되는 곳에서 충전할 것
② 충전중인 축전지에 충격을 가하지 말 것

③ 배선접속을 반대로 하지 말 것 (즉 역충전하지 말 것)
④ 충전기의 접지선을 반드시 접지할 것
⑤ 축전지 전해액 비중조정은 충전완료후에 할 것
⑥ 납산축전지 충전시에는 화기를 가까이 하지 말고, 스파크가 발생하지 않도록 할 것.
∵ 충전시 발생하는 수소가스가 폭발성이므로 위험하다.
(산소가스는 조연성 가스이다)
⑦ 납산축전지 전해액 온도가 45℃이상 되지 않도록 할 것.
(열로 인한 극판과 격리판 손상)
⑧ 알칼리 축전지 충전시에 완충전후 3～4시간 지난 후에 물을 첨가한다.

연 습 문 제

1. 납산축전지의 화학반응식을 쓰시오.

   답 $PbO_2 + 2H_2SO_4 + Pb = PbSO_4 + 2H_2O + PbSO_4$

2. 황산납 배터리의 그리드(grid)의 재료는 ?

   답 납과 안티몬

3. 납산축전지의 충전 및 방전 상태를 무엇으로 알 수 있는가 ?

   답 전해액 비중

4. 연축전지(lead-acid battery)에 대한 설명으로 가장 올바른 것은 ?

   가. 축전지의 충전상태는 전해액의 온도로 측정한다
   나. 축전지를 여러 개 충전할 때 정전류법은 병렬로 연결한다
   다. 축전지를 여러 개 충전할 때 정전압법은 병렬로 연결한다
   라. 정전류법으로 충전할 때에는 시작전에 캡을 닫아놓아야 한다

   답 다

5. 다음 중 축전지 CAP의 역할이라고 볼 수 없는 것은 ?

   가. 누설방지　　나. 전압측정
   다. 비중측정　　라. 가스방출

   답 나

6. 납산 축전지의 셀당 전압은 얼마인가?

가. 1.1 나. 2.2
다. 3.3 라. 4.4

답 나

7. 납산 축전지의 셀당 방전종지전압은 대략 얼마인가 ?

답 1.75[V]

8. 니켈-카드늄 축전지가 방전시에 전해액은 어떻게 되는가?

가. 수분이 증발하지 않는 한 불변
나. 낮아진다
다. 높아지나 온도가 낮아지면 불변
라. 높아진다.

답 나

9. 내부저항이 2〔Ω〕인 24〔V〕짜리 전지 10개를 병렬로 접속했을 때 부하 11.8〔Ω〕에 흐르는 전류를 구하시오.

답 내부저항 $r = \frac{1}{5} = 0.2$

$\because \frac{1}{r} = \frac{1}{2} \times 10 = 5$

전체저항 $R = 11.8 + 0.2 = 20[\Omega]$

전압은 일정하므로 전류 $I = \frac{24}{20} = 1.2[A]$

10. 납산 축전지에서 용량 표시 기호는?

가. Ah 나. Wh
다. Vh 라. h

답 가

11. 납산 축전지의 판의 수를 늘리거나 면적을 넓히면 그 결과는 어떻게 되겠는가?

가. 전압과 용량이 증가할 것이다.

나. 전압은 증가하나 용량에는 영향을 미치지 않을 것이다.

다. 용량은 증가하나 전압에는 영향을 미치지 않을 것이다.

라. 전압만 상승할 것이다.

답 다. 셀 내부의 판 수를 늘리거나 면적을 넓히면 용량(전류)만 증가한다. 왜냐하면 판은 병렬로 연결되어 있기 때문에 전압은 증가하지 않는다.

12. Battery 충전법 중 정전압법에 대해 설명하여라.

답 발전기나 충전기 등을 사용하여 일정한 전압으로 충전하는 방법

13. 니켈-카드뮴 축전지의 전해액을 흘렸다면 중화제로 쓰이는 것은?

답 아세트산, 레몬주스, 붕산수

14. Battery에서 전선을 탈거할 때 먼저 떼어내야 하는 선은 ?

답 음극(−)선. 양극(+)선을 먼저 뗄 경우 회로가 구성되어 감전이 우려된다. 왜냐하면 전류는 +에서 −으로 흐르기 때문이다

15. 축전지의 일일 점검사항을 쓰시오

답 축전지 표면의 오염상태, 전해액량, 전압 등

16. 니켈-카드뮴(Ni-cd) 축전지의 셀당 전압은 얼마인가?

답 1.2~1.25[V]

17. 비중계(Hydrometer)를 사용시 비중보정이 필요 없는 온도범위는 ?

답 21~32℃(70~90°F)

18. 납산 축전지는 몇 시간 방전율을 사용하는가?

답 5시간 방전율

19. 납산축전지에서 두 극판의 단락을 방지하기 위하여 사이에 설치하는 것은 ?

답 격리판

20. 24〔V〕 알칼리 축전지는 몇 개의 셀로 이루어져 있는가 ?

답 19개

제6장 전기배선

6-1 도선

6-2 회로보호장치

6-3 회로제어장치

6

전기배선

전기배선은 전원에서 부하 계통까지 전류가 흐르는 통로인 도선(wire)과 케이블 터미널(cable terminal), 스플라이스(splice), 컨넥터(connector)와 같은 연결장치, 과도한 전류의 흐름이나 열로부터 도선이나 전기장치를 보호하는 회로 보호 장치, 그리고 회로를 제어하는 회로 제어 장치 등으로 구성된다. 즉 배선은 이런 장치들을 서로 연결하여 회로를 구성하는 것이다.

항공기에서 배선은 무게를 줄이기 위하여 기본적으로 단선계통방식(single wire system)을 사용한다. 이는 (+)선은 도선을 사용하고 (−)선은 기체 구조물(structure)를 이용하는 방식으로 비교적 적은 전류를 소비하는 장치에 사용한다. 하지만 전류의 사용용량이 큰 장치(예, 시동전동기)에는 복선계통방식을 사용하기도 한다. 이는 (+)선과 (−)선 모두 도선을 사용하는 방식이다.

6-1 도선

6-1-1 도선의 종류

전류를 흐르게 하는데 필요한 도체를 도선(wire)이라 한다. 그림 6-1과 같이 도체가 한 가닥으로 된 것을 단선, 도체가 여러 가닥으로 된 것을 연선이라 한다. 도체의 구부림 정도를 생각하여 단선은 가는 선에 사용되고, 연선은 굵은 선에 사용된다. 이유는 단선은 잘 구부려지지 않고 연선은 잘 구부려지기 때문이다. 그래서 연선은 일반적으로 코드에 사용된다. 단선과 연선의 도체에 절연피복을 한 전선을 절연전선이라 하며, 일반적으로 도체 위에 비닐, 폴리에틸렌 등의 절연재료를 피복하여 변전소에서 수용가까지 배전선로에 주로 사용하며 옥내용으로도 많이 사용한다

그림 6-1 단선과 연선

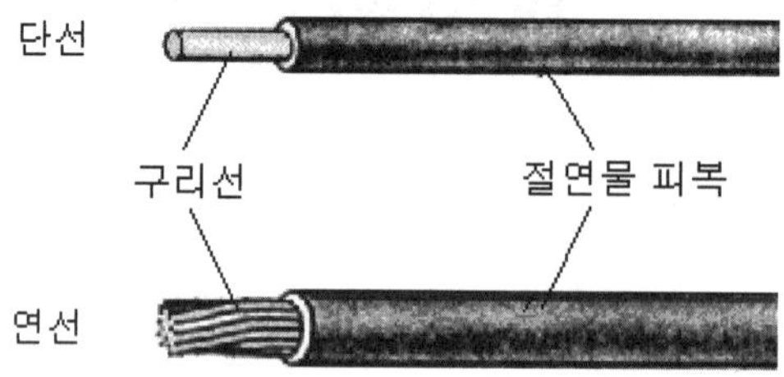

도선을 재질에 따라 분류해보면 대표적인 것이 구리선과 알루미늄선이다. 항공전기계통에 사용되는 도선은 대부분 구리나 구리합금을 많이 사용한다. 도전율의 크기는 은(Ag)>구리(Cu)>금(Au)>알루미늄(Al) 순서이다. 구리(copper)는 저항률이 낮고 매우 우수한 도체이지만, 비중이 크므로 무거워진다. 알루미늄은 구리보다 저항률이 크지만 비중이 작으므로 전선을 경량화 할 수 있다. 같은 전류를 흐르게 할 경우, 알루미늄 전선의 중량은 구리 전선 중량의 약 60% 정도이다. 그러나 알루미늄은 구리에 비해 장력이 작으므로 일반적으로 사용되지 않고, 높은 전류가 흐를 수 있는 두꺼운 전선을 필요로 하는 동력선에 사용된다.

항공기에는 여러 종류의 전선이나 케이블(cable)이 사용되고 있는데, 전선이나 케이블의 각각에 전선 번호가 붙어있고, 전선의 종류와 전선의 두께가 지정되어 있다. 이것들은 항공기 제조 회사가 각각의 항공기에 발행하는 전기 배선도 및 부품표에 기술되어 있다. 전선을 수리할 경우는 반드시 전기배선도를 보고 이것에 표시된 전선을 사용해야 한다.

항공기에서 구리나 알루미늄 도선 이외에 사용되는 특수 전선 및 케이블은 다음과 같다.

① 엔진이나 보조 동력 장치(APU)의 주변 등 온도가 높은 곳에는 고온용 전선이 사용된다. 이것은 니켈을 입힌 동선에 광물질을 혼합한 테플론(Taflon)에 의해 절연된 전선으로 온도 260℃까지 사용된다.

② 화재 경보 장치의 센서(수감부) 주위에는 화재에 강한 전선이 사용된다. 이것도 니켈 도금을 한 도체에 유리와 테플론으로 절연한 전선으로 주위온도 350℃까지 견디고, 단시간(5분 정도)이라면 1,000℃에도 견딜 수 있는 전선이다.

③ 엔진이나 보조 동력 장치의 배기온도는 크로멜 알루멜 서모커플(thermocouple)로 측정한다. 온도 측정점에서 조종실의 배기 온도계까지는 보통 전선으로 배선하면 오차를 일으키므로 크로멜 알루멜을 도체로 한 전선을 사용하고 있다.

④ 음성신호나 미약한 신호의 전송에는 보통의 전선으로는 노이즈(noise)가 인입되므로 2개 내지 3개의 전선 주위를 구리망으로 덮은 쉴드 케이블(shield cable)이 사용되고 있다.

⑤ 기내 텔레비전 영상신호나 무선신호의 전송에는 동축 케이블(axial cable)이 사용되고 있다. 동축 케이블은 그림 6-2와 같이 중심 구리선과 중심선 주위를 원통형으로 감싸는 절연체, 그물망 쉴드선으로 만들어져 있어 전파장해를 차단하므로 고주파 전송에 적당하다.

그림 6-2 동축케이블

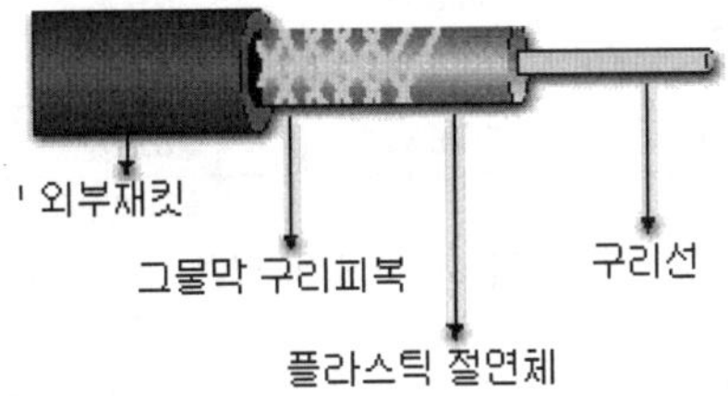

6-1-2 도선 규격

도선의 규격은 미국 도선 규격 (AWG ; American Wire Gauge)으로 채택된 BS (Brown & Sharp) 도선 규격에 따른다. 도선 규격에서는 가장 굵은 것인 4/0번(0000번)으로부터 가장 가는 것인 49번까지의 짝수를 사용한다. 표 5-1과 같이, 항공기의 배선에서는 2/0번(00번)부터 20번까지의 짝수 번의 도선만을 사용한다.

그림 6-3과 같이 도선 단면적의 단위는 *cmil*(circular mil)을 사용하는데, 이것은 도선의 지름을 1/1000인치 단위로 환산하여 이 중 분자의 수치를 제곱한 것이다. 예를 들어, 도선의 지름이 0.025인치 도선을 *cmil*의 면적으로 환산할 경우, 0.025인치는 25/1000인치이고, 분자인 25를 제곱하면 625가 된다. 따라서, 지름이 0.025인치인 도선의 면적은 625 [*cmil*]이 된다.

표 6-1 AWG 구리 도선의 규격

도선 규격	공기노출 상태의 최대 전류[A]	번들 상태의 최대 전류 [A]	단면적 [cmil]	무게 [파운드/1000ft]	최대저항 [Ω/1000ft] (20℃)	지름 [mm]
20	11	7.5	1,119	5.6	10.25	0.800
18	16	10	1,779	8.4	6.44	1.016
16	22	13	2,409	10.8	4.76	1.300
14	32	17	3,830	17.1	2.99	1.630
12	41	23	6,088	25.0	1.88	2.06
10	55	33	10,443	42.7	1.10	2.59
8	73	46	16,864	69.2	0.70	3.25
6	101	60	26,813	102.7	0.436	4.12
4	135	80	42,613	162.5	0.274	5.18
2	181	100	66,832	247.6	0.179	6.55
0	245	150	104,118	382.0	0.114	8.26
00	283	175	133,665	482.0	0.090	9.27

그림 6-3 도선의 단위

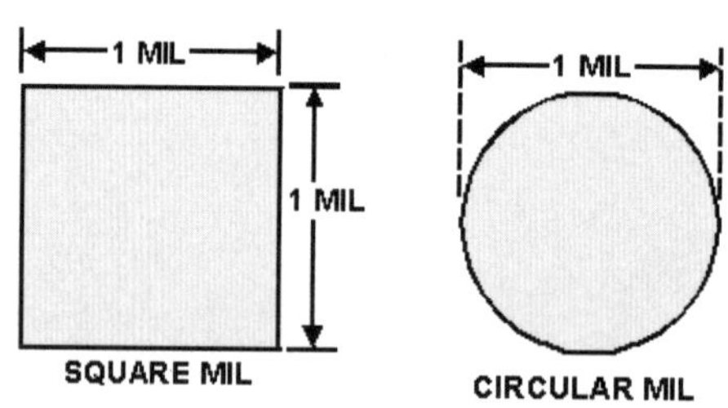

도선의 지름(두께)을 $D[mil]$, 도선의 단면적을 $A\,[cmil]$, 도선의 길이를 $\ell\,[ft]$이라할 경우, 저항 $R = \rho\frac{\ell}{A}$ 이므로 도선의 고유저항 ρ는 다음과 같다.

$$\rho = R\frac{A}{\ell}\,[\Omega \cdot cmil/ft] \qquad \cdots\cdots(6\text{-}1)$$

MKS 단위계에서 고유저항의 단위는 $[\Omega \cdot m]$가 된다.

도선의 굵기를 재기 위해서는 그림 6-4와 같은 와이어 게이지(wire gauge)를 사용한다. 한편, 항공기에 도선을 배선할 때에는 굵기에 따른 도선 번호를 결정해야 하는데, 이 때에는 도선 내로 흐르는 전류에 의한 주울열(joule heat)과 도선의 저항에 의한 전압강하를 고려해야 한다.

그림 6-4 와이어 게이지

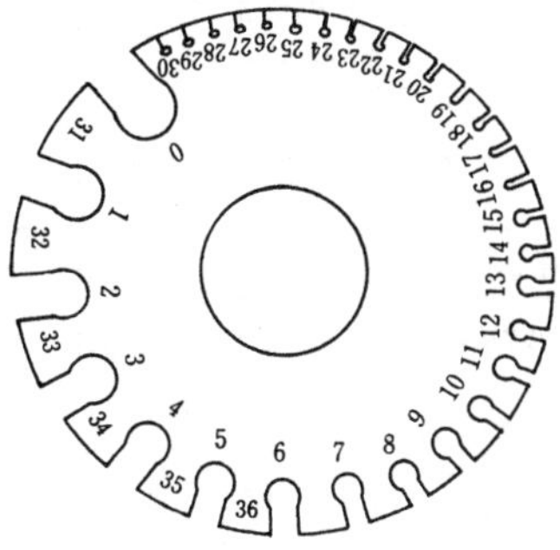

6-1-3 도선 표시

도선은 부호화된 문자와 숫자를 사용하여 어느 계통에 사용하는가, 매뉴얼상의 회로도의 어느 것에 해당하는가, 도선의 굵기는 얼마인가를 식별할 수 있게 한다. 도선의 부호와 방법은 제작회사에 따라 완전히 통일되어 있지는 않지만, 그림 6-5와 같이 계통 회로 부호, 회로도 상의 대조 번호 및 도선의 규격번호는 표시하는 방법이 거의 같다.

그림 6-5 도선의 표시방법

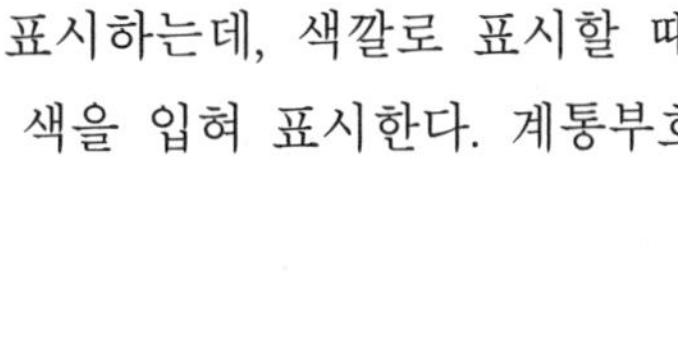

도선의 크기를 색깔로도 표시하는데, 색깔로 표시할 때에는 거의 전체에 색을 입히거나 명확한 띠 모양으로 색을 입혀 표시한다. 계통부호와 도선의 색깔 및 크기는 표 6-2와 같다.

표 6-2 도선의 계통부호 및 색깔 표시

계 통	계통부호	색 깔
전원계통(Power)	P	황색
교류전원(AC Power)	X	황색
기관시동(Engine control)	K	갈색
기관계기(Engine instrument)	E	적색
착륙장치(Land gear)	G	청색
방빙계통(Deicing and anti-icing)	D	녹색
조종계기(Flight instrument)	F	백색
조종제어(Flight control)	C	청색
조명계통(Lighting)	L	적색
무선항법(Radio navigation and communication)	R	백색
가열 및 환기계통(Heating and Ventilating)	H	녹색
점화계통(Ignition)	J	황색
연료 및 윤활계통(Fuel and oil)	Q	적색
경고장치(Warning devices)	W	청색
접지계통(Ground network)	N	녹색
기타계통(Miscellaneous)	M	청색

6-1-4 도선 연결장치

도선은 전기부품과 부품을 서로 연결하여 전류가 흐르는 것으로서, 전기 기기와 연결할 경우와 도선과 도선끼리 접속해야 할 경우가 있다. 도선의 연결장치로는 터미널(terminal)과 스플라이스(splice), 컨넥터(connector), 정션박스(junction box) 등이 있다.

1) 터미널과 스플라이스

전기기기의 정비를 위한 전선의 장탈 및 장착 등을 용이하게 하기 위해서 그림 6-6과 같이 터미널(terminal)과 스플라이스(splice)를 이용한다.

터미널에 전선을 접속시킬 때에는 전선의 재질과 터미널의 재질이 동일한 것을 사용하여 성질이 다른 금속 간에 발생할 수 있는 부식을 방지해야 한다. 그리고 전선의 규격에 맞는 터미널을 사용해야 한다. 터미널의 구조는 그림 6-7과 같이 이루어져 있으며, 18번 전선부터 22번 전선까지 터미널 사용이 가능하도록 터미널 러그(lug)에 도선규격이 표시되어 있다.

그림 6-6 터미널과 스플라이스

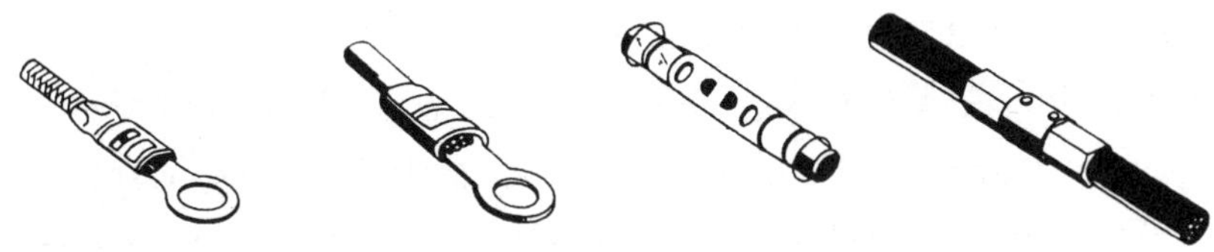

(a) 터 미 널　　(b) 스플라이스

그림 6-7 터미널과 각부의 명칭

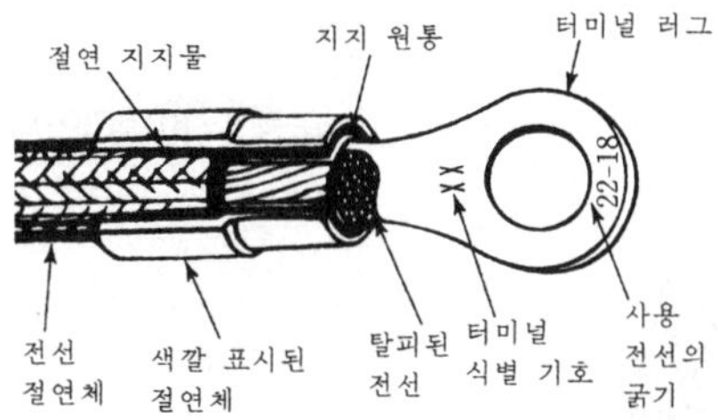

터미널은 한 쪽만 전선과 접속되는 반면에, 스플라이스는 양쪽 모두 전선을 접속시킨다. 스플라이스는 바깥면에 플라스틱과 같은 절연물로 절연되어 있는 금속 튜브이다. 스플라이스가 전선 다발(bundle)에 위치할 때에는 전선 다발의 지름을 변하지 않게 하기 위해서, 그림 6-8과 같이 서로 엇갈리게 장착하는 데, 이를 스태거(stagger) 접속법이라 한다. 또한 다발 묶음이나 스트랩(strap)은 스플라이스가 위치한 곳을 피해서 사용한다.

그림 6-8 스플라이스의 스태거 접속법

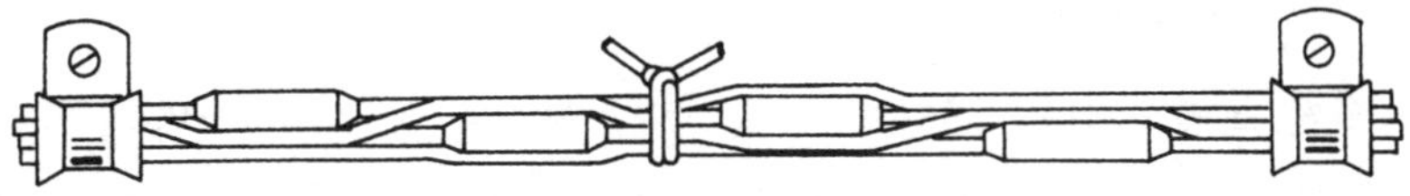

2) 컨넥터

컨넥터(connector)는 항공기 전기회로나 장비 등을 쉽고 빠르게 장탈, 장착 및 정비하기 위하여 만들어진 것으로, 그림 6-9와 같이 여러 가지 형태와 크기가 있다. 컨넥터는 플러그(plug)와 리셉터클(receptacle)로 구성되며, 플러그의 핀(pin)이 리셉터클의 소켓(socket)에 끼워짐으로써 전기적으로 연결이 이루어진다.

컨넥터 취급시 가장 중요한 것은 수분의 응결로 인해 컨넥터 내부에 부식이 생기는 것이다. 따라서, 수분의 침투가 우려되는 곳에 컨넥터를 설치할 때에는 방수용 젤리로 코팅하거나 방수용 컨넥터를 사용해야 한다. 도 컨넥터를 사용하지 않을 경우에는 습기나 불순물의 침투를 막기 위해 컨넥터 구멍을 핀이나 플러그를 끼워 두어야 한다. 요즈음은 그림 6-10와 같이 나일론이나 플라스틱과 같은 재료로 만들어진 컨넥터가 생산됨으로써, 큰 강도나 방수가 요구되는 부분을 제외한 항공기 여러 부분에 걸쳐 광범위하게 사용되고 있다.

그림 6-9 여러 가지 컨넥터

그림 6-10 플라스틱 컨넥터의 핀과 하우징

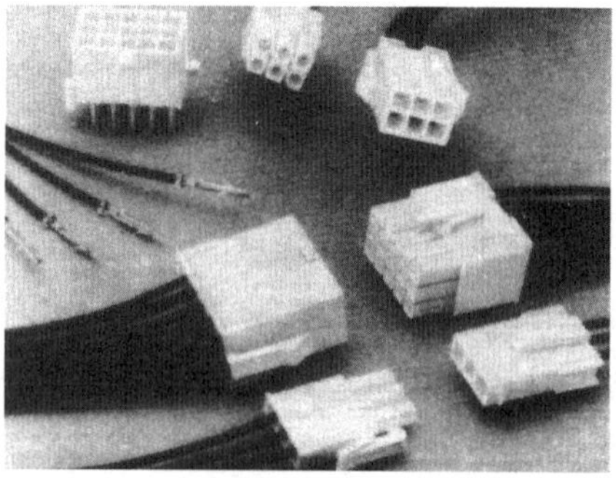

3) 정션 박스(Junction Box)

단자를 쉽게 교체하거나 단선, 단락 및 접지 테스트 등 도선 정비의 편리함과 안정성을 고려하고 정션박스(junction box)를 사용하는데, 정션박스는 내화성 재료로 만들어져 변형에 의해 내부가 단락되지 않도록 견고하게 제작되어야 한다. 또한 내부배선을 쉽게 하고 증설을 위한 면적을 고려해야 한다.

정션박스를 기체에 장착할 때는 너트, 와셔 등이 떨어져 전기회로의 단락사고가 일어나지 않도록 주의한다. 그러므로 구조물의 밑면에 설치하거나 측면의 경우에는 앞으로 경사지게 장착하는 등의 배려가 필요하다. 또 이슬 등에 의해서 내부에 물이 고이지 않도록 드레인 홀(drain hole)을 만들어야 한다.

4) 본딩 (bonding)

본딩(bonding)이란 2개 이상의 분리된 금속 구조물, 또는 기계적으로는 접합되어 있으나, 전기적인 연결이 불충분한 금속 구조물을 전기적으로 완전히 연결시키는 것이다. 여기서 사용되는 도선을 본드선(bonding wire) 또는 본딩 점퍼(bonding jumper)라고 한다. 본딩점퍼는 기체 구조물 전체 전위를 일정하게 하여 정전기에 의한 무선 수신기의 잡음 장해나 계기의 오차를 막는 역할을 한다.

본딩은 그림 6-11과 같이 특히 가동 부분과 고정부분(기체)의 접속에 많이 사용된다. 조종면(control surface)과 같은 가동부분을 본딩할 때는 가동부분의 작동을 방해하지 않도록 하고, 또 가동부분의 작동에 의해 본딩선이 잘라지지 않게 하여야 한다.

본딩은 전기적 접속을 완전히 하기 위한 것이므로, 알루미늄판에 아노다이징(anodizing)처리가 되어 있는 경우에는 표면에 산화피막이 입혀져 전기적으로 절연되어 있으므로, 이 부분에 본드선을 접속할 경우에는 산화피막을 제거하고 납땜이 아닌 볼트로 접속한다. 도장되어 있는 경우에도 마찬가지로 벗겨낸 후 연결한다. 연결 후에는 방녹처리를 하도록 한다. 본드선의 재질은 알루미늄이므로 마그네슘 또는 마그네슘의 함유율이 높은 합금으로 만들어진 부분에는 본딩을 하지 않도록 한다.

그림 6-11 본딩(bonding)

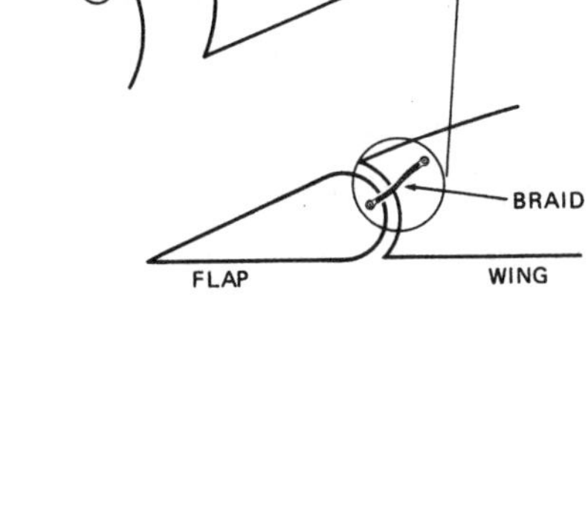

본딩을 할 경우에 특히 중요한 것은 전해 부식(electrolytic corrosion)이므로, 이것을 방지하기 위해 본드선을 접속할 경우에는 재료의 구성에 주의한다. 그림 6-12은 자주 사용하는 한 예를 나타낸 것이다. 본딩시 재료구성은 제작사의 지시에 따른다.

그림 6-12 알루미늄 구조에 연결한 본딩점퍼의 예

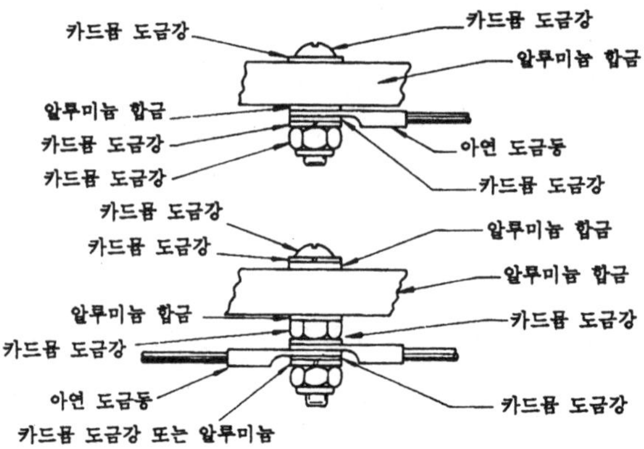

6-1-5 도선 점검사항

도선의 취급 및 점검사항으로는 다음과 같은 것들이 있다

① 도선을 접속할 때에는 피복물을 벗겨야 하는데, 절연물이 에나멜인 경우에는 샌드페이퍼(sand paper)로 문지르거나 메틸레이트 버너로 태운다.

② 도선의 연결부분은 가능한 한 적게 하고, 연결이 필요한 경우에는 진동이 적은 장소를 택한다.

③ 온도가 높은 곳을 통과하는 도선은 석면, 유리섬유 및 테플론(teflon) 등과 같은 내열성 재료로 절연시킨다.

④ 연료, 윤활유, 산소 계통 등의 가연물 배관이나 기기에 지나는 도선은 화재의 위험이 있으므로, 충분히 거리를 유지한다. 충분한 거리유지가 불가능할 때는 반드시 배선을 위쪽으로 하고 충분히 고정시킨다.

⑤ 도선의 보호가 필요한 경우는 전선관(conduit) 또는 덕트(duct)를 사용하여 보호한다. 전선관은 25%의 여유율을 갖도록 한다.

그림 6-13 클램프와 그로밋

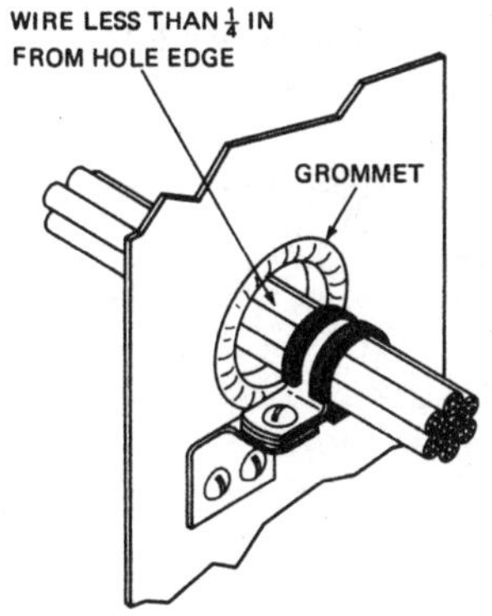

⑥ 도선 지지 시에는 클램프(clamp)를 사용하는데 약 60cm 간격으로 하며, 앵글 브라켓(angle bracket)은 그림 6-13과 같이 반드시 2개 이상의 볼트 또는 리벳으로 고정시킨다. 1개로 고정하면 결국은 브라켓이 돌아가서 전선과 기체 금속부를 단락(short)시켜 고장의 원인이 된다.

⑦ 도선이 벌크헤드(bulk head)나 리브(lib) 방화벽 등을 관통시 도선의 피복이 벗겨지지 않도록 그림 6-13와 같이 그로밋(grommet)을 사용한다.

⑧ 도선의 저항은 0.005[Ω]이하가 되도록 하고, 본딩점퍼는 저항이 0.003[Ω]이하가 되도록 한다.

6-2 회로보호장치

회로를 구성하는 도선 및 전기장치는 어느 것이나 용량이 규정되어 허용할 수 있는 전류가 정해져 있다. 어떤 원인으로 인하여 전류의 허용 한계를 초과하게 되면 전류에 의한 열작용으로 과열되며, 심하거나 오래 지속되면 화재가 발생하거나 도선이 녹아서 끊어진다. 이러한 원인이 되는 것은 보통 단락(short, 합선)이다.

단락(短絡)이란 그림 6-14와 같이 전압이 가해지는 회로상의 한 점이 직접 항공기의 구조와 접지되거나 이웃하는 도선끼리 서로 접촉되는 경우에 발생하는 현상을 말한다. 이때 회로는 저항이 거의 없는 도선만으로 형성되므로, 도선에는 상당히 큰 전류가 흘러 과열되게 된다. 이로 인한 화재나 기기의 손상을 막기 위하여 이용되는 것이 회로 보호 장치(circuit protection device)이다. 그 종류에는 퓨즈(fuse), 전류 제한기

(current limitter), 회로차단기(circuit breaker), 열보호장치(thermal protector) 등이 있다.

그림 6-14 회로의 단락

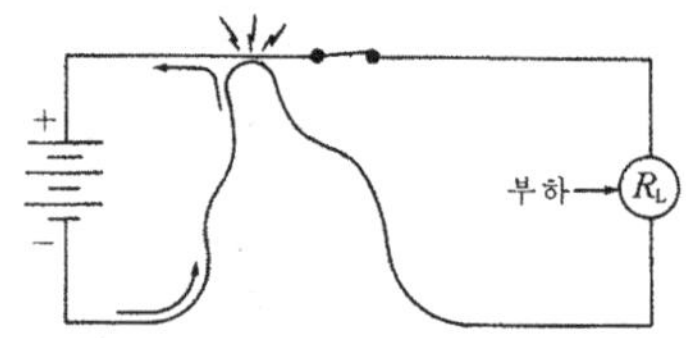

6-2-1 퓨즈

퓨즈(fuse)는 규정이상으로 전류가 흐르면 녹아 끊어지므로써 회로에 흐르는 전류를 차단시키는 장치이다. 퓨즈는 납(Pb), 납과 주석(Sn)의 합금, 주석과 비스무트(Bi)의 합금으로 만드는데, 한 번 끊어지면 다시 교환해 주어야 한다. 이러한 불편함 때문에 회로 차단기로 많이 대체되고 있다.

그림 6-15 퓨 즈

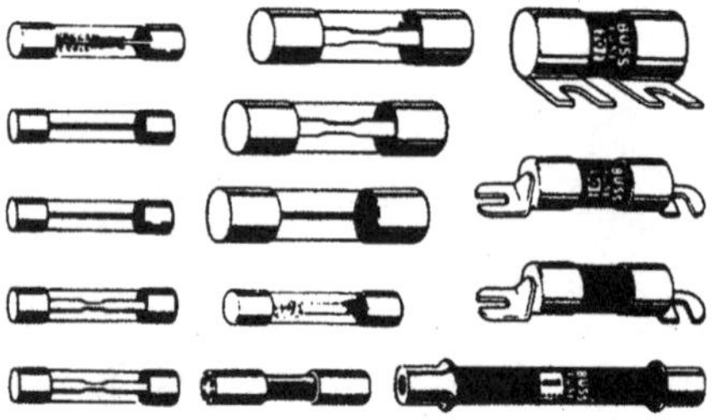

전류제한기(current limiter)는 비교적 높은 전류를 짧은 시간 동안 허용할 수 있게 한 것으로, 구리로 만든 퓨즈이다. 구리의 녹는점은 일반적으로 퓨즈에 사용되는 합금보다 녹는점이 높기 때문에 과전류가 흘러도 바로 회로가 끊어지지 않는다. 따라서, 전류제한기는 동력회로와 같이 짧은 시간 내에 과전류가 흘러도 장비나 부품에 손상이 오지 않는 경우에 사용된다.

퓨즈를 사용할 때에는, 표 6-3과 같은 도선의 규격과 정격전류에 따른 퓨즈용량을 선정해야 한다. 회로보호장치의 용량을 나타내는 단위는 암페어[A]이다. 항공기 내에는 퓨즈 종류마다 각 사용량의 50%에 해당되는 예비 퓨즈를 항상 확보하고 있어야 한다.

표 6-3 회로차단기와 퓨즈의 용량

도선규격	회로차단기의 용량[A]	퓨즈의 용량[A]
22	5	5
20	7.5	5
18	10	10
16	15	10
14	20	15
12	30	20
10	40	30
8	50	50
6	80	70
4	100	70
2	125	100
1		150
0		150

6-2-2 회로차단기

회로차단기(circuit breaker)는 회로 내에 규정 이상의 전류가 흐를 때 회로가 열리게 하여 전류의 흐름을 막는 장치이다. 보통 퓨즈 대신에 많이 사용되며, 스위치 역할까지 하는 것도 있다. 퓨즈는 일단 녹아 끊어지면 예비품으로 교환해야 하지만, 회로차단기는 수동이나 자동으로 다시 접속시켜 사용한다.

항공기에 사용되는 회로차단기는 작동원리에 따라 두 가지가 있다. 한가지는 전자식으로서, 회로에 과도한 전류가 흐르면 코일에 의한 전자석의 자력이 강해져서 철편을 움직여 접점을 열리게 하는 것이다. 다른 한 가지는 열식으로서, 그림 6-16과 같이 과전류에 의한 열의 발생으로 바이메탈의 작용에 의하여 접점이 열리게 하는 것이다.

그림 6-16의 (a)는 규정된 용량의 전류가 정상적으로 흘러 회로에 이상이 없는 상태이고, 그림 (b)는 과전류가 흘러 회로가 차단된 상태이다. 그림 (b)와 같이, 과전류가 흐르면 바이메탈이 팽창하여 래치 기구의 스프링을 오른쪽으로 눌러 래치가 풀리

게 한다. 래치가 풀리면 접촉 스프링이 팽창하여 주접점이 떨어지게 된다. 푸시풀 버튼을 아래로 누르면 원래의 상태로 돌아간다.

그림 6-16 열식 회로 차단기

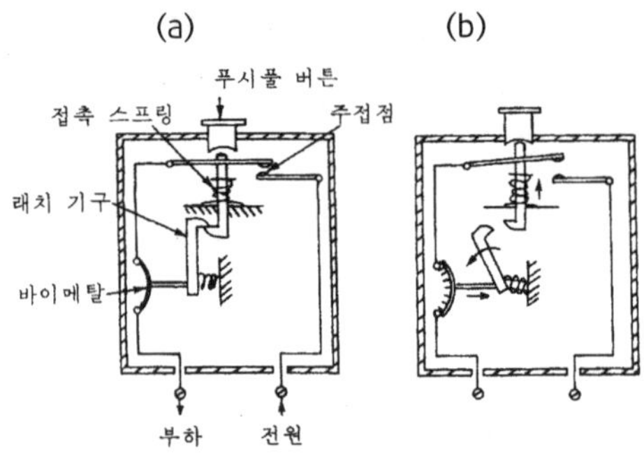

회로 차단기를 재접촉 방법에 따라 분류하면 그림 6-17과 같이 푸시형, 푸시풀형, 스위치형, 자동 재접점형이 있다. 회로차단기는 규정된 용량을 사용해야 하는데, 표 6-3에 항공용 도선 보호에 적합한 회로차단기의 용량을 나타내고 있다. 회로차단기의 정상작동을 점검하기 위해서는, 규정용량 이상의 전류를 흘려 보아서 주접점이 떨어지는 지를 확인하고, 다시 정상전류가 공급된 상태로 한 다음, 푸시풀 버튼을 눌렀을 때 그대로 있는지를 점검해야 한다. 이때, 회로차단기가 정상 작동을 하지 못할 때에는 회로차단기를 교환해야 한다.

그림 6-17 회로 차단기

6-2-3 열 보호장치

열 보호장치(thermal protector)는 열스위치, 열동 계전기라고도 하는데, 전동기 등과 같이 과부하로 인하여 기기가 과열되면 자동으로 공급전류가 끊어지도록 하는 스위치이다. 열 스위치는 바이메탈의 금속원판 또는 금속편으로 되어 있어, 과열되면 변형되어 회로를 차단한다. 시간이 지나 열이 식으면 다시 본래의 위치로 돌아와 회로를 연결시킨다.

바이메탈(bimetal)은 열팽창율이 크게 다른 2개의 금속재료를 접합한 판이다. 따라서 가열되면 열팽창율이 큰 쪽에서 작은 쪽으로 구부러진다. 저팽창재로 인바 합금을 사용하고, 고팽창재로 황동, 알루미늄, 철, 니켈, 크롬 등이 사용된다.

그림 6-18 열 스위치의 작동

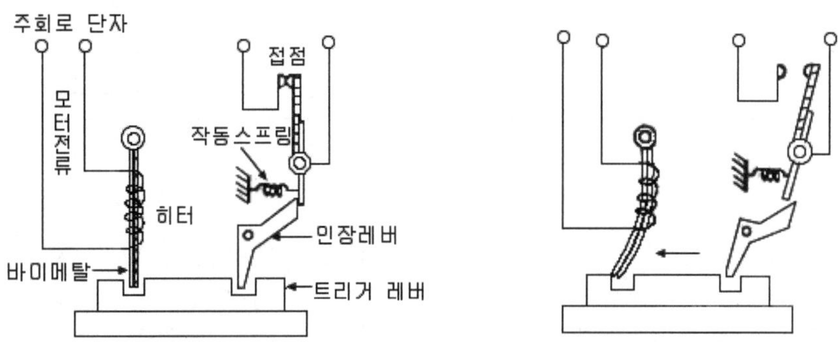

(a) 통상상태 (b) 과전류가 흘러 트립된 상태

6-3 회로 제어 장치

항공기의 전기회로 및 전기 기기는 항공기가 운항을 시작하여 끝마칠 때까지 스스로 동작해서 운항 중에 계속 작동하고 있는 것이 아니라, 대부분 분명한 목적으로 필요한 기능을 수행하기 위하여 필요한 시간 동안만 일정한 조건하에서 작동하게 된다. 스위치(switch), 계전기(relay), 저항기(resistor)는 이러한 목적으로 회로를 제어하기 위하여 사용된다.

6-3-1 스위치

스위치는 항공기의 전기회로에 전류가 흐르게 하거나 멈추게 하며, 전류의 방향을 바꾸는 데 사용된다. 그리고 항공기에 사용되는 스위치의 종류는 토글 스위치(toggle switch), 푸시버튼 스위치(push botton switch), 회전선택 스위치(rotory selector switch),

마이크로 스위치(microswitch), 근접 스위치(proximity switch) 등이 있다.

그리고 스위치는 접속방법에 따라 그림 6-19와 같이 SPST, SPDT, DPST, DPDT 등으로 나눌 수 있다. 예를 들어, SPDT(Single Pole Double Throw)는 그림 5-14와 같이 전류의 흐름을 공급하는 스위치의 접점 부분이 한 곳이며, 스위치는 두 방향으로 움직이게 되어 있다.

그림 6-19 접속방법에 따른 스위치 분류

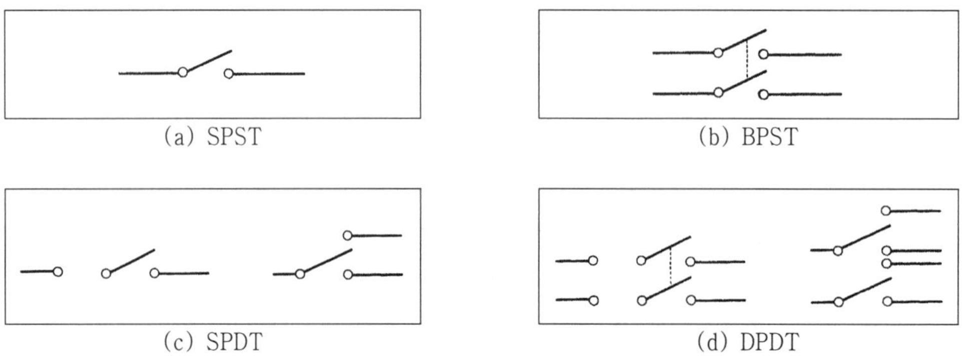

토글 스위치(toggle switch)는 항공기에서 가장 많이 사용되는 스위치로서, 운동 부분이 공기 중에 노출되지 않도록 케이스에 보호되어 있다.

그림 6-20 토글스위치

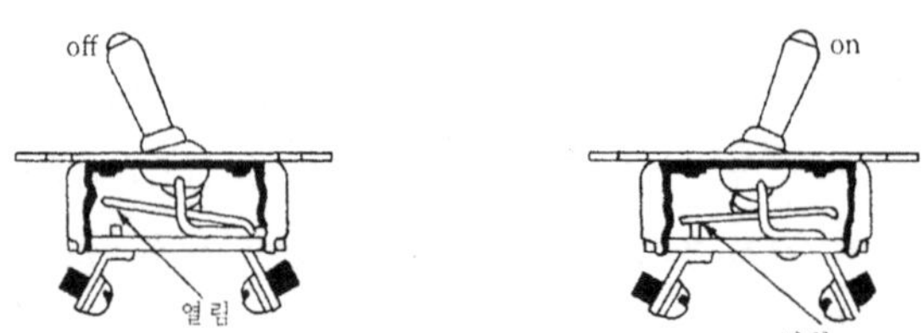

푸시버튼 스위치(push botton switch)는 항공기 계기 판넬(instrument panel)에 많이 사용되며, 조종사가 쉽게 식별할 수 있도록 되어 있다.

회전선택 스위치(rotory selector switch)는 스위치 손잡이를 돌리면 한 회로만 개방하고 다른 회로는 동시에 닫히게 하는 역할을 하며, 여러 개의 스위치 역할을 한 번에 담당한다.

그림 6-21 회전 선택 스위치

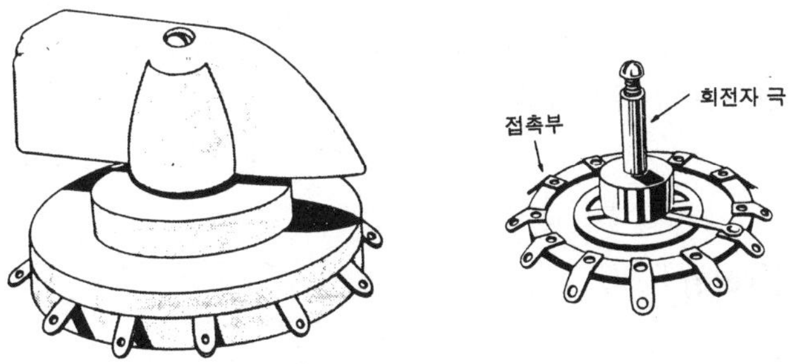

마이크로 스위치(microswitch)는 스위치를 누르면 플런저(plunger)의 미세한 움직임이 스프링을 누르면서 회로를 구성하게 되며, 다시 한 번 누르면 다시 원래의 상태로 되어 회로가 끊어지도록 되어 있다. 마이크로 스위치는 푸시버튼 스위치와 같은 역할을 하지만, 가동장치는 4.23mm(1/6인치) 이하의 짧은 움직임으로 회로를 개폐시킨다. 일반적으로 착륙장치와 플랩(flap) 등을 작동시키는 모타를 제어하는 제한스위치(limit switch)로 사용된다.

그림 6-22 마이크로 스위치

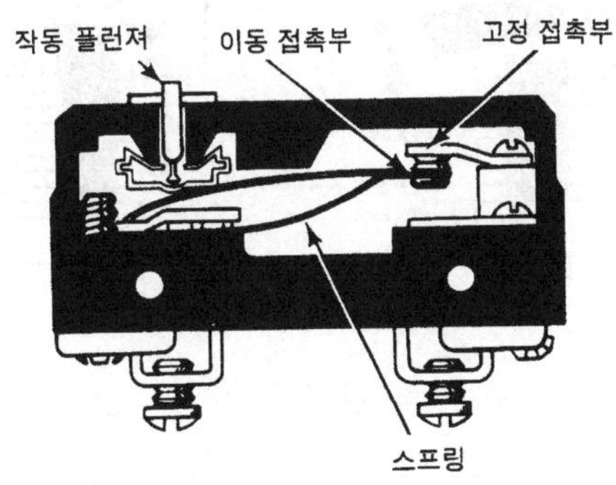

그림 6-23 근접 스위치

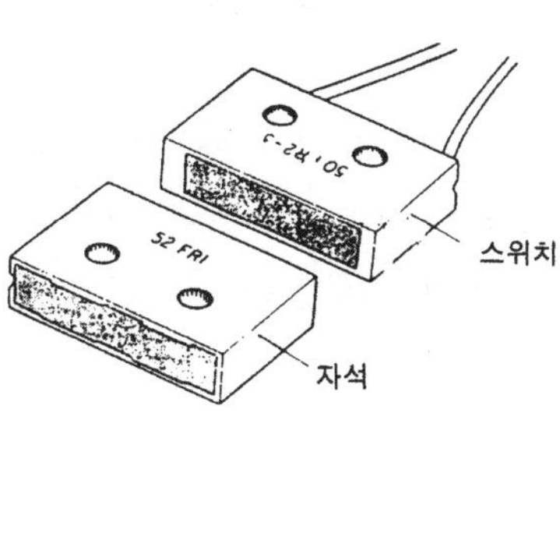

근접 스위치(proximity switch)는 항공기의 랜딩기어, 승객 출입문 및 화물칸의 문이 완전히 닫히지 않았을 때의 경고용 회로에 사용된다. 2개의 구성품이 서로 가까이 있을 때에는 전자기장에 의하여 회로가 닫히게 되고, 서로 떨어져 있을 때에는 회로가 열려서 경고장치를 작동시킨다.

6-3-2 계전기(relay)

계전기(relay)란 코일(coil)에 전류를 흘리면 철심이 자석이 되는 성질을 이용하고 있다. 고정철심(stationary core)이 전자석으로 되었을 때 운동철편(movable core)을 끌어 당겨, 그 철편에 붙어 있는 스위치부의 접점을 닫거나 열기도 하는 것이다.

그림 6-24 계전기의 종류

(a) 고정철심형계전기 (b) 운동철심형계전기

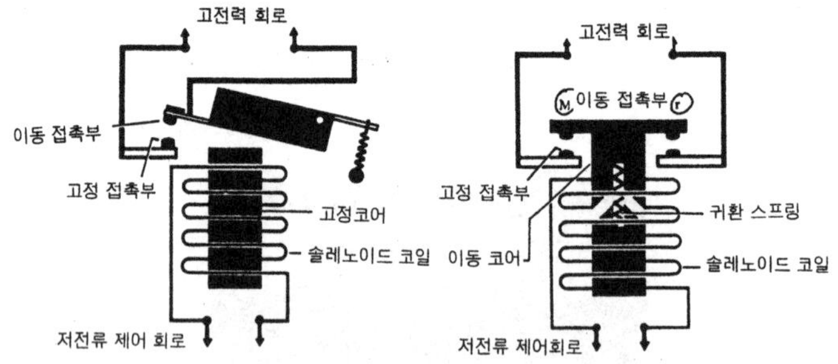

계전기는 그림 6-24와 같이 두 가지 형식이 있다. 그림 (a)는 고정 철심형 계전기로 철심이 고정되어 있고, 솔레노이드 코일에 전류가 흐르면 접점이 있는 철편이 닫히다. 마찬가지로 귀환 스프링에 의하여 접점이 열린다. 그림 (b)는 운동 철심형 계전기로 솔레노이드 코일의 전류에 의하여 운동철심의 접점이 닫히고, 귀환 스프링(return spring)에 의하여 접점이 열린다.

계전기는 작동시간에 따라 단속적인 것과 연속적인 것이 있다. 시동기 회로에 사용되는 것은 단속적인 계전기로서, 연속해서 오래 작동시키면 과열된다. 반면에 축전지 계전기는 저항이 매우 큰 코일을 사용한 연속적인 계전기로서, 연속해서 사용해도 과열되지 않는다.

그림 6-25 기본적인 전기배선 시스템

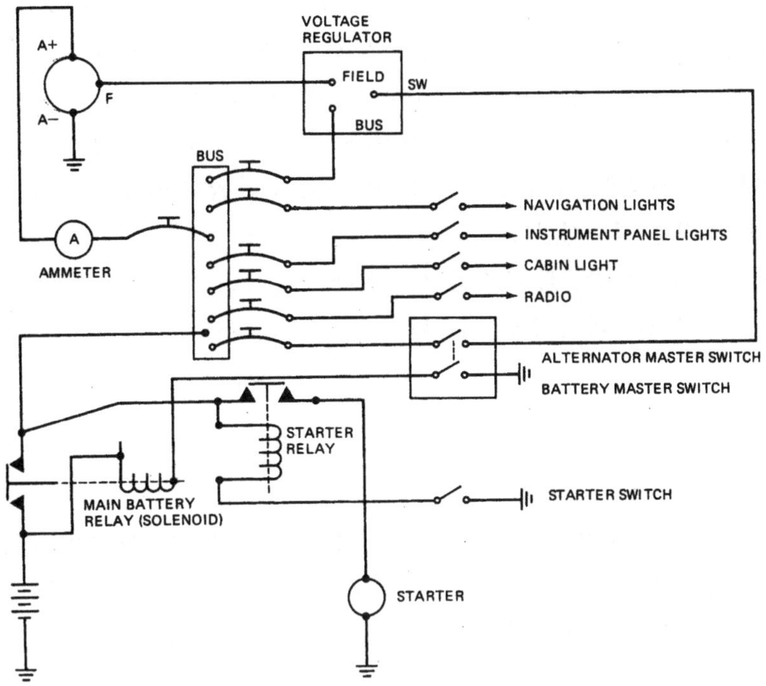

항공기에서 계전기(relay)는 조종석에 설치되어 있는 스위치에 의하여 먼 거리의 많은 전류가 흐르는 회로를 직접 개폐시키는 역할을 하는 일종의 전자기 스위치(electromagnetic switch)라 할 수 있다.

예를 들어, 항공기 시동기로 쓰이는 전동기는 많은 양의 전류를 필요로 하기 때문에 축전지와 시동기 사이에 연결되는 전선은 굵은 전선을 사용한다. 그리고 시동 스위치는 조종석에 있으므로 만약에 릴레이가 없다면, 시동 회로의 전류는 축전지에서 시동 스위치 그리고 전동기로 흐르게 될 것이다. 그러면 굵은 전선이 축전지에서 조종석까지 왔다가 전동기로 가야 하기 때문에 전선의 중량이 그만큼 증가하게 된다. 그리고 고전류가 조종석으로 흐르기 때문에, 이로 인한 무선장치 잡음방해나 계기장치 오동작을 일으키게 할 수 있다. 또한 고전류가 흐르기 때문에 스위치 개폐시 스파크 발생과 스위치 손상, 높은 전압강하와 전류의 손실 등이 초래된다.

이러한 문제점들을 해결하기 위하여 계전기를 설치한다. 그림 6-25에서 축전지(battery) 스위치와 시동기(starter) 스위치를 ON시키면 축전지 전류는 시동기 릴레이 코일에 흐르게 된다. 그러면 전자석이 되어 접점을 닫게한다. 이때 시동기를 작동시키기 위한 고전류가 축전지에서 시동기로 흐르게 된다.

시동기 릴레이에 흐르는 전류는 코일을 여자(exciting)시키는 정도면 되므로 아주 적은 전류만 흘러도 된다. 그러므로 스위치가 있는 조종석에는 고전류가 흐를 이유가 없게 된다. 그리고 굵은 전선은 축전지에서 시동기 사이에 직접적으로만 연결하면 되므로 조종석까지 굵은 전선을 사용할 필요가 없게 된다.

위에서 설명한 바와 같이, 계전기를 사용하는 목적을 정리해 보면 다음과 같다.

① 무선장치의 전자유도장해나 계기장치의 오동작을 방지한다.

② 도선의 중량을 감소시킨다.

③ 스위치의 스파크 발생과 손상을 방지한다.

④ 전압강하 및 전류의 손실을 줄인다.

6-3-3 저항기

전기회로의 전압을 다양하게 변환하기 위하여, 전류의 흐름을 제어하는 저항기(resistor)가 사용된다. 회로 사이에 있는 저항기는 전기적인 에너지를 열로 전환시키면서 전압을 감소시킨다. 저항기의 종류는 고정식, 조절식 및 가변식이 있다.

1) 고정식 저항기

고정식 저항기(fixed resistor)는 고정된 저항값을 가지며, 일반적으로 작은 전류를 제어하는 데 사용된다. 고정식 저항기는 도선이 연결된 형태에 따라 축류형 저항기(axial lead type resistor)와 방사형 저항기(radial lead type resistor)로 나눈다.

가. 축류형 저항기

축류형 저항기는 그림 6-26과 같이 도선이 축 방향으로 나와 있고, 보통 탄소와 절연체를 혼합한 재료로 만들며 이 혼합물의 구성 비율에 따라 재료의 저항값이 달라진다.

그림 6-26 축류형 저항기

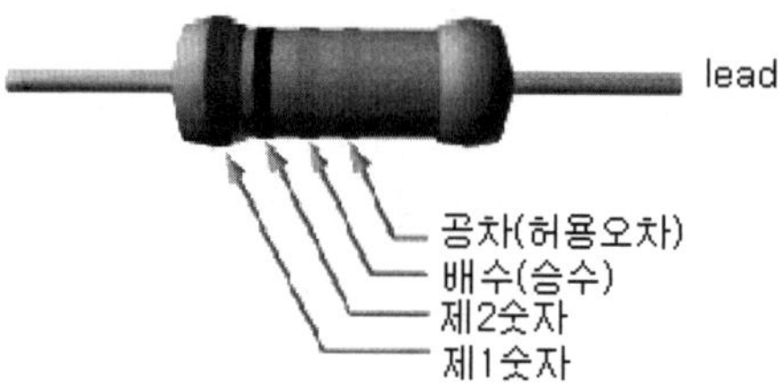

표 6-4 색깔에 따른 저항기의 저항값

색깔	제1색띠 제1숫자	제2색띠 제2숫자	제3색띠 배율(승수)	제4색띠 허용오차
검은색	0	0	1	
갈색	1	1	10^1	1%
빨간색	2	2	10^2	2%
주황색	3	3	10^3	3%
노란색	4	4	10^4	4%
녹색	5	5	10^5	5%
파란색	6	6	10^6	6%
보라색	7	7	10^7	7%
회색	8	8	10^8	8%
흰색	9	9	10^9	9%
금색	—	—	0.1	±5%
은색	—	—	0.01	±10%
무색	—	—	—	±20%

저항값은 색깔띠로 나타내는데, 색깔은 끝에서 중앙으로 읽는다. 그래서 끝-중앙 줄무늬 표시법이라고 한다. 첫 번째 색띠는 저항의 용량값 중에서 첫 숫자, 두 번째 색띠는 저항의 용량값 중에서 두 번째 숫자, 세 번째 색띠는 이 숫자에 얼마를 곱할 것인지를 나타내는 배율(배수), 즉 더해야 할 0의 개수이다. 예외적으로 금색은 10%, 은색은 1%를 곱한다. 그리고 마지막 네 번째 색띠는 공차, 즉 저항의 허용오차를 나타낸다.

예를 들어, 어떤 저항기의 첫 번째 색띠가 초록색(5), 두 번째 색띠가 갈색(1), 세 번째 색띠가 노란색(10,000), 네 번째 색띠가 금색이라면, 이 저항기의 저항값은 표6-4에 의하여 $51 \times 10{,}000 = 510{,}000[\Omega]$이고, 허용오차는 ±5%임을 뜻한다.

나. 방사형 저항기

방사형 저항기는 도선이 축 방향으로 나 있지 않고, 그림 6-27과 같이 원통방향으로 나 있다. 그리고 저항값을 나타내는 색깔의 의미는 축류형과 같다. 그러나 저항값의 첫째 숫자 표시는 몸체에, 두 번째 숫자 표시는 저항기 끝 부분에, 곱해야 할 승수(배수)는 저항기의 중간 부분에 점이나 띠로 표시되어 있다.

그림 6-27 방사형 저항기

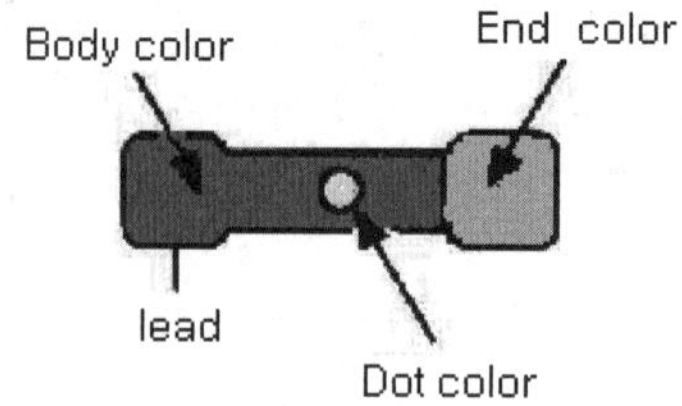

2) 조절식 가변 저항기

회로에서 저항의 양을 변화시킬 필요가 있을 때에는 조절식이나 가변식 저항기(variable resistor)를 사용해야 한다. 그림 6-28과 같이 조절탭(금속밴드)을 사용하여 저항값을 조절할 수 있도록 만들어진 것을 조절식 저항기(adjustable resistor)라 한다.

그림 6-28 조절식 저항기

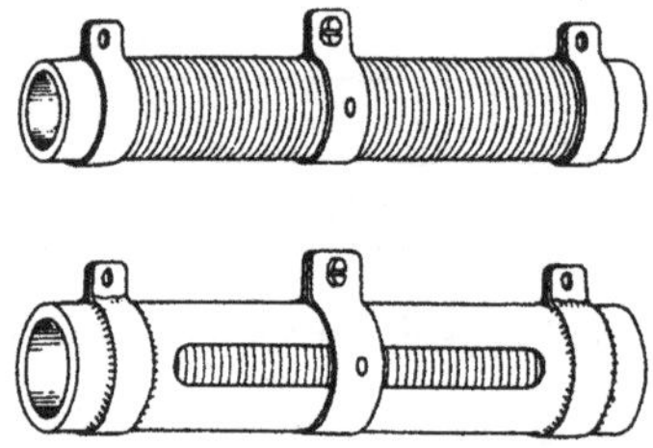

그림 6-29 슬라이더식 권선형 가변 저항기

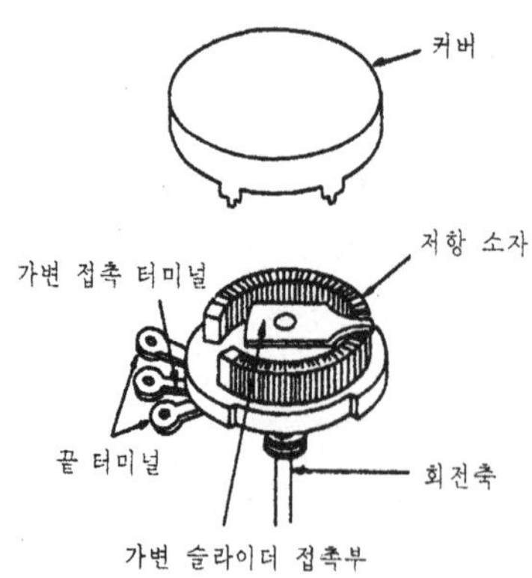

그림 6-30 슬라이더식 탄소형 가변 저항기

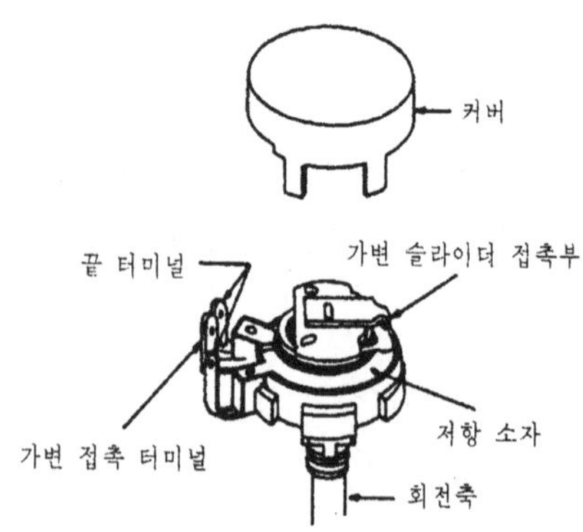

가변 저항기(variable resistor)는 슬라이더가 회전함에 따라 저항값이 변화하는 권선형 가변저항기와 탄소형 가변 저항기가 주로 많이 사용된다. 슬라이더식 권선형 가변 저항기는 슬라이더가 회전함에 따라 접촉되는 권선의 길이가 변함으로써 저항을 조절할 수 있고, 슬라이더식 탄소형 가변 저항기는 슬라이더가 회전함에 따라 접촉하는 곳의 재료혼합 성분비율을 변하게 함으로써 저항을 조절한다.

참고 젖은 손으로 전기를 만지면 ?

순수한 물은 전기를 통하지 않는 부도체이다. 설마하고 놀라는 사람도 있을 것이다. 또 이런 반문이 나올지도 모른다. “그럼 왜 물 묻은 손으로 전기를 만지면 안 된다고 하지?” 그렇지만 순수한 물은 틀림없는 부도체이다. 증류수를 컵에 넣고 테스터의 테스트봉을 물 속에 넣어 전기의 흐름을 조사해 보면, 결코 전류가 흐르지 않는다는 사실을 알게 될 것이다. 그러나, 수도물로 같은 실험을 하면, 소량의 전기가 흐른다. 왜 그럴까. 그것은 수도물이란 순수한 물이 아니고 여러 가지 불순물이 혼합되어 있기 때문이다. 그 불순물 속에 전해질(電解質)도 함유되어 있어 그것이 전기를 통과시키는 역할을 하는 것이다. 전해질이란 이온 결합에 의해서 생긴 물질이 물 속에서 원래의 양이온과 음이온으로 전해된 것을 말한다. 이 이온이 전류의 협조자가 되기 때문에 전기가 흐르는 것이다.

자연계의 물은 전기적인 불순물, 즉 전해질을 함유하고 있다. 전해질의 양이 많으면 많을수록 전기는 잘 통한다. 손의 땀도 염분이란 전해질을 함유하고 있어, 땀에 젖은 손은 전기가 잘 통하는 것이다. 그런데 소금 그 자체는 부도체이다. 이 소금이 물 속에서 전리되면 비로서 도체가 되는 것이다.

단원정리

1. 도선

1) 배선방식 : 단선식이 적은 전류, 복선식은 큰 전류가 흐르는 회로에 사용한다.
   - 단선식 : (+)선만 사용하고, (−)선은 기체 구조재를 이용한다.
   - 복선식 : 양극선 및 음극선 모두 도선을 사용하는 방식
2) 도선의 규격 및 단위
   - 미국 도선규격(AWG)은 BS(Brown & Sharp)도선규격을 채택하여 사용
   - 항공기 도선규격은 2/0번(00번)부터 20번까지의 짝수만 사용한다
3) 단위 : 도선의 지름(두께) D [mil], 도선의 단면적 A [cmil]
4) 도선의 규격(굵기)선정시 고려사항
   ① 도선에 흐르는 전류의 크기(도선에서 발생하는 주울열)
   ② 도선의 저항에 의한 전압강하
5) 도선 저항은 0.005[Ω]까지, 본딩점퍼의 저항은 0.003[Ω]까지 허용.
6) 본딩 와이어(점퍼) (Bonding Jumper)
   조종면 등의 가동 부분과 기체를 접속하는 접지선으로, 가동 부분의 움직임을 방해하지 않도록 장착한다. 정전기에 의한 무선잡음 방지 및 스파크에 의한 화재 방지 역할도 한다.
7) 도선의 부호표시법 : P-317-8
   (P : 도선의 계통부호, 317 : 회로도상의 대조번호, 8 : 도선의 규격번호)
8) 도선연결장치
   - 터미널 : 전선과 터미널의 재질이 동일할 것 (다르면 부식 발생)
   - 스플라이스(splice) : 여러 전선을 결합시 스태거(stagger) 접속방법 채택.
   - 콘넥터 : 플러그의 핀을 리셉터클의 소켓에 연결하는 것

9) 배선작업시 주의사항

- clamp 고정간격 : 24inch(=60㎝)
- 동축케이블(안테나와 수신기 사이에 사용) 고정간격 : 2ft(=60㎝)
- 전선이 벌크헤드나 리브 방화벽을 관통시 그로밋(grommet)을 사용한다.
- 가연성 유체배관과 전기 배선을 함께 배치시 유체배관 위에 전기배선을 한다.

2. 회로보호장치

회로내에서 과전압이나 단락 등에 의해 과전류가 흐르는 것을 차단하여 회로 및 전기기기의 손상을 방지하는 장치로써 일반적으로 전원부 가까운 곳에 설치한다.

*회로보호장치의 용량(등급)을 나타내는 단위 : 암페어[A]

1) 퓨즈 : 주석과 비스무트의 합금, 납과 주석의 합금으로 만들어지며 규정용량 이상의 전류가 흐르면 녹아서 끊어진다.
2) 전류제한기 : 높은 전류를 짧은 시간에 흐를 수 있도록 만든 퓨즈로 동력회로에 사용되며 재질은 녹는점이 일반퓨즈의 재질보다 높은 구리를 사용한다.
3) 회로차단기(circuit breaker) : 규정용량 이상의 과전류가 흐르면 접점이 열려 전류를 차단시키는 장치.
4) 열보호장치 : 과열되면 자동으로 바이메탈이 휘어져 전류를 차단하는 스위치로 열이 식으면 다시 본래 위치로 돌아와 회로를 연결시킨다.

3. 회로제어장치

항공기 운항 중에 전기회로나 전기기기의 기능이 필요할 때 작동하도록 제어하는 장치

1) 스위치 접속 방법중 DPST(Double Pole Single Throw)의 의미
   전류를 공급하는 스위치 접점부분이 2개이고, 스위치가 움직일 수 있는 방향이 한 방향이다
2) 계전기(릴레이) 사용하는 목적
   ① 큰 전류가 흐르는 도선의 길이가 짧아진다
   ② 도선의 중량이 감소한다

③ 도선의 저항에 의한 전압강하를 줄인다

④ 다른 전자장치에 대한 전자유도장해를 줄인다

⑤ 적은 전류로 제어하므로 스파크에 의한 스위치 손상을 방지한다

3) 축류형 저항기의 저항값 : 끝-중앙 줄무늬 표시법

- 첫 번째 색띠 : 저항의 용량값으로 첫 번째 자리의 숫자
- 두 번째 색띠 : 저항의 용량값으로 두 번째 자리의 숫자
- 세 번째 색띠 : 배수, 즉 더해야 할 0의 개수

  예외) 금색 : 10%곱, 은색 : 1%곱
- 네 번째 색띠 : 공차, 즉 저항의 오차 @색띠 없으면 20%

연 습 문 제

1. 항공 도선의 단위로 가장 많이 이용되는 것은?

가. *cm* 　　나. *MIL*

다. *m* 　　라. 센티 밀

답 나

2. 무선장비를 장착시킬 때 본딩점퍼(Bonding Jumper)를 사용하는 이유와 가장 적합한 재료는 ?

답 이유 : 가동 부분과 고정부분(기체)을 접속하는 접지선으로 전체 전위차를 일정하게 하여 정전기에 의한 무선잡음을 방지한다.
재료 : 알루미늄

3. 전기선과 연료선이 동시에 배치된다면 배선의 위치는?

가. 전선과 연료선을 같이 배열한다.
나. 작업이 용이하도록 배열한다.
다. 전선을 연료배선 아래에 설치한다.
라. 전선을 연료 배선 위에 설치한다.

답 라

4. FUSE의 용량을 나타내는 단위는?

답 암페어[A]

5. 전기회로 보호 장치 중 규정 용량 이상의 전류가 흐를 때 회로를 차단시키며, 스위치 역할도 하고, 계속 사용이 가능한 것은 ?

답 회로차단기

6. 회로차단기의 재접촉 방법에 따른 종류 4가지는 ?

답 푸시형, 푸시풀형, 스위치형, 자동 재접속형

7. 전기모터는 과열이 되는 폐단이 있어 Thermal Switch를 사용하기도 한다. 이 Thermal Switch의 원리는 ?

답 바이메탈 원리

8. 전선 재료로서 구비하여야 하는 조건 중 틀린 것은 ?

가. 도전율이 클 것 나. 접속이 쉬운 것
다. 인장강도가 비교적 적을 것 라. 가요성이 풍부할 것

답 다

9. 배선 기구라 함은 다음 중 어느 것인가 ?

가. 전선을 접속하는데 필요한 와이어 컨넥터
나. 스위치 및 콘센트류의 기구
다. 전선 및 케이블을 단말처리 할 때 필요한 압착 터미널류의 기구
라. 전선 및 케이블을 전선관에 입선 할 때 필요한 공구

답 나

10. 항공전기계통에서 전선을 식별하기 위해 표시할 때 G, R, W, N의 부호는 각각 어떤 계통을 나타내는가 ?

답 G : 착륙장치 계통, R : 무선항법 계통, W : 경고계통 N : 접지계통

11. 다음 그림과 같은 릴레이의 정의는 ?

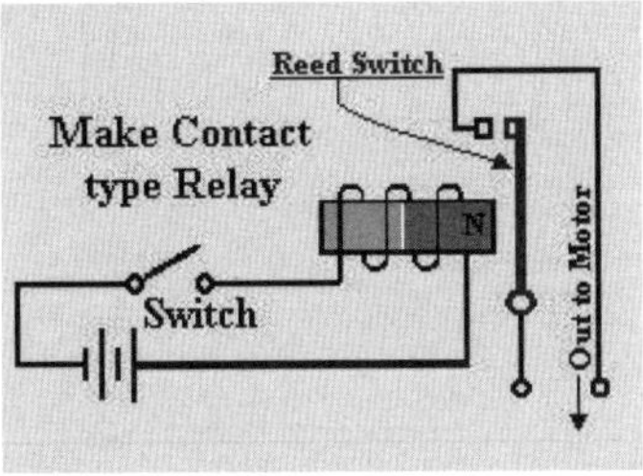

답 릴레이(계전기) : 전자석(솔레노이드)을 이용한 스위치, 즉 작은 전류로 큰 전류를 제어하는 전자기 스위치

12. 잠깐동안 과부하 전류를 허용할 수 있는 회로보호장치는 ?

답 전류제한기 : 재질은 구리이다(약 3배의 전류에서 잠깐 견딘다)

13. 전기회로에서 가장 많이 일어나는 3가지 결함은 무엇인가 ?

답 단선(open), 단락(short), 낮은 전압(low voltage)

14. 도선을 배선할 때 고려사항 2가지는 무엇인가 ?

답 전류, 전압강하

15. ELECTRIC CABLE CODING 방법 중 다음과 같은 표시가 있다. "P-317-8"에서 "8"은 무엇을 뜻하는가?

답 도선의 부호표시법

16. 항공기의 전기회로는 한쪽 선을 기체로 대치하고 있다. 발전기 및 배터리의 접지 TERMINAL에서 어느 장비든 간에 그 사이의 허용 저항치는 ?

답 0.005Ω 이하

17. 전기회로 보호 장치 중 규정 용량 이상의 전류가 흐를 때 회로를 차단시키며, 스위치 역할도 하고, 계속 사용이 가능한 것은 ?

답 회로차단기 (circuit breaker)

제7장 전기계측

7

전기계측

7-1 전기계측 일반

전기회로를 정비하고, 고장을 발견하거나 수리할 때 전기계측장비를 사용한다. 어떤 양이나 변수의 크기를 그것과 같은 종류의 기준량과 비교하여, 그 크기를 수량적으로 나타내는 계측 또는 측정이라 말하며, 계측에 사용되는 장치를 측정기, 계측기 또는 계기라고 한다.

7-1-1 전기계측 단위

1) MKS 단위계

물리적 양을 수량적으로 표시하려면 계측하려는 양과 종류가 같은 어떤 비교 기준이 되는 양이 필요한데, 이 비교 기준을 단위라 부른다.

① 기본단위 : 길이, 질량 및 시간 등.
② 유도단위 : 기본단위로부터 이론적으로 유도된 단위. 예) 면적
③ CGS 단위계 : 길이, 질량 및 시간을 각각 [cm], [g] 및 [s]로 하는 단위계
④ MKS 단위계 : 길이, 질량 및 시간을 각각 [m], [kg] 및 [s]로 하는 단위계
(전기공학에서 주로 사용)

표 7-1 전기공학의 MKS 단위

양	단위명	기호	양	단위명	기호
길이	미터	m	전력	와트	W
질량	킬로그램	kg	전하량	쿨롬	C
시간	초	s	저항	옴	Ω
힘	뉴턴	N	정전 용량	패럿	F
일	주울	J	인덕턴스	헨리	H
전류	암페어	A	자기량	웨버	Wb
전압	볼트	V	자기력	암페어턴	AT

1) 십진표시법(Decimal Notation)

실제로 어떤 양을 표시하는데 있어서, 그 양이 너무 크거나 혹은 너무 작으면 사용하는 데 불편이 많게 된다. 따라서 이러한 양을 표현할 때 10진법을 사용하며, 또 10의 몇 승인가를 나타내기 위해 적당한 접두어를 사용한다. 표 7-2는 10의 누승을 나타내는 접두어를 수록한 것이다. 여기서, 양수의 누승에 대한 접두어는 그리스 문자이고, 음수의 누승에 대한 접두어는 라틴어이다.

표 7-2 미터법의 접두사

접두사	기호	의미	접두사	기호	의미
exa	E	10^{18}	deci	d	10^{-1}
peta	P	10^{15}	centi	c	10^{-2}
tera	T	10^{12}	milli	m	10^{-3}
giga	G	10^{9}	micro	μ	10^{-6}
mega	M	10^{6}	nano	n	10^{-9}
kilo	k	10^{3}	pico	p	10^{-12}
hecto	h	10^{2}	femto	f	10^{-15}
deka	da	10^{1}	atto	a	10^{-18}

표 7-3 그리스 문자 기호 및 발음 표기

문자 표기	발음 표기	문자 표기	발음 표기
Α α	Alpha (알파)	Ν ν	Nu (뉴)
Β β	Beta (베타)	Ξ ξ	Xi / Ksi (크사이)
Γ γ	Gamma (감마)	Ο ο	Omicron (오미크론)
Δ δ	Delta (델타)	Π π	Pi (파이)
Ε ε	Epsilon (입실론)	Ρ ρ	Rho (로오)
Ζ ζ	Zeta (제타)	Σ σ	Sigma (씨그마)
Η η	Eta (에타)	Τ τ	Tau (타우)
Θ θ	Theta (쎄타)	Υ υ	Upsilon (웁실론)
Ι ι	Lota (이오타)	Φ φ	Phi (화이)
Κ κ	Kappa (카파)	Χ χ	Chi (카이)
Λ λ	Lambda (람다)	Ψ ψ	Psi (프사이)
Μ μ	Mu (뮤)	Ω ω	Omega (오메가)

7-1-2 계측의 종류

1) 직접계측 (비교계측)

계측하고자 하는 양을 같은 종류의 기준량과 직접 비교하여 그 양의 크기를 결정하는 방법이다.

예) 자로 길이 재기, 전압계로 전압 계측하기, 전류계로 전류 계측하기

2) 간접 계측 (절대계측)

계측하고자 하는 양과 일정한 관계가 있는 다른 종류의 양을 각각 직접 계측으로 구하여, 그 결과로부터 계산에 의해 계측량의 값을 결정하는 방법이다.

예) 부하전력 계측하는 경우, 부하에 흐르는 전류 I와 부하의 양단 전압 V를 계측하여 부하 전력 P=VI[W]의 식으로부터 계산하여 전력을 구한다.

3) 편위법과 영위법

편위법은 계측량의 크기에 따라 지침 등을 편위시켜 계측량을 구하는 방법으로 전압계나 전류계 등에서 사용한다. 반면에 영위법은 어느 계측량을 그것과 같은 종류의 기준양과 비교하여 계측량과 똑같이 되도록 기준양을 조정한 후 기준양의 크기로부터 계측량을 구하는 방법으로 휘트스톤 브리지 및 전위차계에서 사용하는 방법이다. 표 6-4는 편위법과 영위법을 비교한 것이다.

표 7-4 편위법과 영위법의 비교

구분	편위법	영위법
정의	계측량의 크기에 따라 지침 등을 편위시켜 계측량을 구하는 방법.	어느 계측량을 그것과 같은 종류의 기준양과 비교하여 계측량과 똑같이 되도록 기준양을 조정한 후 기준양의 크기로부터 계측량을 구하는 방법.
기기	전압계 및 전류계	휘트스톤 브리지 및 전위차계
특징	감도는 떨어지지만 취급이 쉬우며, 신속하게 계측할 수 있으므로 공업용으로 많이 사용.	감도가 높고, 정밀한 계측에 적합.

7-1-3 계측 용어

1) 오차와 보정

표 7-5 오차와 보정의 비교

구 분	오 차	보 정
정 의	측정값과 참값이 어느 정도 다른가를 나타낸 것. 측정값 M, 참값 T 라 하면 오차 : $\varepsilon = M - T$	측정값을 참값과 같게 하려면 얼마나 보정해야 하는가를 나타낸 것. 보정 : $\alpha = T - M$
오차율 및 보정율	오차율$=\varepsilon/T$	보정율$=\alpha/M$
배분율 오차 및 보정	백분율 오차= $\frac{\varepsilon}{T}\times 100[\%] = \frac{M-T}{T}\times 100[\%]$	백분율 보정= $\frac{\alpha}{M}\times 100[\%] = \frac{T-M}{M}\times 100[\%]$
특 징	- 측정에는 오차가 따르게 마련이다. - 보정값 α와 오차 ε는 크기는 같고 부호는 반대가 된다.	

오차란 측정값과 참값이 어느 정도 다른가를 나타낸 것이고, 측정값을 참값과 같게 하려면 얼마나 조정해야 하는가를 나타낸 것이 보정이다. 오차와 보정에 대한 오차율과 보정율 그리고 특징에 대하여 표 7-5에 나타낸다.

오차의 종류는 계측하는 방법으로 인한 오차와 계기로 인한 오차가 있다.

가. 계측하는 방법으로 인한 오차

① 개인 오차 : 계측의 부주의에 의하여 발생하는 것으로서 계측기의 눈금을 잘못 읽거나, 부정확한 조정, 부적당한 적용 및 계산의 실수 등에 의하여 발생하는 오차.

② 계통 오차 : 계측기 자체가 결함인 눈금의 부정확, 부품의 마멸 등으로 인한 것과 계측 장치나 사용자에 대한 환경의 영향, 즉 온도, 외부 자기장, 진동 등에 의한 오차.

③ 우연 오차 : 개인 오차나 계통 오차를 제거하여도 오차는 발생하는데 이러한 원인으로서는 미세한 계측 조건의 변동, 계측자의 주의력 동요 등에 의한 오차.

나. 계기로 인한 오차

① 눈금의 부정확에 의한 오차

② 베어링에 의한 오차

③ 스프링의 피로에 의한 오차

④ 자기 가열에 의한 오차

⑤ 외부 자기장에 의한 오차

⑥ 정전기에 의한 오차

⑦ 온도 변화에 의한 오차

2) 확도

계측값이 참값과 어느 정도 일치하는가 하는 정도를 나타내는 값이다.

3) 정도

계측기로 미지량을 계측하는 경우에 어느 정도 미세하게 계측할 수 있느냐를 나타내는 것이다.

4) 감도

계측기가 눈금에서 지시할 수 있는 최대값을 말한다.

7-2 계측기

7-2-1 계측기 개요

계측하려는 여러 가지 전기량, 즉 전압, 전류, 전력, 역률, 주파수 등을 지침으로 직접 눈금판에 지시하는 것을 계측기(지시계기)라 한다. 계측기(지시계기)의 특징과 구비 조건은 다음과 같다.

♣ 계측기(지시계기)의 특징

① 보조 전원이나 특별한 조작이 필요 없다.
② 취급이 쉽고 구조가 비교적 간단하다.
③ 수명이 길고 값이 싸기 때문에 정밀 계측을 요구하지 않는 공업 계측이나 현장 계측에 사용된다.

♣ 계측기(지시계기)의 구비 조건

① 확도가 높고, 외부의 영향을 받지 않아야 한다.
② 눈금이 균등하든가 대수 눈금이어야 한다.
③ 지시가 계측값의 변화에 신속히 응답해야 한다.
④ 튼튼하고 취급이 편리해야 한다.
⑤ 절연 내력이 높아야 한다.

7-2-2 계측기 구성 요소

계측기의 구성은 3대 요소인 구동장치, 제어장치, 제동장치와 지침, 눈금 부분으로 되어 있다. 구동 장치는 구동 토크, 즉 계측량에 따라 계기의 지침과 같은 가동 부분을 움직이게 하는 힘을 발생하는 장치이다. 제어 장치는 구동 토크가 발생되어서 가동부가 움직이게 되었을 때, 이에 대하여 반대 방향으로 작용하는 제어 토크 또는 제어력을 발생시키는 장치이다. 즉 가동 부분의 변위나 회전에 맞서 원래의 "0"위치에 되돌려 보내려는 제어 토크를 발생시키는 장치이다. 그리고 제동 장치는 지시 계기의 가동 부분에 적당한 제동 토크를 가해 지침의 진동을 빨리 멈추게 하는 장치이다.

지침은 계기의 정도나 사용 목적에 따라 가볍고 튼튼하며, 관성이 작도록 알루미늄이나 두랄루민으로 얇고 가는 판으로 만들고, 지침의 끝 부분은 칼날형, 활형, 창형, 연형, 트러스형 등 여러 가지 모양의 것들이 있다. 눈금은 계기의 동작 원리에 따라 균등 눈금과 불균등 눈금으로 구분되나, 정확하고 읽기 쉬워야 하므로 균등 눈금이 일반적이다. 눈금에 표시되는 직류와 교류의 표시는 표 6-6과 같다.

표 7-6 직류와 교류기호

종 류	그림기호
직 류	─
교 류	∼
직류 및 교류	≂
평형삼상 교류	≋

7-2-3 계측기의 종류

1) 계측기의 동작원리에 의한 분류

가. 가동 코일형 계기

가동 코일형 계기는 그림 7-1과 같이 영구 자석이 만드는 자기장 내에 가동 코일을 놓고, 코일에 계측하고자 하는 전류를 흘리면 이 전류와 자기장 사이에 전자력이 발생한다. 이 전자력을 구동 토크로 한 계기를 가동 코일형 계기라 한다.

그림 7-1 가동 코일형 계기의 구조

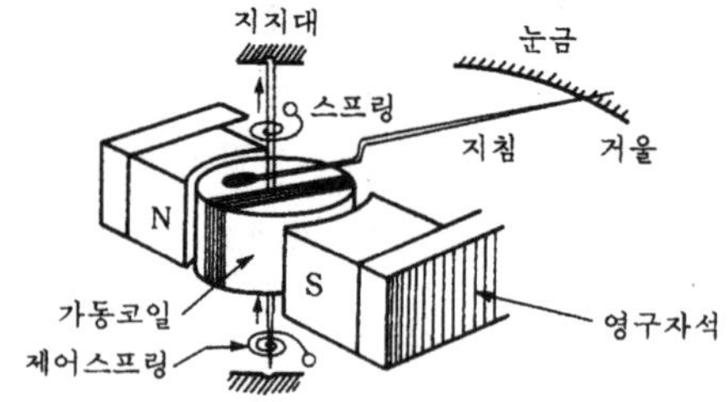

나. 가동 철편형 계기

가동 철편형 계기는 고정 코일에 흐르는 전류에 의해서 자기장이 생기고, 이 자기장 속에서 연철편을 흡인, 반발 또는 반발, 흡인하는 힘을 구동 토크로 사용한 것이다.

그림 7-2 가동 철편형 계기의 구조

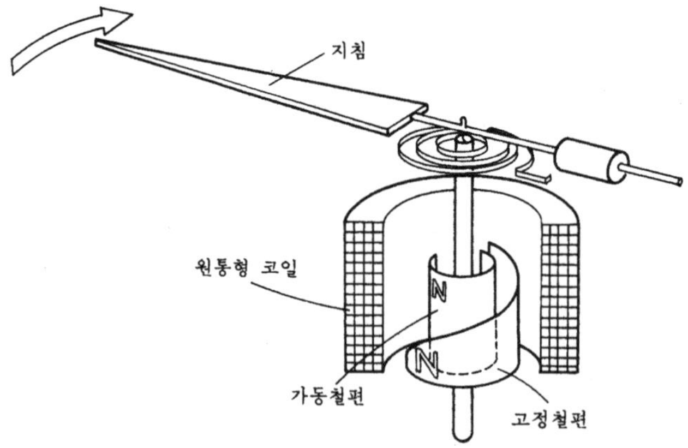

다. 전류력계형 계기

전류력계형 계기는 고정 코일에 피계측 전류를 흘려 자기장을 만들고, 그 자기장 중에 가동 코일을 설치하여 여기에도 피계측 전류를 흘려, 이 전류와 자기장 사이에 작용하는 전자력을 토크로 이용하는 계기이다.

가동 코일형 계기, 가동 철편형 계기, 그리고 전류력계형 계기의 기호는 표 6-7과 같으며 적용기기도 나타내고 있다. 이외에도 유도형 계기, 정전형 계기, 열전형 계기, 정류형 계기 등이 있다.

그림 7-3 전류력계형 계기

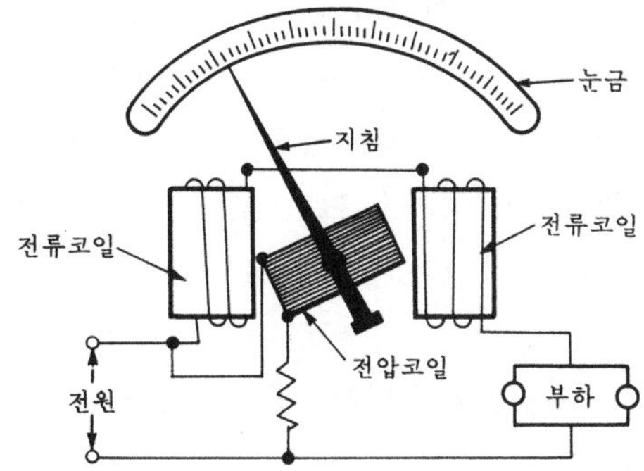

표 7-7 측정 계기의 동작 원리에 의한 분류

동작원리에 의한 종류	도기호	적용기기	특징
가동코일형		직류전압계 직류전압계	고감도이다
가동철편형		교류전압계 교류전류계	구조가 견고하다
전류력계형		전력계	오차가 작다

2) 측정 전원에 의한 분류

직류를 측정하는 계기는 직류전류계, 직류전압계, 저항계가 있으며, 교류를 측정하는 계기로는 교류전류계, 교류전압계, 전력계, 주파수계가 있다. 또한 직류 및 교류의 전류, 전압, 그리고 저항까지 측정할 수 있는 회로시험기(멀티미터)가 있다.

이외에도 계측기의 종류로는 검류계, 기록계, 오실로스코프, 휘트스톤 브릿지 등이 있다.

7-3 직류 측정 계기

7-3-1 직류 전류계

기본적인 직류 측정 계기는 전류계(ammeter), 전압계(voltmeter), 저항계(ohmmeter)인데, 이것들은 다르송발(d'Arsonval) 계기를 이용한 가동 코일형 계기이다. 다르송발 계기는 그림 7-2와 같은 구조로 되어 있다. 영구자석의 자기장 내에 있는 코일에 전류가 흐르면 플레밍의 왼손법칙에 의하여 회전력(torque)이 발생한다. 이 힘은 스프링의 힘과 평형을 이루어, 전류의 크기에 비례하는 각 변위를 나타낸다. 코일에 전류가 흐르면 코일에 생긴 자기장과 영구자석에 의한 자기장이 서로 작용하여 두 자기장이 평형되는 위치까지 회전한다. 이 때의 토크는 코일에 의한 자기장에 비례하므로, 회로에 흐르는 전류의 세기에 비례한다. 그러므로 코일에 부착된 바늘은 전류의 양을 가리킨다.

여기에서 스프링은 보통 2개가 사용되는 데, 온도변화에 따라 스프링의 재질이 팽창과 수축하는 것을 상쇄시키기 위하여 축의 양끝에 서로 반대 방향으로 감겨져 있다. 이 때, 스프링은 비자성체이며 코일에 전류를 전달하는 도선의 역할도 겸하고 있다. 코일을 받쳐주는 베어링은 사파이어 등의 보석을 사용하므로, 윤활유를 공급해주지 않더라도 마찰은 거의 없다.

그림 7-4 다르송발 계기의 구조와 원리

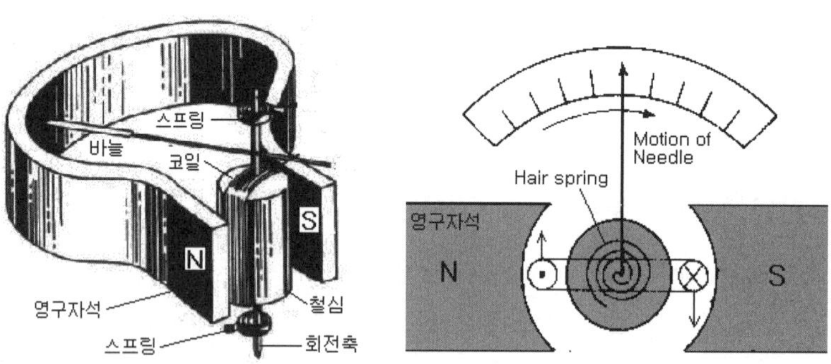

전류계에 사용되는 다르송발 계기의 감도는 10[mA]가 보통이나, 정밀측정용으로 감도 1[mA]를 쓰기도 한다. 감도는 눈금 끝까지 바늘이 움직이는 데에 필요한 전류의 세기로서 매우 작은 값이다. 이때의 전류를 전변위 전류(full deflection current)라 한다. 계기의 감도보다 큰 전류를 측정하고자 할 때는, 그림 7-5와 같이 저항기 R_S를 계기(가동코일)와 병렬로 연결하여 대부분의 전류를 저항기 R_S로 흐르게 하고, 계기에는 감도보다 적은 전류가 흐르게 함으로써 전류계의 측정 범위를 확대시킬 수 있다. 이 저항기 R_S를 분류기 또는 션트(shunt)라고 한다.

그림 7-5와 같이 감도가 10[mA]인 전류계로 부하에 200[A]가 흐르는 전류를 측정할 수 있도록 만들려면, 계기(가동코일)에는 10[mA], 즉 0.01[A]의 전류만이 흐르게

하고 나머지 200－0.01＝199.99[A]는 분기되도록 션트 저항을 병렬로 연결한다. 전류계는 부하(load)에 직렬로 연결한다.

그림 7-5 직류 전류계의 기본회로

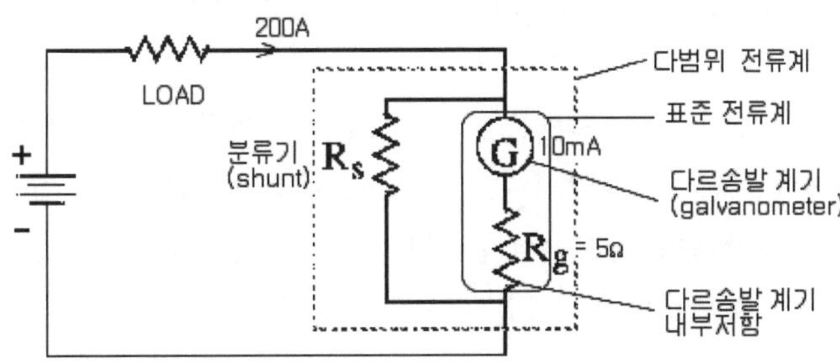

그림 7-6 직류전류계의 내부구조와 외형

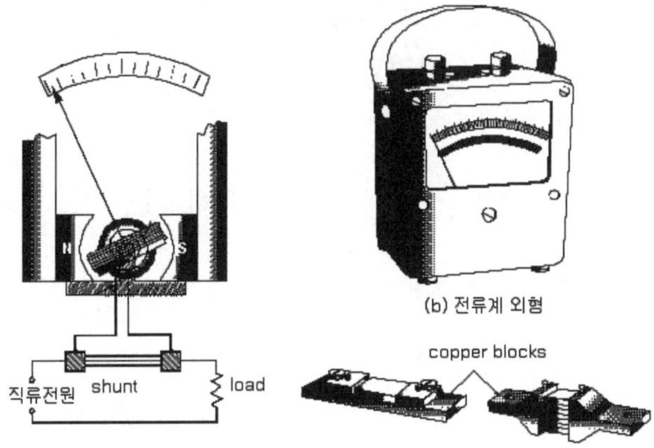

(a) 전류계 내부구조와 회로 (b) 전류계 외형 (c) Shunt

그림 7-5에서 계기의 내부저항이 5[Ω]이라면, 션트 저항값은 다음과 같이 구할 수 있다. 계기(가동코일)와 션트 저항이 병렬연결이므로 전압강하는 같다. 그러므로 오옴의 법칙에 의하여,

$$0.01[A] \times 5[\Omega] = 199.99[A] \times R_S \qquad \cdots\cdots(7\text{-}1)$$

$$R_S = 0.00025[\Omega]$$

이다. 즉, 션트저항은 0.00025[Ω] 짜리를 병렬로 연결해야 감도가 10[㎃] 전류계로 200[A]를 측정할 수 가 있게 된다. 계기의 내부에 여러 개의 서로 다른 션트저항을 가지고 있는 전류계를 다범위 전류계(multirange ammeter)라 한다.

7-3-2 직류 전압계

다르송발 계기는 전류계뿐만 아니라 전압을 측정하는 전압계에도 사용된다. 계기의 코일과 저항을 직렬로 연결하고, 그 저항에 흐르는 전류를 측정함으로써 해당 전압을 지시하도록 한다.

전압계의 감도는 [Ω/V]로 나타내며, 계기 코일에 의한 내부저항과 직렬저항과의 합을 최대 눈금 전압으로 나눈 값이다. 이것은 오옴의 법칙에 의하면 전류의 역수와 같게된다. 따라서, 전압계의 감도 100 [Ω/V] 는 1/100 [A], 즉 10 [㎃]의 전류계 감도와 같다. 계기의 감도보다 큰 전압을 측정하고자 할 때는, 그림 7-7과 같이 저항기 R_m을 다르송발 계기(가동코일)와 직렬로 연결하여 대부분의 전압을 저항기 R_m에서 강하시키고, 계기에는 감도보다 작은 전압이 걸리게 함으로써 전압계의 측정 범위를 확대시킬 수 있다. 이때, 저항기 R_m을 배율기 또는 직렬저항이라고 한다.

그림 6-5와 같이 감도가 10[㎃]이고, 내부저항이 5[Ω]인 다르송발 계기로 110[V]까지 측정할 수 있는 전압계로 만들려면 배율기의 저항을 다음과 같이 구하면 된다. 배율기 저항값과 계기 내부저항을 합친 총저항은

$$R = \frac{V}{I} = \frac{110\,V}{0.01A} = 11,000[\Omega] \qquad \cdots\cdots(7\text{-}2)$$

이므로, 이 때, 필요한 배율기의 값은

$$11,000 - 5 = 10,995[\Omega]$$

이다. 즉 10,995[Ω]의 배율기를 계기에 직렬로 연결하여 앞단에서 109.95[V]를 강하시켜 감도 10[㎃], 즉 0.01x5=0.05[V]까지 측정하지 못하는 전압계로 110[V]까지 측정할 수 있다. 전압계는 부하에 병렬로 연결한다.

그림 7-7 직류전압계의 기본회로

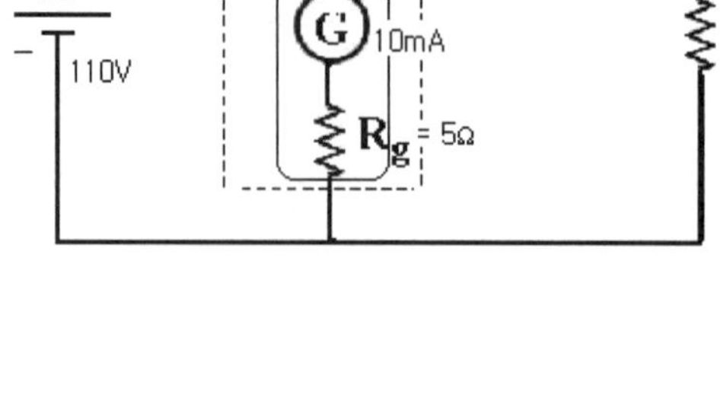

여러 개의 저항을 직렬로 연결하여 여러 범위에 걸쳐 전압을 측정할 수 있는 전압계를 다범위 전압계라 한다. 여러 대의 발전기를 가지고 있는 항공기에서도 1개의 전압계로 각 버스의 전압을 회전 선택 스위치로 선택하여 측정한다. 또한 1개의 기본 계기로 션트 및 배율기를 선택하여 전류와 전압을 번갈아 가면서 측정하는 볼트암미터(voltammeter)도 있다.

7-3-3 저항계

회로 또는 회로 구성요소의 단선된 곳을 찾아내거나 저항값을 측정할 때에는 저항계를 사용하고, 큰 저항은 메가오옴 미터(megohm meter), 즉 메가(megger)를 사용한다. 저항계의 눈금은 0에서 ∞까지이나 눈금이 비선형이고 높은 저항값에서는 눈금간격이 매우 좁기 때문에 명확하지 않다. 메가는 주로 전기장치의 절연상태를 검사하는 것으로, 전기장치의 금속 프레임과 코일 및 배선사이의 절연저항, 또는 피복전선의 절연상태 등을 측정한다. 측정 눈금 범위는 1000[MΩ]이상으로 높은 저항을 측정하는 데 매우 유용하다. 저항계는 직렬형과 션트형이 있다. 일반적으로 많이 사용되는 직렬형은 그림 7-8과 같다. 그림에서 E는 건전지에 의한 내부전원이고, R1은 계기의 바늘을 0점 조정하는 데 사용되는 가변저항이며, R2는 계기의 가동코일에 흐르는 전류를 감도 이내로 제한하는 고정저항이다. 점 a와 b는 저항을 측정할 회로에 연결하는 단자이다. 단자 a와 b를 서로 연결(short)시키면 계기, 건전지, 저항 R1과 R2는 서로 직렬로 연결된다.

그림 7-8(a)에서 단자 a와 b가 연결되지 않으면 전류가 흐르지 않으므로, 바늘은 움직이지 않고 ∞ 저항을 가리킨다. 반면에, 단자 a와 b의 리드선을 단락(short)시킨 상태에서 R1을 조절하여 회로의 총저항이 4500[Ω]이 되면 전류는 1[mA]가 된다. 계기의 감도가 1[mA]이라면 계기의 바늘은 눈금 끝까지 움직인다. 이때, 단자 a와 b 사이에는 저항이 0이므로 계기의 지시는 0이어야 한다. 즉 가변저항 R1을 조정하여 O점 조정을 한다. 한편, 그림 6-6(b)와 같이 단자 a와 b 사이에 4,500[Ω]의 외부저항을 걸면 총 저항은 9,000[Ω]이 되므로 0.5[mA]가 된다. 그러므로 바늘은 그림(b)의 눈금에 나타낸 것과 같이, 전 변위의 반만 움직여서 눈금 범위의 중간, 즉 4.5[kΩ]을 가리키게 된다.

그림 7-8 직렬형 저항계

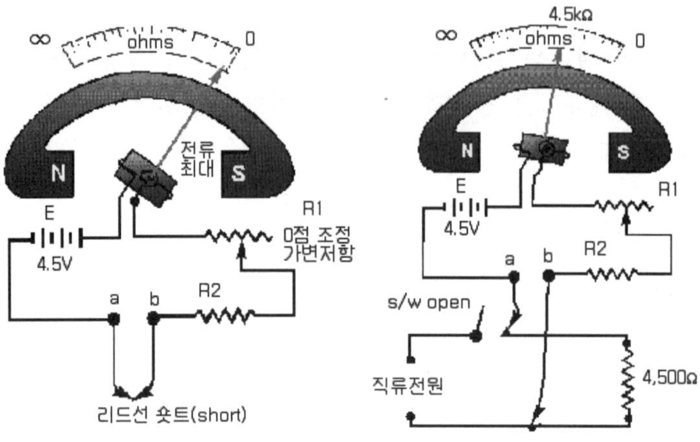

(a) 0점 조정 (b) 저항측정

7-3-4 휘트스톤 브릿지

휘트스톤 브릿지(Wheatstone bridge)는 저항을 보다 정밀하게 측정하기 위해서 사용한다. 이것은 알고 있는 저항을 이용하여 모르는 저항을 정밀하게 측정하는 장치이다. 휘트스톤 브릿지는 그림 7-9과 같이 저항값을 알고 있는 2개의 저항기와 1 개 가변저항기, 그리고 검류계로 구성되어 있다. 2개의 저항값은 이미 알고 있으므로 검류계가 0[mA]를 가리킬 때까지 가변저항기를 조절한 후에 측정하고자 하는 미지의 저항값을 읽으면 된다. Bridge라 함은 다리를 뜻하는 것으로 다이아몬드형의 철교에서 유래하여 그 이름을 따 온 것이다.

그림 7-9 휘트스톤 브릿지

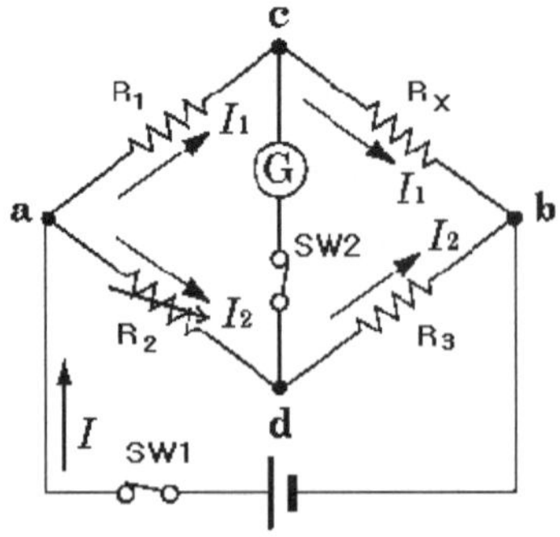

그림 7-9와 같이 4개의 저항을 대칭으로 접속하여 그림처럼 만들고 검류계를 설치하여 전압을 가하면 회로에 전류가 흘러 각 저항에 전압강하가 발생한다. 검류계가 접속된 중간지점인 c-d 에 전압이 같아지면 전위차가 "0"이되어 전류는 흐르지 않아 검류계는 중간을 지시한다. 이때, 전위는 평형(같아짐)이 되었다 한다.

각 저항의 전압강하는 저항의 크기에 비례한다. 저항의 전압강하는 저항에 비례하여 발생하므로 저항의 비례는 전압의 비례가 되므로 이를 이용하여 미지의 저항을 구한다. 즉, 가변저항을 조절해서 검류계에 전류가 흐르지 않으면 b점과 d점의 전위가 같아지므로, $V_b = V_d$가 된다. 따라서, $V_{ab} = V_{ad}$, $V_{bc} = V_{dc}$이므로 다음과 같은 관계가 성립한다.

$$I_1 R_1 = I_2 R_2 \qquad I_1 R_X = I_2 R_3 \qquad \cdots\cdots(7\text{-}3)$$

여기서, $I_1 = \frac{R_2}{R_1} I_2$, $I_1 = \frac{R_3}{R_X} I_2$ 이므로 다음과 같이 정리할 수 있다.

$$R_1 R_3 = R_2 R_X \qquad \cdots\cdots(7\text{-}4)$$

이는 저항값을 서로 대각선으로 곱하는 것과 같다. R_1, R_2, R_3의 값은 이미 알고 있으므로, R_X의 값을 구하면 된다.

7-3-5 멀티미터(multimeter)

전압, 전류 및 저항 등의 값을 하나의 기기로 측정할 수 있게 만든 기기 중에서 가장 간단한 것이 멀티미터(multimeter)이다. 이를 회로 시험기 또는 멀티테스터(multitester)라고도 하며, 하나의 계기로 전압, 저항 및 밀리암페어의 소전류를 측정한다는 의미로 VOM(Volt Ohm-Milliammeter) 계기라고도 한다. 멀티미터로 저항측정, 직류 전압측정, 직류 전류측정, 교류 전압측정, 인덕턴스 측정, 콘덴서 측정, 전압비 측정 등을 할 수 있다. 멀티미터는 제조회사에 따라 그 형태와 기능에 약간의 차이가 있으며, 아날로그 방식과 티지털 방식이 있다.

1) 아날로그 멀티미터

그림 7-10은 아날로그 멀티미터의 한 보기로서, 각 부분별 명칭과 기능은 다음과 같다.

① 트랜지스터 검사 소켓 : 트랜지스터 검사 시 소켓에 표시된 각 극성간의 정확한 위치에 시험할 트랜지스터의 극성을 맞추어 삽입한다. (PNP형과 NPN형을 검사할 수 있다.)
② 트랜지스터 판정 지시 장치 : 적색 및 녹색 램프(LED)로 되어 있어 적색이 켜지면 양품의 PNP형 트랜지스터이고, 녹색이 켜지면 양품의 NPN형 트랜지스터이다. 2개의 램프가 점멸되면 측정 트랜지스터의 극성간의 단선 상태의 고장을 알려주며, 둘 다 점멸되지 않으면 컬렉터-이미터간의 단락 상태를 뜻한다.
③ 입력 잭 : 멀티미터의 플러그를 꽂는 곳이며, 검은 색 플러그는 반드시 COM 잭에 꽂아야하고, 빨간색 플러그는 V · Ω · A 잭에 꽂아야 한다.
④ 측정범위 선택스위치 : 명확한 범위 선택을 해야 한다.
⑤ 오옴 영점 조정기 : 저항계로 사용시 지침이 오옴 눈금의 "0"점에 정확히 오도록 조정해야 한다.
⑥ 지침 영점 조정기 : 측정 전에 반드시 지침이 왼쪽 "0"점에 있는지 확인하고 필요시 조정한다.
⑦ 내장형 가동 코일형 메터 : 계기의 특성을 표시한 것으로 계기의 종류, 감도, 정밀도 등을 표시해 놓은 것이다.
⑧ 눈금판 : 약 90[mm], 90°원호 및 칼날 지침의 눈금판은 판독하기가 쉬우며 눈금간의 간격이 넓어 정밀 측정이 가능하다.

그림 7-10 아날로그형 멀티미디어

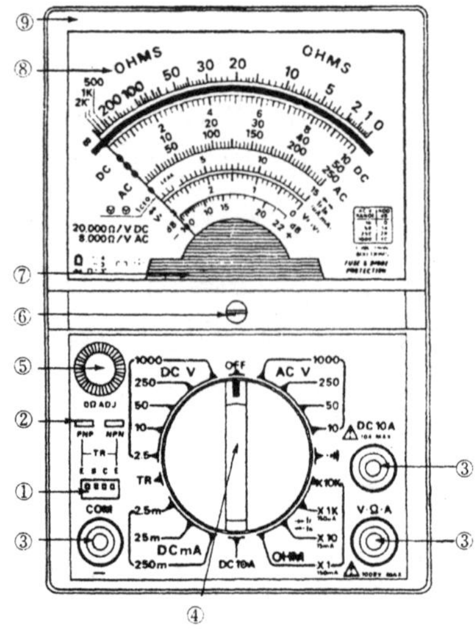

⑨ 케이스 : 고 충격성 플라스틱 사용한다.

이들 스위치는 측정대상과 목적에 알맞게 조작해야 하고, 측정범위를 바르게 선택함으로써 계기가 손상되지 않으며 정확한 값을 측정할 수 있다.

2) 디지털 멀티미터(Digital Multimeter)

아날로그 멀티미터는 교류 전류를 측정하지 못하고, 입력저항도 크지 못해서(수십~수백 kΩ) 정확도가 떨어지고 용도가 제한되어 있다. 그러나 디지털 멀티미터는 입력저항도 높을(수십~수백 MΩ) 뿐만 아니라 교류 전류는 물론 축전기의 전기용량, 코일의 인덕턴스, 다이오드의 전압, 트랜지스터의 전류증폭율, 열전쌍을 이용한 온도 측정 등 다양한 용도에 활용되고 있다. 그리고 측정값이 직접 창에 숫자로 표시된다는 점이 다르다.

그림 7-11 디지털 멀티미디어

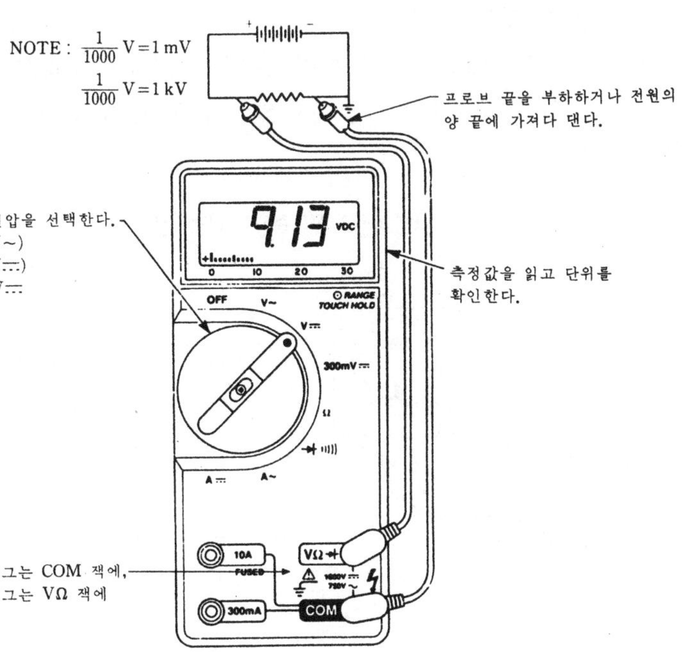

DMM을 이용한 전압 측정

3) 멀티미터 사용시 주의사항

멀티미터를 사용할 때 주의해야 할 일반적인 사항은 다음과 같다.

① 전류계는 측정하고자 하는 부하와 직렬로 연결하고, 전압계는 부하와 병렬로 연결하여 측정한다.

② 전류계와 전압계를 사용할 때에는 측정범위를 예상해야 하지만, 그렇지 못할 경우에는 큰 측정범위부터 시작하여 적합한 눈금에서 읽게 될 때까지 측정범위를 낮추어 간다.

③ 전류계는 저항이 매우 작은 션트 저항이 있으므로, 전류계를 발전기나 축전지와 같은 전원에 연결할 경우에는 강한 전류로 인한 계기의 손상 위험에 주의한다.

④ 저항이 큰 부하의 전압을 측정할 때에는 저항이 큰 전압계를 사용하여 계기의 션트 작용을 방지해야 한다.

⑤ 저항계는 사용할 때마다 0점 조절을 해야 하며, 측정할 요소의 저항값에 알맞은 범위의 눈금을 선택해야 한다. 일반적으로, 눈금판의 중앙에서 저항이 작은 쪽으로 읽을 수 있도록 한다.

⑥ 전원이 연결된 상태에서는 정확한 저항값을 측정하지 못하므로, 저항계는 전원이 연결되어 있는 상태에서 사용하지 않도록 한다. 저항계는 내부 전원을 사용한다.

그림 7-12 전류측정과 전압측정

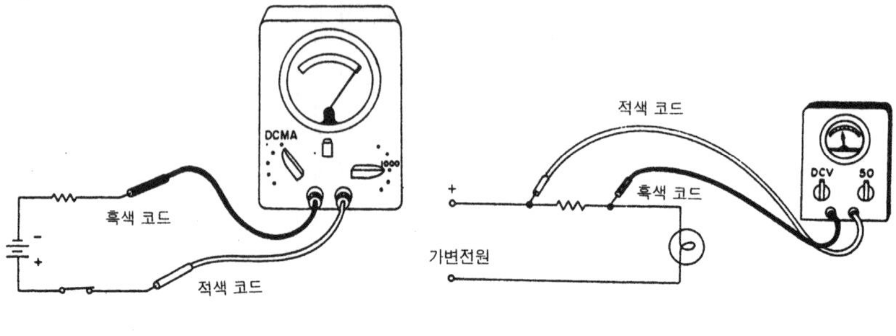

7-4 교류 측정 계기

다르송발 계기를 이용한 직류 측정계에 교류를 연결하면 주파수가 크기 때문에 운동 부분이 움직이지 못하여 0에 머물러 있게 되므로, 교류의 양을 측정할 수 없다.

일반적으로 교류에서는 그림 7-13과 같은 전류력계형 계기(electrodynamometer)를 사용하여 전류와 전압를 측정한다. 전류력계형 계기는 다르송발 계기의 영구자석 대신에 2개의 공심 전자석(air-core electromagnet)을 사용하고, 운동 코일, 션트 코일 및 2개의 스프링으로 구성되어 있다. 2개의 공심 전자석을 고정 계자로 하고, 고정 계자 코일은 운동 코일 및 션트 코일과는 각각 직렬로 연결하고, 운동 코일과 션트 코일은 병렬로 연결한다. 운동 코일은 중심축과 함께 고정 계자 코일 내에서 회전하며, 평형을 위한 나선 스프링은 운동 부분에 복원력을 주고, 운동 코일에 전류를 전달하기도 한다. 계자 코일 A, B와 운동 코일 C에 전류가 흐르면 자기장이 형성되는 데, 이들 자기장의 상호작용에 의한 힘과 스프링 힘의 평형에 의하여 흐르는 전류에 비례하는 각도만큼 회전하여 눈금을 가리킨다. 이 때, 지시하는 값들은 교류의 실효값이다.

그림 7-13 전류력계형 계기

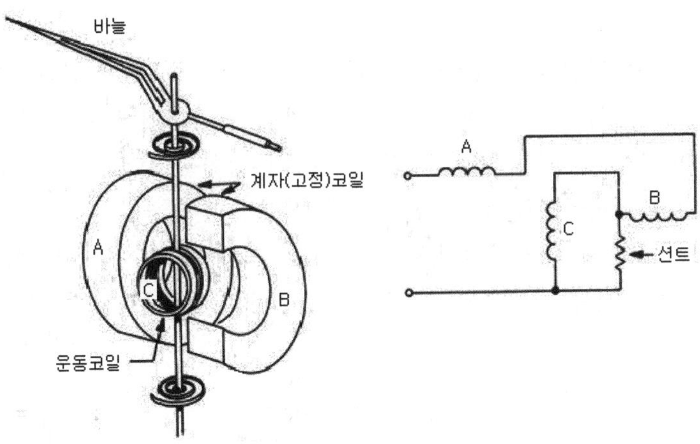

7-4-1 교류 전류계

그림 7-14와 같이, 전류력계형 계기를 이용하여 직류 전류계의 션트저항과 마찬가지로 유도성 션트(induction shunt) 코일을 계자 코일과는 직렬, 운동코일과는 병렬로 연결한다.

직류 전류계에서와 같이 회로에 흐르는 대부분의 전류는 션트를 통하게 하고, 계기의 감도에 해당하는 일부 전류만이 운동코일에 흐르도록 한다. 눈금은 총전류로 설정되어 있으므로 총전류를 가리킨다. 교류 전류계도 직류 전류계와 마찬가지로 측정할 회로에 직렬로 연결한다.

그림 7-14 교류 전류계

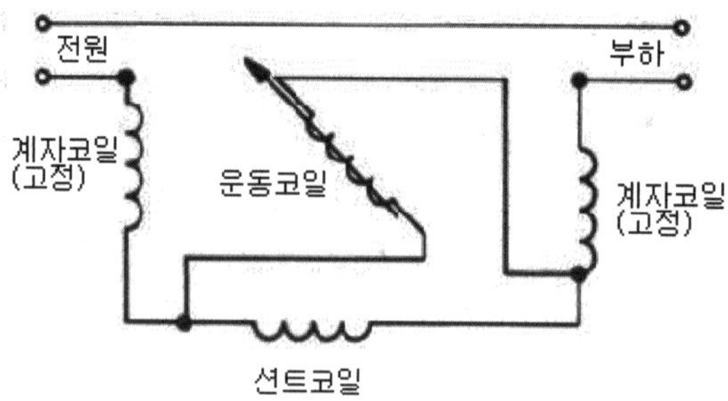

7-4-2 교류 전압계

일반적으로, 교류 전압을 측정하는 데에는 전류계에서와 같이 전류력계형을 사용한다. 직류 전압계에서 직렬 저항을 연결하여 계기의 감도에 맞게 전류를 제한하는 것과 마찬가지로, 교류 전압계에서도 전압의 측정 범위를 보정하기 위하여 그림 7-15와 같이 저항을 운동 코일 및 계자 코일과 직렬로 연결한다.

이 때, 저항은 교류의 특성상 비유도성인 저항 성분만을 가지는 것이어야 한다. 교류 전압계도 직류에서와 마찬가지로, 전압을 측정해야 할 부분의 양끝에 병렬로 연결해야 한다.

그림 7-15 교류 전압계

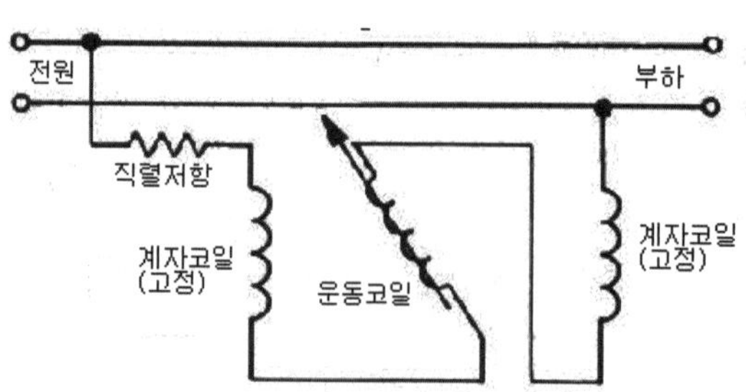

7-4-3 전력계

전력계(wattmeter)는 전류와 전압의 곱으로 나타나는 전력을 측정하기 위하여, 그림 7-16과 같이 전류에 대한 코일과 전압에 대한 코일을 가진 전류력계형이 사용된다. 코일에 흐르는 전류를 제한하기 위한 내부 저항 R과 직렬로 연결된 운동 코일이 전압에 대한 것이므로 이를 전압코일이라 한다. 그리고 부하와 직렬로 연결되어 부하 전류가 흐르도록 한 고정 코일은 전류에 대한 것이므로 이를 전류 코일이라 한다.

전압코일에 의하여 형성되는 자기장의 세기는 흐르는 전류에 비례하며, 이 때 전류는 코일 양끝에 가해진 부하 전압에 비례한다. 한편, 전류 코일에 의하여 형성되는 자기장의 세기는 부하전류에 비례한다. 따라서, 자기장의 세기는 전압코일의 양끝의 전압과 전류코일에 흐르는 전류의 곱에 비례하므로, 부하전압과 부하전류를 곱한 부하의 전력이 된다. 가해지는 전압의 극성이 바뀌어 도선에 전류가 반대로 흐르더라도 전류 코일 및 전압 코일에 흐르는 전류의 방향이 모두 변하므로, 지시 바늘은 계속 같은 눈금을 가리킨다. 교류회로의 전압과 전류를 곱한 값은 피상전력이다. 피상전력은 일을 하는 유효전력과 일을 하지 않고 주기적으로 변화하는 무효전력을 포함한다.

그림 7-16 전류력계형 전력계

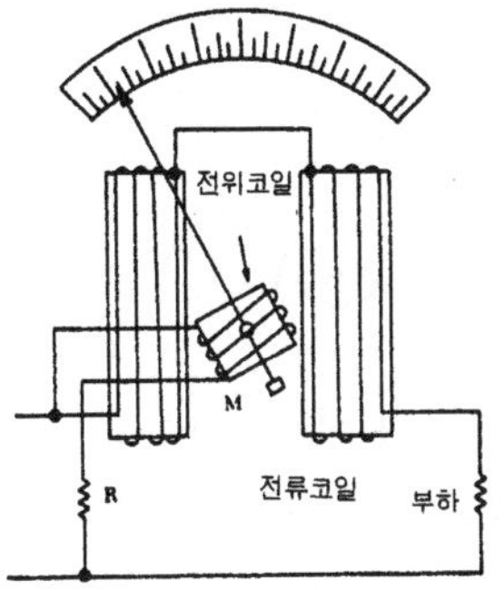

7-4-4 주파수계

교류전기 장치들은 정해진 주파수에서 작동하도록 설계, 제작되어 있다. 만일, 교류 주파수가 규정보다 떨어지면 코일로 인한 유도성 리액턴스가 감소하게 되므로,

과도한 전류가 흘러 과열될 위험이 있다. 주파수계는 교류의 주파수를 측정하는 것으로서, 전압변화의 영향을 받지 않아야 한다. 주파수계의 종류에는 진동편형(vibrating reed type), 가동 코일형, 가동 디스크형, 공진 회로형 등이 있다. 항공기에는 이 중에서 진동편형을 가장 많이 사용한다.

그림 7-17과 같이, 측정할 주파수의 교류가 코일에 흐르면 코일은 매 사이클당 두 번씩 연철 운동편을 잡아당긴다. 매초당 790~810[Hz]에 이르는 고유 진동수를 가지고 있는 여러 개의 진동편이 막대에 붙어 있다. 진동편은 매 사이클당 두 번씩의 흔들림을 받게 되므로, 진동편은 고유 진동수의 반에 해당하는 수치의 주파수로 표시되어야 한다. 일반적으로, 진동편은 길이로 고유 진동수를 결정하는데, 어떤 계기에서는 모두 같은 길이로 하고, 끝 부분에 각각 다른 추를 붙여서 고유 진동수를 다르게 한다.

그림 7-17 진동편형 주파수계

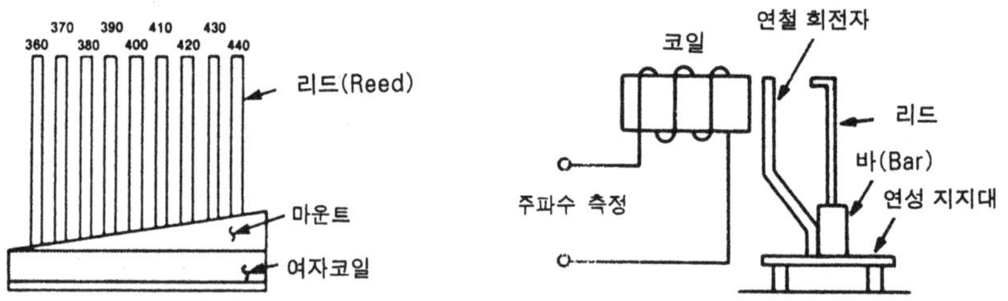

7-4-5 오실로스코프 (Oscilloscope)

대단히 빠르게 진행되는 현상이나 과도 현상의 관측 및 파형의 분석 등을 행하는 장치로서, 전기 및 전자 계측 분야에 널리 사용된다. 오실로스코프는 간단히 화상 기능을 가진 전압 측정기로 생각할 수 있다. 일반적인 전압측정기는 신호 전압을 출력하기 위해 계측 척도를 가진 지시계나 수치를 출력해 내는 수치 표시기를 갖는다. 반면, 오실로스코프는 시간에 대한 신호의 전압변화(즉, 파형)를 볼 수 있는 스크린을 갖는다. 오실로스코프와 전압측정기의 주된 차이점은 다음과 같다. 전압 측정기의 측정값은 실효값으로 표시된다. 그러므로 신호의 모양을 나타내지는 않는다. 하지만 오실로스코프는 그래픽 형식으로 시간에 대해서 신호의 궤적을 나타낸다. 그리고 전압 측정기는 대개 한 신호만을 측정할 수 있는 반면에 오실로스코프는 동시에 두 개 혹은 여러 개의 신호를 보여줄 수 있다.

그림 7-18과 같이, 오실로스코프는 브라운관이라 하는 전자관을 가지고 있다. 브라운관은 일명 음극선관(CRT)이라고도 한다. 음극선은 전자빔을 의미하는 것으로, 음극선관 내에는 전자 빔, 즉 가느다란 전자의 흐름이 발생한다. 전자는 음전하를 가지며, 질량이 매우 작으므로 전기장에 의하여 그 운동을 자유로이 제어할 수 있어서 수백[MHz]의 고주파까지 사용할 수 있다

보통 오실로스코프의 표시장치는 그림 7-18에서 보는 바와 같이 음극선관이다. 이 관(tube)은 전자총으로부터 전자를 발생시켜 스크린에 뿌려준다. 이러한 전자는 스크린의 중심에 점을 생성하는 빔의 형태로 초점을 맞추어준다. 스크린의 내부표면에는 형광물질이 있으며, 이는 전자에 부딪혀 점으로 빛을 발생시킨다. 스크린에서의 이러한 점들의 방향은 전자들이 편향판을 통과함에 의해 결정된다. 이 점은 수평 및 수직 편향판으로 구성되어져 있는 편향판에 가해지는 전압에 의해서 스크린면을 움직인다. 이를 전자편향이라 부른다.

스크린의 내부표면상에는 화면 눈금으로 바둑판 모양의 기준선망인 그리드(grid)를 형성하기 위해 수평과 수직선들이 그려져 있다. 화면 눈금들은 구획(division)이라 불리우는 8개의 수직축과 10개의 수평축으로 구성된 1㎝ 크기의 정사각형을 갖는다. 몇몇 화면 눈금은 내부에 세부적인 구획을 더 갖게 되며, 특정한 선들은 0%와 100%로 표시된다. 이러한 특정한 선들은 상승시간(rise time) 측정을 수행하기 위해 10%와 90%로 표시된 화면 눈금들과 더불어 사용되어진다.

그림 7-18 음극선관의 블록도

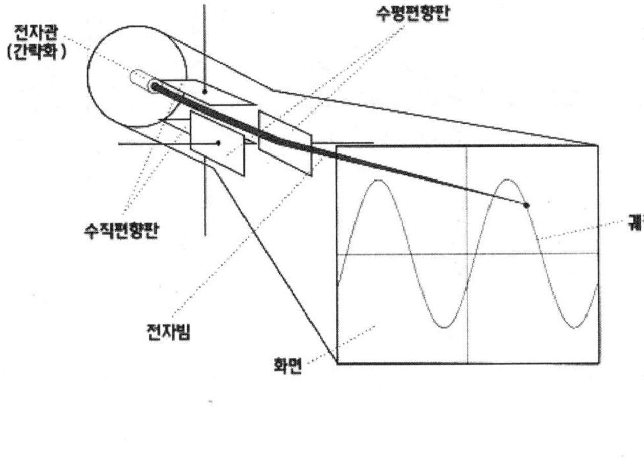

입력 신호는 Y축의 편향판에 공급되며 오실로스코프 자체는 X축을 따라서 빔을 왼쪽에서 오른쪽으로 이동하도록 편향한다. 이것을 스위프(sweep)라고 한다. 이것은 형광 지점이 스크린상에서 입력신호의 복사신호를 그리도록 해준다. 이러한 신호의 복사를 궤적(trace)이라 부른다.

오실로스코프는 시간적으로 변하는 전기적인 신호를 음극선관의 스크린에 나타낼 수 있도록 만든 계측기이다. 이는 눈으로 볼 수 없는 전기적인 여러 현상을 전자빔을 이용하여 나타낸 것이다. 음극에서 방사되는 전자빔에 전기장을 가하여 편향을 일으키고 이를 음극선관(CRT)의 형광막에 투사하여 빛으로 나타내는 것으로 편향판의 전위에 따라 전자빔의 방향이 바뀜으로 가해준 전위를 볼 수 있는 것이다. 수평편향은 일정한 시간을 주기로 편향을 하며, 수직편향은 전위에 따라 편향이 되므로 수평축에서는 시간의 함수인 주기를 알 수 있으며, 수직 축에서는 전위의 크기를 측정할 수 있다.

오실로스코프의 화면은 음극선관이므로 휘도와 초점을 조절한 후 사용하며, 우선 모든 기준값(division당의 시간과 전위의 크기)을 설정하여 맞추어 수평축의 기준과 수직축의 기준을 맞춘 후 사용한다. 그림 7-19는 오실로스코프의 외형이며 각 기능은 다음과 같다.

그림 7-19 오실로스코프

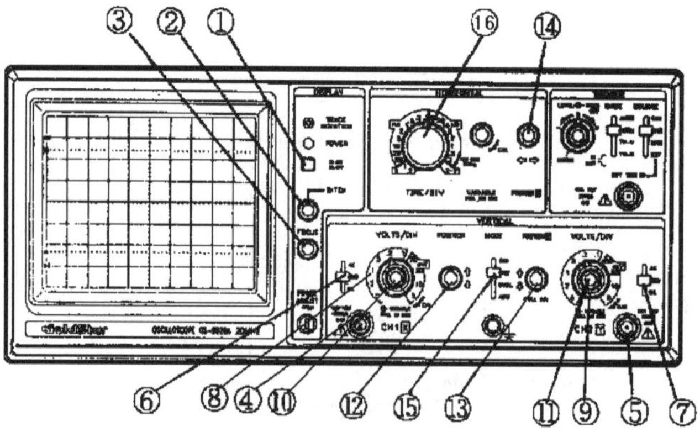

① POWER스위치 : 누르면 전원이 공급되고 다시 누르면 전원이 차단된다.

② INTEN : 휘도 조절

③ FOCUS : 전자빔의 초점 조절

④ CH1 : 1채널의 입력신호 접속부로 X-Y동작 시는 X축의 신호입력.

⑤ CH2 : 2채널의 입력신호 접속부로 X-Y동작 시는 Y축 신호입력.

⑥,⑦ AC, GND, DC : AC입력시, GND 기준점 필요시, DC입력시 선택.

⑧,⑨ VOLTS/DIV : 수직편향 감도를 조절하는 것으로, 음극선관의 1칸 당 전압의 크기를 나타내는 값이며 PROBE(오실로스코프의 측정단자)의 값을 고려하여 조절한다. 여기서는 PROBE의 상태를 ×10의 모드에서 사용하므로 0.5[V]에 있을 경우 1칸의 전압은 5[V]가 되므로 주의한다.

⑩,⑪ VARIABLE : 수직 편향감도를 연속적으로(미세) 조정하는 것으로 우측으로 돌려진 상태에서 사용한다. 최 좌측 시는 1/2.5이하로 감쇠하며, 잡아당기면 5배로 증폭 측정되므로 주의한다.

⑫,⑬,⑭ POSITION : CH1, CH2의 좌우 위치조절 및 상하 위치를 조절한다.

⑮ CH1, CH2, DUAL, ADD : CH1 신호만 입력, CH2 신호만 입력, 두 신호 동시 입력, 두 신호의 대수합으로 신호 입력을 선택하는 스위치이다.

7-4-6 계기용 변성기

계기용 변성기(instrument transformer)는 전압 또는 전류 계측 범위의 확장에 사용되는 계기용 변압기(PT) 및 변류기(CT)의 총칭이다. 고압 대전류를 취급이 용이한 저압 소전류로 변성시켜 교류용 계기의 계측 범위를 확대하는 것이다.

1) 변류기

변류기(Current Transformer)는 전류계에서 사용하는 일종의 변압기로서 일반적으로 CT라고 부르며, 그 구조는 절연을 잘 하기 위하여 에폭시 수지를 몰드한 형식으로 만들어져 있다.

그림 7-20(a)와 같이 1차와 2차의 권선을 가지고 있으며, 1차 권선은 회로에 직렬로 접속되어서 계측하고자 하는 교류를 통하고, 2차 권선은 두 단자 사이의 전류계를 접속하여 전류계의 지시로 1차 권선의 전류의 세기를 알 수 있다. 변류비는 원리적으로는 권선비의 역수로 정해진다. 즉,

$$\frac{I_1}{I_2} = \frac{N_2}{N_1} \qquad \cdots\cdots(7-5)$$

이다.

그림 7-20 변류기(Current transformer)

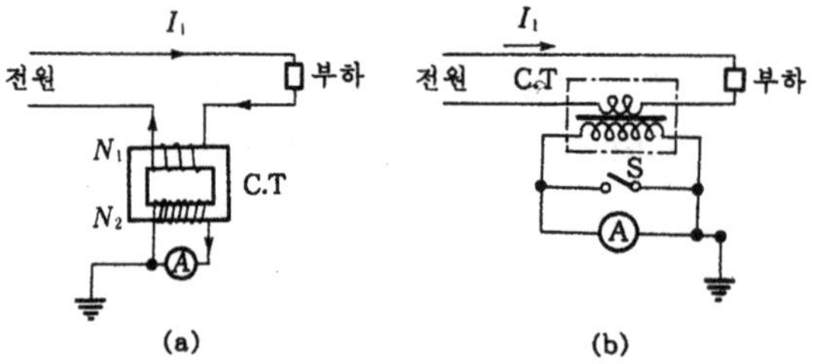

그러므로 권선비를 알고 2차 전류를 측정하면 계측하려는 1차 전류를 구할 수 있다. 실제의 경우, 변류기 2차 측에는 보통 정격 전류가 5[A]인 규정된 전류계를 접속하여 사용하기 때문에, 1차 최대 전류를 임의로 결정하는 것과는 상관없이 2차 전류는 최대 5[A]로서 권선비가 정해진다.

취급상의 주의할 점으로는 통전 중에 전류계의 접속을 풀어 변류기 2차 측을 개방 상태로 해서는 절대로 안된다. 개방이 되는 경우에는 철심이 극도로 포화되고, 이 순간에 2차 측 권선에는 수천[V] 이상의 전압이 발생되며, 또 철심은 큰 철손으로 온도가 상승한다. 따라서, 2차 권선의 절연 및 계기 자체의 절연이 파괴되고, 때로는 변류기가 타서 쓰지 못하게 된다. 그러므로 부득이 2차 측 계기를 바꾸어 넣을 때에는 반드시 2차 측 권선을 단락하고, 계기를 떼어 내어야 한다.

2) 계기용 변압기

계기용 변압기(PT ; Potential Transformer)는 교류 전압계의 계측범위를 확대하고, 또는 고압 회로와 계기와의 절연을 위해 사용하는 변압기로, 배율은 권선비와 같다. 계기용 변압기는 전력용 변압기와 같이 2차 측에 전압계나 전력계의 전압 코일이 접속되도록 회로와 병렬로 접속한다.

실제의 계기용 변압기의 2차 최대 전압은 그 변압기의 1차 정격(최대) 전압이 크든 작든 관계없이 어느 것이나 100[V] 또는 110[V]가 되도록 권선비가 정해진다. 그리고 안정상 1차 측에는 퓨즈를 달아 둔다.

그림 7-21 계기용변압기(Potential transformer)

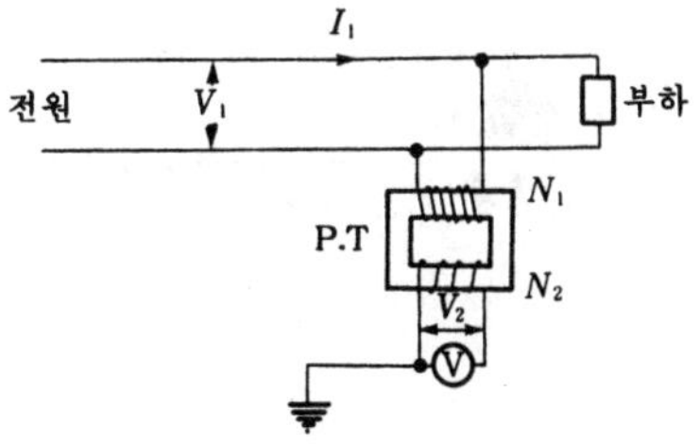

3) 계기용 변압변류기

계기용 변압변류기(MOF ; Metering OutFit) 계기용 변압기와 변류기를 1개의 케이스 속에 넣은 것으로 고압의 전압과 전류를 저전압(110V), 저전류(5A)로 변성하는 장치이다.

참고 감전이란 ?

1.5볼트의 건전지인 경우 감전의 위험은 없다. 그러나 가정에 들어오고 있는 110볼트의 전기는 간단히 만질 수 없다. 110볼트에서 감전해도 죽는 일은 적겠지만, 이것이 220볼트의 삼상교류(三相交流)라면 위험은 훨씬 커진다. 감전사의 위험률은 전압이 높을수록 크다. 감전은 인체의 외부에서 전압이 걸려 인체의 근육이나 내장에 전류가 흘러들어가 상해를 주는 것을 말한다. 특히 심장에 전류가 흘러 상해를 입히면 치명적이다. 이처럼 인체에 흐르는 전류의 크기가 문제인 것이다.

인체에 흐르는 전류의 크기는 옴의 법칙에 따르므로 높은 전압에 접촉할수록 큰 전류가 흐른다. 즉, 감전되었을 때의 생체반응은 전압의 고압, 저압에 의한 것이 아니고 전류의 양이 많고 적음에 의한다. 감전되었을 때 인체 통과 전류의 대소는 인체에 가해지는 전압과 인체 저항에 따라 결정된다.

인체의 저항은 체내의 저항과 피부 부분의 접촉 저항 등 두 가지로 나누고 있으며 체내 저항은 150오옴에서 500오옴 정도로 추정되며 피부저항은 피부의 건습 상태와 전극에서의 접촉면적, 접촉압력, 인가전압 등에 의하여 대폭 차가 있다. 예를 들어 2가닥의 전선을 좌우 손으로 1가닥씩 잡고 100V 전압으로 인가하였을 경우 인체의 저항은 손이 젖어 있으면 2000 오옴, 건조되어 있으면 5000오옴 정도라고 보며, 손이 젖어 있을 때 인체에 흐르는 전류는 50(mA), 손이 건조되어 있을 때는 20(mA)가 됩니다. 보통 인체에 50(mA)이상의 전류가 흐르면 심장을 움직이고 있는 근육이 경련을 일으켜 치사할 위험성이 있다.

단원정리

1. 전류계

① 전류계는 부하에 직렬로 연결하여 전류를 측정한다.

② 전류계의 감도보다 큰 전류를 측정하려면 션트저항(분류기)을 전류계에 병렬로 연결하여 대부분의 전류를 션트저항으로 흐르게 하고, 전류계에는 감도보다 적은 전류가 흐르게 한다.

2. 전압계

① 전압계는 부하에 병렬로 연결하여 전압을 측정한다

② 전압계의 감도보다 큰 전압을 측정하려면 직렬저항(배율기)를 전압계에 직렬로 연결하여 대부분의 전압이 직렬저항에서 강하되고, 전압계에는 감도보다 작은 전압이 걸리게 한다.

3. 저항계

회로 단선이나 저항값을 측정할 때 사용한다.

4. 메가(=메가옴미터) : 절연저항 측정시 사용

* 절연저항 측정 목적 : 전선의 단선이나 누전확인
* 절연저항 측정방법 : 도선의 한 쪽 끝에 리드선을 대고 다른 하나의 리드선은 접지시킨다. 그리고 나서 전압(500 또는 100V)을 가하여 전류가 흐르지 않으면 정상이고, 전류가 흐르면 누전된 것이다. 즉 절연저항의 값이 무한대(∞)이면 정상이고 절연저항 값이 10[MΩ]이하여서는 안된다.

5. 멀티미터 사용시 주의사항

- 전류계는 직렬연결, 전압계는 병렬연결한다
- 측정하고자 하는 전류 및 전압의 값을 모를 때는 큰 측정범위부터 낮추어 간다
- 저항이 큰 부하의 전압을 측정할 때는 저항이 큰 전압계를 사용한다.
- 전류계와 전압계는 전원이 공급된 상태에서 사용하지만 저항계는 전원이 차단된 상태에서 사용한다.

연 습 문 제

1. Shunt란?

   가. 저항 전입 등의 전류를 측정할 수 있는 메타
   나. 축전지가 충전 되었는가를 알기 위한 Ammeter
   다. 계기 보호용으로 삽입된 회로상의 퓨즈
   라. 전류계 외측에 대부분의 전류를 By pass시키는 금속

   답 라

2. 전원 회로에 전압계 (VM) 전류계(AM)을 연결하는 방법으로 맞는 것은?

   가. VM은 병렬, AM은 직렬　　나. VM은 직렬, AM은 병렬
   다. VM은 직렬, AM은 직렬　　라. VM은 병렬, AM은 병렬

   답 가

3. 메가의 사용목적과 단위는 무엇인가?

   답 목적 : 전선의 단선이나 누전확인,　단위 : [MΩ]

4. 감도가 10mA이고 내부저항 5kΩ인 전류계로 10A의 부하전류를 측정하고자 할 때 션트저항은 얼마로 해야 하는가 ?

   답 전류계에는 10mA 이상은 흐르지 못하므로 션트저항에 9.99A가 흐르게 된다. 전류계와 션트저항은 병렬이므로 걸리는 전압의 크기는 같다.

   $10mA \times 5k\Omega = 9.99A \times R \quad \therefore\ R = 5\Omega$

5. 자동코일형 전압계의 측정범위를 확대하기 위하여 사용되는 것은?

가. 분류기 나. 배율기

다. 변류기 라. 변압기

답 나

6. 다음 브릿지 회로에서 저항 $R_1=2\Omega$, $R_2=3\Omega$, $R_3=6\Omega$ 일 때, R_4의 값은 ?

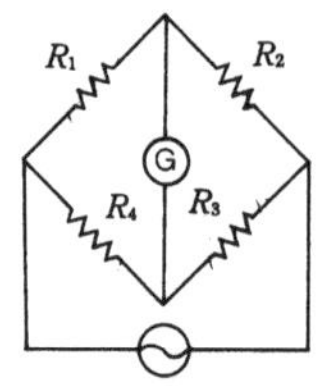

가. 2Ω 나. 4Ω

다. 6Ω 라. 12Ω

답 $2\times6=R_4\times3 \quad \therefore \ R_4=4\Omega$

7. 500MHz 고주파 전압의 파형을 측정할 수 있는 것은 ?

가. Multimeter 나. Wheatstone bridge

다. Osciloscope 라. Galvun

답 다

8. V, A, Ω을 다용도로 측정 사용할 수 있는 계측기는 ?

답 멀티미터

9. 테스터로 측정시 지시치는 교류표시값 중 어느 것인가 ?

답 실효값

10. 5Ω 110V의 계기를 사용하여 최대 440V의 부하전압을 측정하는데 필요한 직류저항 값은 ?

답 110V의 전압계로 440V를 측정치 못하므로 직렬저항을 앞단에 연결하여 330V를 다운시킨다. 이때 전압계와 직렬저항(배율기)에 흐르는 전류는 같으므로 $\frac{110\,V}{5\Omega} = \frac{330\,V}{R}$ $\therefore\ R = 15\Omega$

11. 서로 절연된 두 개의 CONDUCTOR 사이의 전위차는 무엇으로 측정하는가 ?

답 전압계

12. 절연저항을 측정하는 계기는 ?

답 절연저항계(=메가오옴미터, 메가) : 절연체의 저항을 측정한다. 즉 절연체의 저항을 측정하면 무한대가 나온다. 이를 통하여 전선이나 도체의 단선 및 누전상태를 알 수 있다

13. 계통에 연결되어 운전중인 변류기를 점검할 때 2차 측을 단락하는 이유는 ?

가. 1차 측의 과전류 방지
나. 2차 측의 과전류 방지
다. 2차 측의 절연보호
다. 측정오차방지

답 다

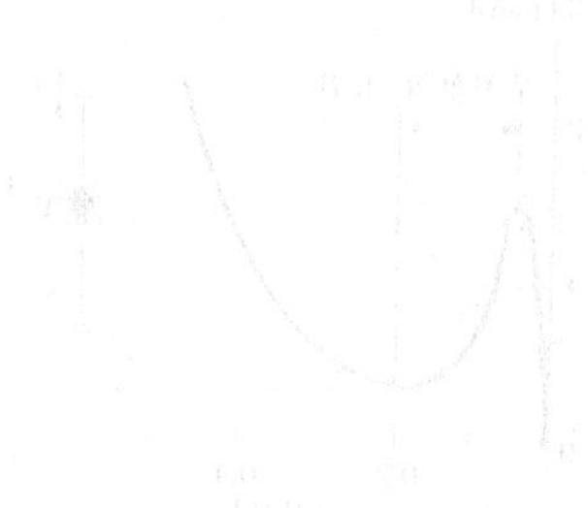

제8장 반도체

8

반 도 체

8-1 반도체 개요

8-1-1 반도체 정의

우리는 "전기가 통한다", "전기가 안 통한다"하는 말을 자주 쓰게 된다. 보다 정확하게 말한다면 "전류가 흐른다", "전류가 흐르지 않는다"라고 할 수 있다. 은, 구리, 알루미늄처럼 전류가 잘 흐르는 물질을 도체라고 하고, 종이나 유리처럼 전류가 잘 흐르지 않는 물질을 부도체라고 한다. 그림 8-1과 같이 도체는 저항값이 "0"에 가깝고 부도체의 저항값은 수십 MΩ 이상임을 알 수 있다.

그림 8-1 반도체 고유저항의 범위

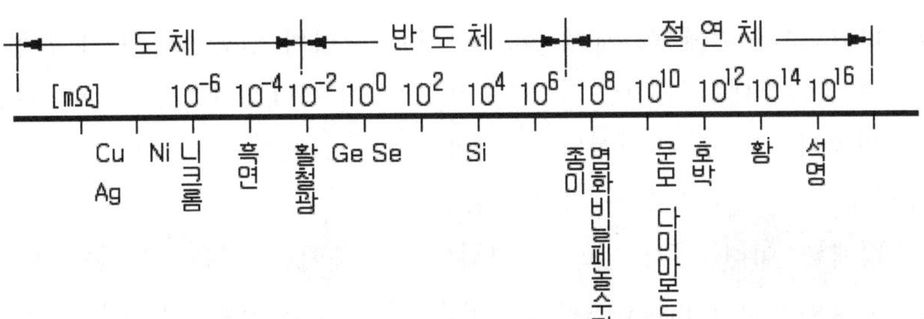

전기공학에서는 전기가 흐르는 정도를 "전기 전도도"라고 한다. 따라서 도체는 전기전도도가 아주 크고 부도체는 전기전도도가 거의 0(제로)라고 할 수 있다. 그러므로 일반적으로 그림 8-1과 같이 고유저항이 $10^{-3} \sim 10^{6}$[mΩ]정도여서, 전기전도도가 도체와 부도체의 중간정도 되는 물질을 반도체라고 한다. 그래서 반도체를 半導體 또는 Semi-Conductor 라고 하는 것이다.

사실 순수한 반도체는 부도체나 마찬가지다. 즉, 전기가 거의 통하지 않는다. 하지만 부도체와는 달리 어떤 인공적인 조작을 가하면 도체처럼 전기가 흐르기 시작한다. 빛을 비춰준다거나 열을 가한다거나 특정불순물을 넣어주면 도체처럼 전기가 흐르는 것이다. 그러나 도체가 전기는 잘 통하지만 사람이 조절하기 어려운 반면에 반도체는 사람이 어떻게 조작하느냐에 따라 조절이 용이하다는 특징이 있다. 이처럼 도체와 부도체의 장점을 다가지고 있는 것이 바로 반도체이며, 전기전도도의 조절 용이성이 바로 반도체의 무한한 가능성을 의미한다고 할 수 있다.

반도체를 한마디로 정의한다면, "원래는 거의 전기가 통하지 않지만 빛이나 열, 또는 불순물을 가해주면 전기가 통하고 또한 조절도 할 수 있는 물질"이라고 할 수 있다.

8-1-2 반도체의 구성

반도체로 쓰이는 재료는 대표적으로 실리콘이 있다. 실리콘은 열에 강하고 지구상에서 산소 다음으로 매우 흔한 물질로 모래나 돌멩이, 유리, 수정 등의 주성분이므로 우리 주위에서 가장 흔하게 보는 물질이기 때문에 현재는 이것을 더 많이 쓴다. 실리콘을 반도체로 사용하기 위해서는 실리콘이 많이 함유된 모래를 화학 처리하여 실리콘만을 뽑아내고 다시 정제과정을 거쳐 순도를 높게 한다. 이렇게 해서 만든 실리콘을 다결정 실리콘이라고 한다. 이것을 다시 녹인 다음 특수한 기술로 천천히 굳혀서 원통 모양의 단결정 실리콘 막대를 만든다. 단결정 실리콘의 순도는 일반적으로 1백억 개의 실리콘 원자 중에 한 개의 불순물 원자가 섞여 있는 정도로 순수한 것이다.

그림 8-2 반도체 제조 공정

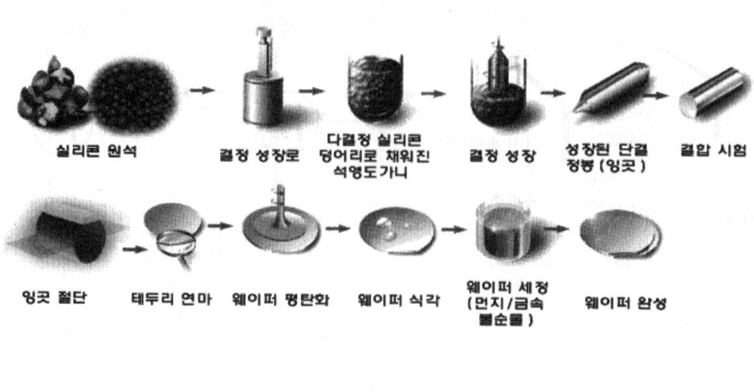

1) 최외각 전자와 주기율표

실리콘을 이해하기 위해서는 원자의 구조에 대한 기본적인 지식이 필요하다. 물질을 계속해서 세분해보면 원자(atom)라는 아주 작은 입자가 되는데, 그림 8-3과 같이 원자는 또 양성자, 중성자, 전자로 구성되어 있다. 그 모양을 보면 양성자와 중성자로 된 원자핵을 중심으로 전자들이 일정한 궤도를 돌고 있는 모양이 된다.

그림 8-3 원자의 구조

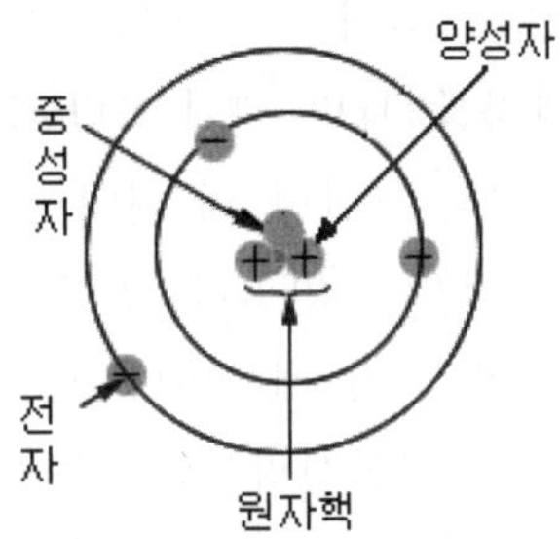

원자핵 주변을 돌고 있는 전자들은 일정한 궤도를 돌게 되는데 가장 바깥쪽 궤도를 돌고 있는 전자를 최외각 전자라고 한다. 특히 가장 바깥에 있는 최외각 전자들은 8개를 채우려하는 성질이 있는데 이것이 원자와 원자를 서로 결합시키는 원동력이 되고 이렇게 해서 분자도 되고 또 분자들이 모여서 물질이 되는 것이다.

그림 8-4 구리원자 모형

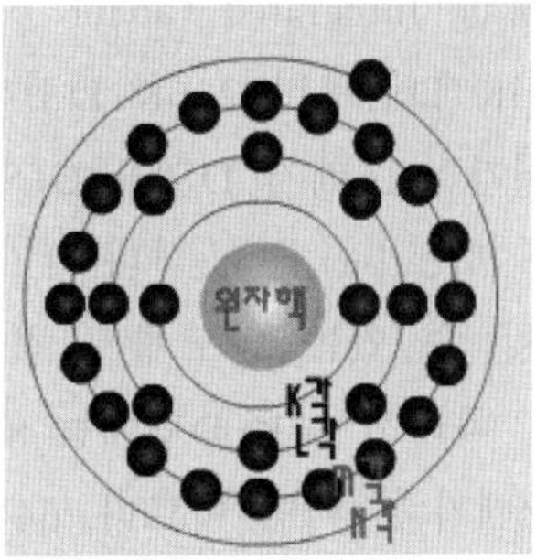

또한 최외각 전자의 갯수는 원자핵의 양성자 갯수와 일치하는데, 1개에서부터 8개까지로 존재할 수 있으며 최외각 전자의 갯수가 같은 원자들끼리는 유사한 성질을 같게 된다. 이처럼 원자들을 최외각 전자의 갯수에 따라 분류해놓은 표를 주기율표

라고 한다. 주기율표에 따라 원자들은 I족에서부터 VIII족(또는 0족)으로 구분되며, 실리콘의 경우 최외각 전자가 4개이므로 IV족 원소임을 알 수 있다. 또한, 붕소(B)원자는 주기율표상에서 보면 III족 원소이며 따라서 최외각 전자가 3개임을 알 수 있다. 마찬가지로 인(P)이나 비소(As)는 V족 원소이며 따라서 최외각 전자의 갯수는 5개가 되는 것이다.

그림 8-5 주기율표

The Pictorial Periodic Table

I	II	IIIb	IVb	Vb	VIb	VIIb	VIIIb			Ib	IIb	III	IV	V	VI	VII	0
1	2	3	4	5	6	7	8	9	10	11	12	13	14	15	16	17	18
H																	He
Li	Be											B	C	N	O	F	Ne
Na	Mg											Al	Si	P	S	Cl	Ar
K	Ca	Sc	Ti	V	Cr	Mn	Fe	Co	Ni	Cu	Zn	Ga	Ge	As	Se	Br	Kr
Rb	Sr	Y	Zr	Nb	Mo	Tc	Ru	Rh	Pd	Ag	Cd	In	Sn	Sb	Te	I	Xe
Cs	Ba	La*	Hf	Ta	W	Re	Os	Ir	Pt	Au	Hg	Tl	Pb	Bi	Po	At	Rn
Fr	Ra	Ac**	Rf	Db	Sg	Bh	Hs	Mt	110	111	112	113					
Lanthanides *			Ce	Pr	Nd	Pm	Sm	Eu	Gd	Tb	Dy	Ho	Er	Tm	Yb	Lu	
Actinides **			Th	Pa	U	Np	Pu	Am	Cm	Bk	Cf	Es	Fm	Md	No	Lr	

2) 결정의 종류

고체의 결정(crystal)은 형성방법에 따라, 그림 8-6과 같이 단결정, 다결정, 비정질이 세 가지로 나눌 수 있다. 이 세 가지가 모두 반도체에 쓰이므로 잘 구별할 필요가 있다.

그림 8-6 결정의 종류

결정이라 함은 '분자의 규칙적인 배열'이라고 정의할 수 있다. 이 규칙적인 배열이 고체 전체에 균일하게 이루어져 있으면 단결정이라 한다. 그런데 부분적으로는 결정을 이루지만 전체적으로는 하나의 균일한 결정이 아닌 경우를 다결정이라 부른다. 비정질이라 함은 고체이지만 분자가 무작위로 배열되어 규칙이 없는 경우를 말한다. 반도체에서 대부분의 칩(chip)은 단결정 웨이퍼에다 제작을 한다. 즉 반도체가 만들어지는 실리콘 단결정이다.

3) 진성반도체와 불순물반도체

실리콘 단결정은 실리콘 원자가 규칙적으로 늘어서 있다. 그림 8-7과 같이, 한 개의 실리콘 원자는 최외각에 4개의 전자를 가지는 주기율표상의 IV족 원소이며, 서로 이웃하는 전자끼리 굳게 결합하므로써 결정을 이루게 된다. 이러한 결합을 공유결합이라고 한다. 이런 순수한 실리콘에서는 원자핵에 결합되어 있는 전자가 움직일 수 없기 때문에 실리콘 외부에서 전압을 걸어도 전류는 흐르지 않으며 이른바 진성 반도체(Intrinsic Semiconductor)라고 한다.

그림 8-7 공유결합

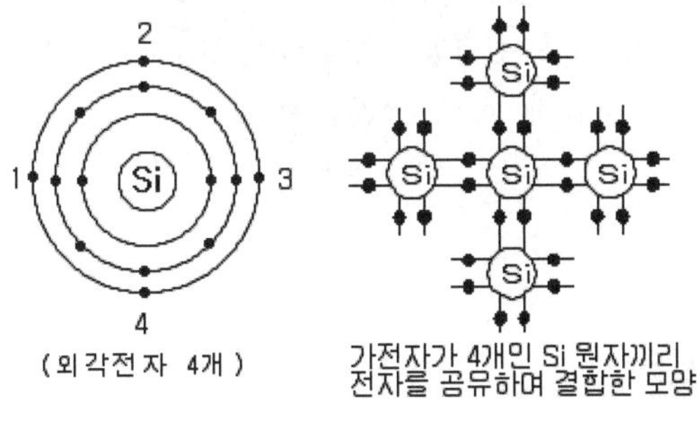

그림 8-8 정 공

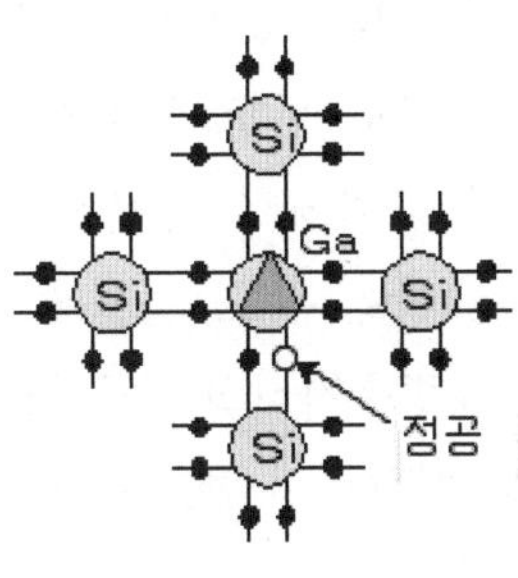

이처럼 부도체나 다를 바 없는 진성반도체에 특정불순물을 집어넣어 주면 전류가 흐르기 시작한다. 여기서 불순물은 전류의 근원, 즉 전류원이라고 할 수 있으며 이렇게 불순물로 자신의 전기전도도를 조절할 수 있는 반도체를 불순물 반도체(Extrinsic Semiconductor)라고 한다. 불순물반도체에는 P형과 N형 두 가지가 있다. 순수한 실리콘, 즉 진성반도체에 주기율표 상의 III족 원소를 소량 넣어주면 전자가 비어있는 상태. 즉 정공(Hole)이 생긴다. 이 상태에서 실리콘에 전압을 걸어주면 전류가 흐르게 되는 것이다. 이를 P형 반도체 또는 P형 실리콘이라고 한다.

반면에 주기율표상의 V족원소를 소량 넣어주면 전자가 남는 상태, 즉 잉여전자가 생긴다. 이 상태에서 실리콘에 전압을 걸어주면 제자리를 못 찾은 이 잉여전자가 자유전자가 되며 전류가 흐르게 되는 것이다. 이를 N형 반도체 또는 N형 실리콘이라고 한다.

그림 8-9 잉여전자

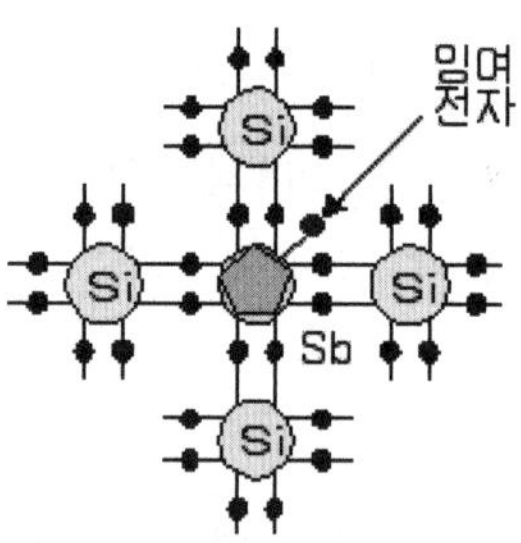

8-1-3 반도체의 종류

반도체 종류에는 다이오드, 트랜지스터, IC(Integrated Circuit : 직접회로)등 여러 가지가 있는데 전자제품을 만드는 기본 요소가 된다고 해서 보통 반도체 소자라고 부른다. 다이오드(Diode)는 가장 간단한 반도체 소자로 PN접합으로 되어있고 교류를 직류로 바꾸는 정류작용과 발전기 따위에서 역전류를 차단하는 작용을 한다. 트랜지스터는 PNP 또는 NPN형이 있다. 작은 신호를 크게 하는 증폭작용과 스위칭 작용을 한다. 트랜지스터나 다이오드를 개별소자라고 부르는 것에 비해 소자들을 모은 반도체를 집적회로라고 한다. 개인용 컴퓨터나 핸드폰처럼 제품을 소형으로 만들 수 있는 것은 바로 집적화 기술 덕분이다. 집적회로는 플래너(Planar) 기술이 개발된 이래

눈부시게 발전하였다. 플래너 기술이란 웨이퍼라고 하는 평평한 반도체판 표면에 트랜지스터 등의 소자를 새겨 넣는 것을 말한다. 이 집적회로 기술에는 사진기술이 밀접하게 연관되어 있다. 인화지에 해당하는 웨이퍼 위에 필름 역할을 하는 마스크를 놓고 빛 대신 자외선을 쬐어 아주 정밀하고 복잡한 회로를 새겨 넣는 것이다. 집적회로의 중요한 역할은 정보의 기억(Memory)과 연산이다. 기억용량이 핵심인 메모리 IC에는 램(RAM)과 롬(ROM)이 있으며, 직접회로의 연산작용을 가장 잘 발휘하는 것이 마이크로 프로세서인데 CPU(Central Processing Unit)에 사용된다.

8-1-4 반도체의 특성

반도체의 성질과 반도체에 대한 장단점은 다음과 같다.

1) 반도체 성질

① 일반적으로 도체는 가열되면 저항이 커지지만 반도체는 반대로 작아진다
② 반도체에 섞여 있는 불순물의 양에 따라 고유저항을 크게 변화시킬 수 있다.
③ 교류전기를 직류전기로 바꾸는 정류작용을 할 수 있다.(다이오드)
④ 증폭작용 및 스위칭 작용도 할 수 있다.(트랜지스터)
⑤ 반도체가 빛을 받으면 저항이 작아지거나 전기를 일으키기도 한다.
(포토 다이오드, 태양전지) - 광전 효과
⑥ 전류를 흘리면 빛을 내기도 한다.(발광 다이오드)
⑦ 압력을 받으면 전기가 발생하기도 한다 - 압전 현상, 즉 피에조(piezo) 효과
⑧ 자력을 받으면 전도도가 변하기도 한다 - 홀(hall) 효과
⑨ 전류가 흐르면 열을 흡수하기도 한다 - 펠티에(peltie) 효과

2) 장점

① 소형이며 가볍다.
② 전력 소모가 적다.
③ 예열 시간이 없어 동작속도가 빠르다.
④ 기계적 강도가 크다.
⑤ 수명이 길다.
⑥ 고장률이 낮아 신뢰도가 높다.

⑦ 외부회로와 연결이 간단하다.
⑧ 경제적이다.

3) 단점

① 전압이나 전류가 정격값 이상이 되면 파괴되기 쉽다.
② 열에 약하다. 즉, 온도가 높으면 특성이 불량해 진다. 게르마늄은 85℃ 이상, 실리콘은 150℃ 이상이 되면 파손된다.
③ 발진이나 잡음이 나기 쉽다.
④ 마찰에 의한 정전기의 영향을 받기 쉽다.
⑤ 역내압이 낮다.

8-2 다이오드

8-2-1 다이오드의 원리

다이오드(Diode)는 가장 간단한 반도체 소자로 N형 반도체 조각과 P형 반도체 조각을 붙여 놓은 것이다. 이를 PN접합이라고 한다. PN 접합형 다이오드의 동작원리는 다음과 같다. 그림 8-10(a)와 같이 전압 E 를 걸어줄 때, P쪽에 (+)를 N쪽에 (−) 전압을 걸어주는 경우를 순방향 바이어스(bias) 전압을 건다고 하고, 이 때 P층 내부 영역의 홀(hole)은 전압 E의 (+)와 반발하여 N쪽으로, N층 내부의 전자는 마찬가지로 전압 E의 (−)와 반발하여 P쪽으로 이동하고 외부 회로에는 순방향 전류가 흐르게 된다.

그림 8-10 다이오드의 원리

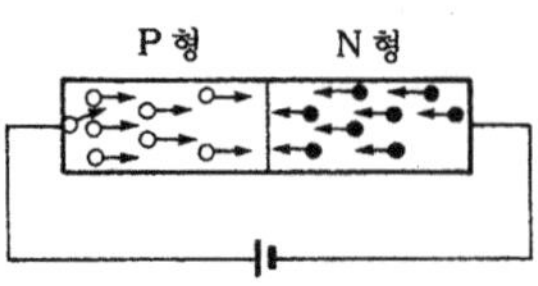

(a) 순방향 바이어스

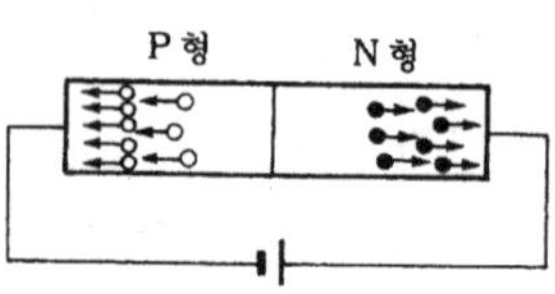

(b) 역방향 바이어스

그림 8-10(b)는 (a)와 역방향으로 전압 E (역 바이어스 전압)를 걸어 줄 때의 그림

이다. 이때, P층 내의 홀(hole) 및 N층의 전자는 전압 E의 극성과 반대가 되므로 각각의 전극 쪽으로 끌려간다. 이 결과 홀과 전자가 이동해 가버린 후의 빈 영역을 공핍층(depletion layer)이라 부른다. 이 층에는 전기전도에 기여할 수 있는 자유전자가 없고 마치 절연체와 같이 되어 역방향 전류는 흐르지 않게 된다. 이와 같이, 순방향 바이어스의 경우에는 작은 전압에도 많은 전류가 급격히 흐르지만, 역방향 바이어스의 경우에는 많은 전압을 걸어주어도 전류가 흐르지 않는다. 이러한 특성을 그래프로 나타내면 그림 8-11과 같고, 기호는 그림 8-12와 같다. 기호의 의미는 애노드(Anode) 측에서 캐소드(Cathode) 측으로 전류가 흐른다는 것을 나타내고 있다.

그림 8-11 다이오드의 전류-전압 특성곡선

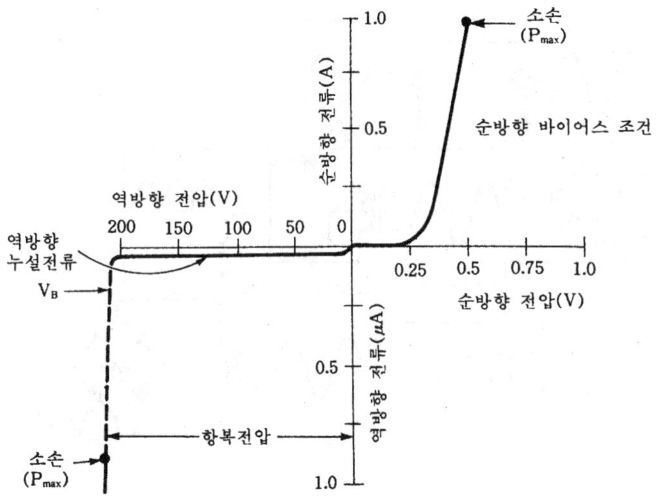

그림 8-12 다이오드의 기호

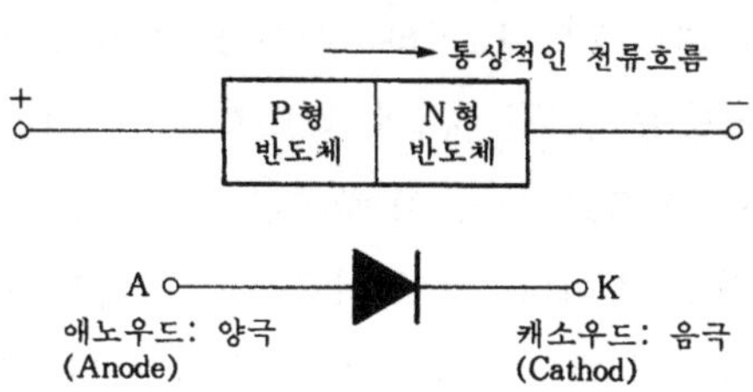

다이오드의 대표적인 작용 두 가지는 역전류 차단작용과 정류작용이라고 할 수 있다. 이 외에도 라디오의 고주파에서 신호를 꺼내는 검파용, 전류의 ON/OFF를 제어하는 스위치 등에 사용되기도 한다.

8-2-2 다이오드의 종류

1) 정류 다이오드 (Rectifier diode)

위에서 설명한 바와 같이, 단지 순방향으로 전류가 흐르는 성질을 이용하여 교류를 직류(맥류)로 변환시키는 다이오드를 정류다이오드라고 한다. 그림 8-12와 같이 정류에는 다이오드 1개를 사용하여 반 싸이클만 전류로 흘려 직류를 공급하는 반파정류와 다이오드 2개를 사용하는 중간 탭 전파정류, 다이오드 4개를 사용하는 브릿지 전파정류 등이 있다.

그림 8-13 정류 다이오드

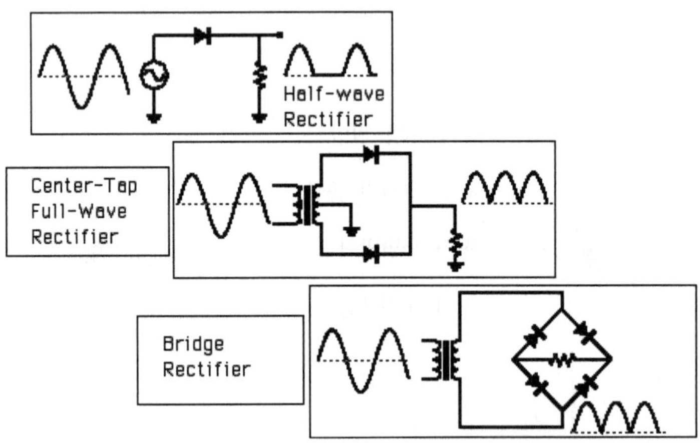

2) 제너 다이오드 (Zener diode)

PN 접합형 실리콘(Si) 다이오드에 역바이어스를 걸어서 사용하는 다이오드로서, 전압이 낮은 경우에는 역방향 전류는 거의 흐르지 않고 어떤 전압 V_Z에서 갑자기 흐르는데, 이 현상은 터널 효과와 전자 사태(공핍층이 넓은 상태에서 전자와 정공이 계속 증가하는 현상)에 의한 것이다. 이 현상은 PN 접합부가 주울열 등으로 파괴되지 않는 범위(한계)내에서 사용하면 원래대로 계속해서 다이오드로 사용할 수 있다. 여기서, 역방향으로 전류가 흐르는 시점의 전압 V_Z을 제너전압 또는 항복전압, 파괴전압(Breakdown Voltage)이라고 한다.

제너 다이오드는 회로의 전압을 일정하게 유지할 필요가 있는 정전압 회로에 주로 사용된다. 그래서 제너 다이오드를 정전압 다이오드라고도 한다. 3~150[V]정도의 여러 종류가 있다. 제너 다이오드의 기호와 전압-전류 특성은 그림 8-14와 같다.

그림 8-14 제너 다이오드의 기호 및 특성

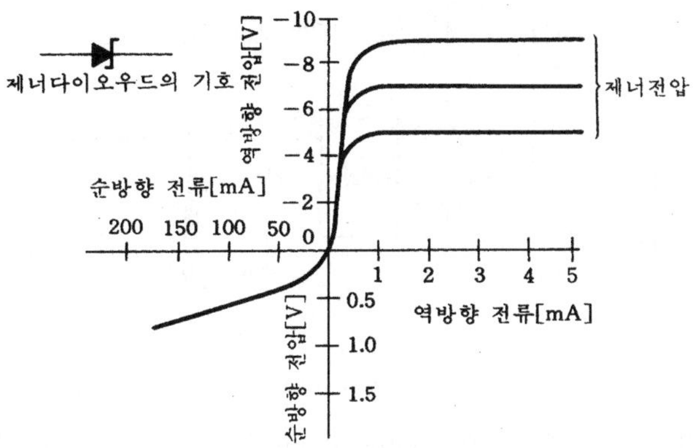

그림 8-15 정전압 회로와 정전압 특성

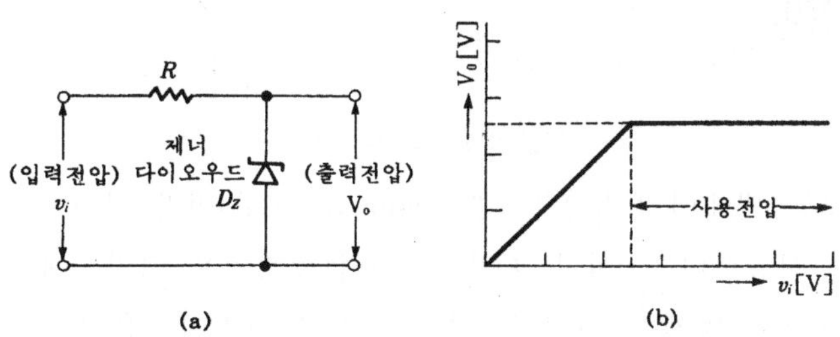

3) 발광 다이오드 (LED ; Light Emitting Diode)

전류를 순방향으로 흘렸을 때에 빛을 발하는 다이오드이다. PN 접합에서 빛이 투과하도록 P형 층을 매우 얇게 만들고, 순방향 바이어스 전압이 가해지면 N형 반도체 내의 전자가 P형 반도체 안으로 주입되어 소수 반송자로 확산되고 P형 반도체 내의 다수 반송자와 재결합하게 되고 P형 반도체 안의 정공(hall)도 N형 반도체 안의 전자와 재결합한다. 이때 소수 반송자가 가지는 에너지는 재결합에 필요한 에너지보다도 크고, 그 나머지의 에너지는 빛으로 방출하는 전기장 발광(electroluminescence, EL) 현상이 일어난다. 이러한 전기 발광 현상을 이용한 다이오드가 발광 다이오드(light emitting diode, LED)이다.

발광 다이오드는 디지털 계측기, 탁상 계산기 등의 숫자 표시기에 많이 사용되며, 그림 8-16은 LED의 기호와 매연경보기(smoke alarm)회로에서 표시등(pilot lamp)으로 사용된 예이다.

그림 8-16 LED를 이용한 매연 경보기 회로

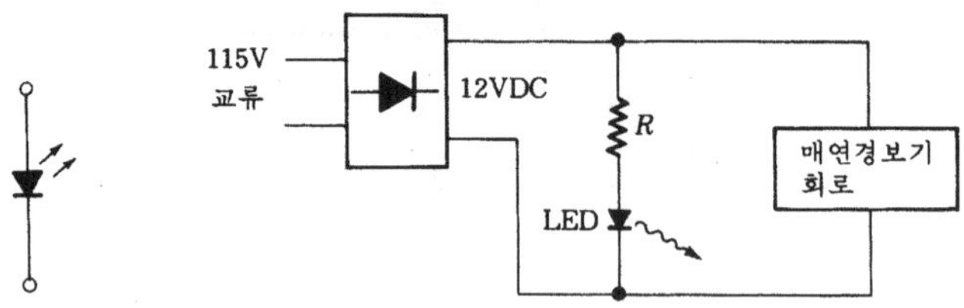

(a) LED의 기호 (b) 매연경보기회로

4) 포토 다이오드(Photo diode)

포토 다이오드는 광에너지를 전기에너지로 변환시키는 것이다. 포토 다이오드는 역방향으로 일정한 전압을 가한 상태에서 빛을 받으면 광전효과에 의해 전류가 흐르게 된다. 포토 다이오드의 기호는 그림 8-17과 같다.

그림 8-17 포토다이오드

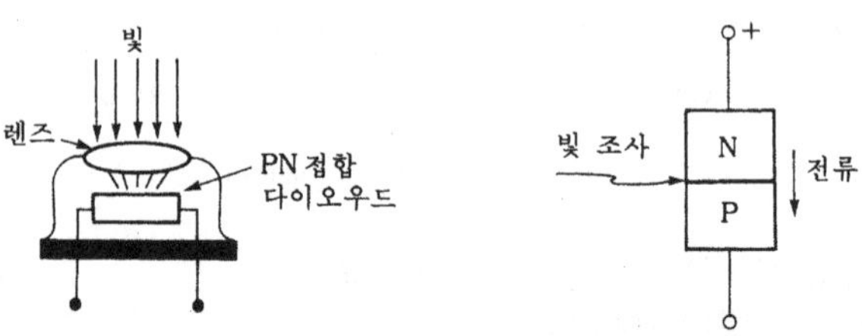

(a) 구 조 (b) 기 호

5) 가변용량 다이오드 (Variable capacitance diode)

가변용량 다이오드는 배리캡(Varicap) 또는 버랙터(varactor)라고도 하는데, 전압을 역방향으로 가했을 경우에 전압의 크기에 따라 공핍층의 두께가 변화하여 다이오드가 가지고 있는 정전용량(접합용량)이 변화하는 것을 이용한 다이오드이다. 역방향의 전압을 높이면 접합용량은 작아진다. AFC회로 (자동주파수 제어), FM회로(주파수 변조) 등에 이용된다. 가변용량 다이오드의 기호와 특성곡선은 그림 8-18과 같다.

그림 8-18 가변용량 다이오드

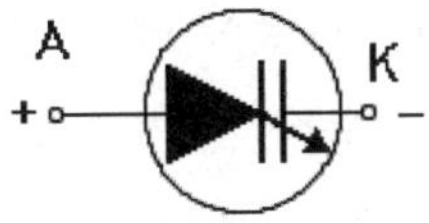

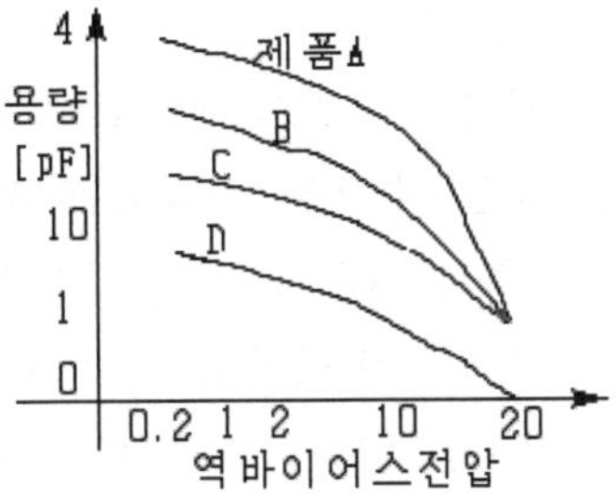

6) 터널 다이오드(tunnel diode)

불순물 농도를 $10^{25} \sim 10^{26}$[개/m³]정도로 매우 크게하여 PN 접합을 한 다이오드로, 순방향 전압이 낮을 때는 공핍층(공간전하영역)이 좁아져서 N형 영역 중의 전자는 이 장벽의 반대쪽 P형 영역에 나타난다. 이는 흡수 전자가 장벽을 뚫고 지나는 듯한 작용, 즉 터널 효과(tunnel effect)를 갖는다. 전류-전압 특성은 어느 순방향 전압 범위 내에서 터널 효과에 의한 전류 흐르므로 그림 8-19와 같이 부성 저항 특성으로 변화하는 과정을 갖는다. 터널 다이오드는 초고주파의 발진 회로나 고속 스위칭 회로 등에 이용된다.

그림 8-19 터널 다이오드의 전압-전류 특성과 기호

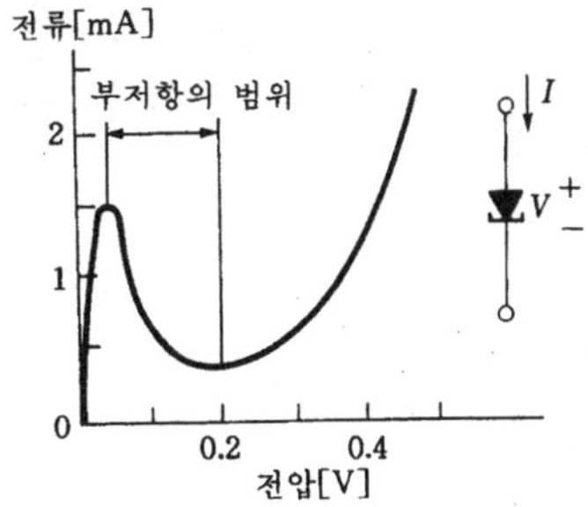

8-3 트랜지스터(Transistor)

8-3-1 트랜지스터 개요

우리 주변에는 저항이나 콘덴서와 같이 전자부품으로 불리는 것이 많다. 트랜지스터는 이 가운데 '대표선수'처럼 취급되곤 하는 것인데 그것은 다른 전자부품과는 달리 특별한 작용을 하기 때문이다. '증폭작용'이라는 기능이다. 저항기나 콘덴서 같은 일반적인 부품을 '수동부품'이라고 하는 반면 증폭작용을 하는 트랜지스터는 '능동부품'이라고 한다. 수동부품이 혼자서는 아무런 작용도 하지 못하고 트랜지스터의 힘을 빌려야만 하는데 반해 능동부품은 전류를 흘려주면 혼자서 제어나 증폭 등의 작용을 한다.

트랜지스터(Transistor)란 이름은 '트랜스퍼'(Transfer : 신호를 전달한다)와 '레지스터'(Resistor : 저항기) 라는 두 낱말의 합성어이다. 트랜지스터의 구조는 진공관에 비하면 매우 명료하게 되어 있다. 극히 예외적인 경우는 있으나 대부분 베이스(Base), 이미터(Emitter), 콜렉터(Collector)의 세 부분으로 구성되어 있고, 발의 수는 그림 8-20과 같이 세 개이다.

그림 8-20 트랜지스터 외형과 형명

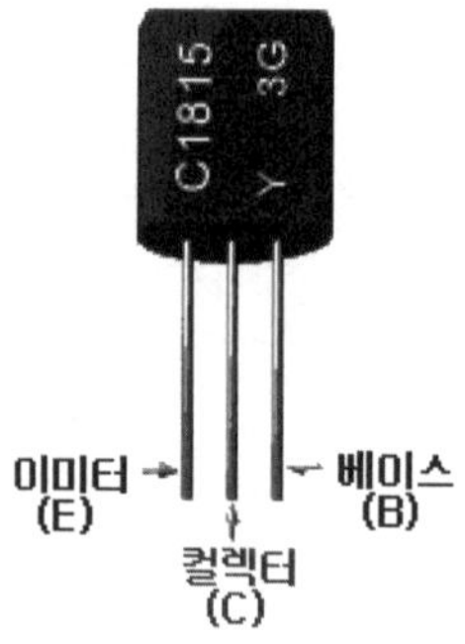

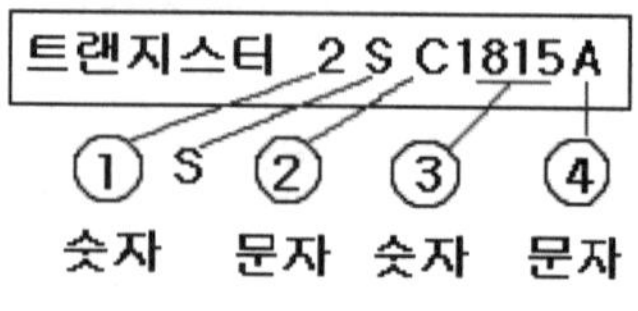

그림 8-20의 트랜지스터 형명은 다음과 같다.

①의 숫자 : 반도체의 접합면수

(0 : 광트랜지스터, 광다이오드, 1 : 각종 다이오드, 정류기, 2 : 트랜지스터, 전기장 효과 트랜지스터, 사이리스터, 단접합 트랜지스터, 3 : 전기장 효과 트랜지스터로 게이트가 2개 나온 것).

S는 반도체(Semiconductor)의 머리 문자.

②의 문자 : A, B, C, D 등 9개의 문자
(A : PNP형의 고주파용, B : PNP형의 저주파형, C : NPN형의 고주파형, D : NPN형의 저주파용, F : PNPN사이리스터, G : NPNP 사이리스터, H : 단접합 트랜지스터, J : P채널 전계 효과 트랜지스터, K : N채널 전계 효과 트랜지스터)
③의 숫자 : 등록 순서에 따른 번호. 11부터 시작.
④의 문자 : 보통은 붙지 않으나, 특히 개량품이 생길 경우에 A, B, …, J까지의 알파벳 문자를 붙여 개량 부품임을 나타낸다.

그러므로 그림 8-20의 트랜지스터의 형명 2SC1815A는 NPN형의 개량형 고주파용 트랜지스터이다. 트랜지스터의 리드는 트랜지스터의 종류에 따라 내용이 다르기 때문에 매뉴얼 등을 참조하여 확인할 필요가 있다.

8-3-2 트랜지스터의 구성과 동작

트랜지스터는 그림 8-21과 같이 반도체 조각을 3개 붙여 놓은 것으로 NPN형, PNP형이 있다. 다이오드에 비해 PN접합이 2개인 셈이다. 그래서 이를 바이폴라 접합 트랜지스터(Bipolar Junction Transistor : BJT)라 한다.

PNP형 트랜지스터와 NPN형 트랜지스터를 작동시키기 위해서는 먼저 PN 접합의 이미터와 베이스 사이에 순방향의 직류 전압을 가하고, 베이스와 컬렉터 사이에는 역방향의 직류 전압을 가해야 한다. 이와 같이 트랜지스터에 직류 전압을 가하는 것을 바이어스전압(바이어스)을 가한다고 한다.

그림 8-21 트랜지스터의 구성 및 기호

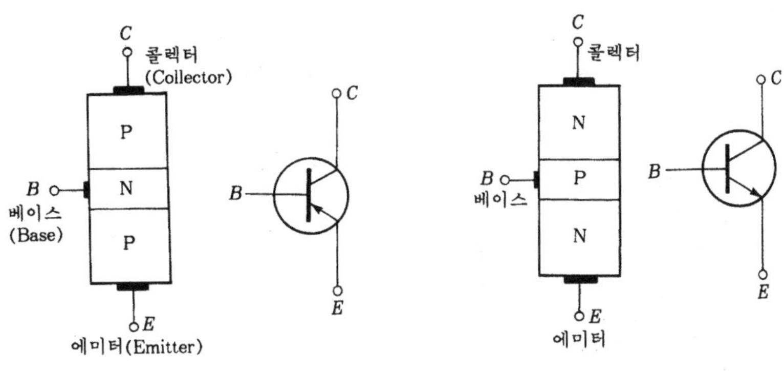

(a) PNP형 트랜지스터 (b) NPN형 트랜지스터

PNP형 트랜지스터의 경우, 그림 8-22(a)에서 베이스와 컬렉터 사이에는 역방향 전압 E_{CB}가 가해져 있으므로 PN접합에서는 전위 장벽이 높아져 베이스와 컬렉터 사이에는 전류가 흐르지 않는다. 이때, 이미터와 베이스 사이에 순방향 전압 E_{EB}를 가하면 이미터 전자가 베이스로 확산되어 베이스 전류 I_B가 이미터에서 베이스로 흐른다. 그리고 이미터 전자들이 컬렉터 접합부분에도 도착하여 있으므로 컬렉터에 걸린 강한 역 전압에 의해 전자는 컬렉터 쪽으로 급격히 이동하여 큰 전류 I_C가 이미터에서 컬렉터로 흐르게 된다.

그림 8-22 PNP형 트랜지스터의 동작 원리

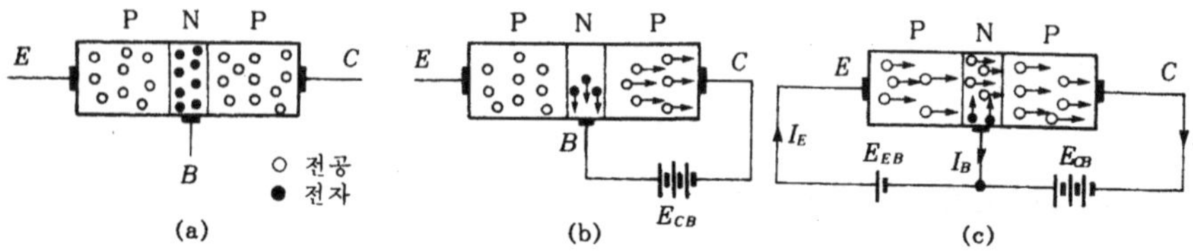

트랜지스터는 베이스에 신호(전기)가 오지 않으면 즉, 베이스에서 이미터로 전류가 흐르지 않으면 콜렉터에서 이미터로 전류가 흐르지 않는다. 반드시 베이스에서 이미터로 전류가 흘러야만 콜렉터에서 이미터로 전류가 흐른다. 이는 베이스 전류 I_B를 ON, OFF함으로써 이미터와 컬렉터 사이를 ON, OFF할 수 있다는 것을 뜻한다. 이것을 트랜지스터의 스위칭 작용이라 한다.

이때, 이미터에 출력되는 전류의 양을 100%로 본다면 베이스에서 이미터로 흐르는 전류량은 2% 정도이고, 콜렉터에서 이미터로 흐르는 전류의 양은 98% 정도가 된다. 이는 베이스의 적은 전류량(2%)으로 콜렉터의 높은 전류량(98%)을 얻을 수 있다고 해서 증폭작용이라 한다.

그림 8-23 트랜지스터의 스위칭 작용과 증폭작용

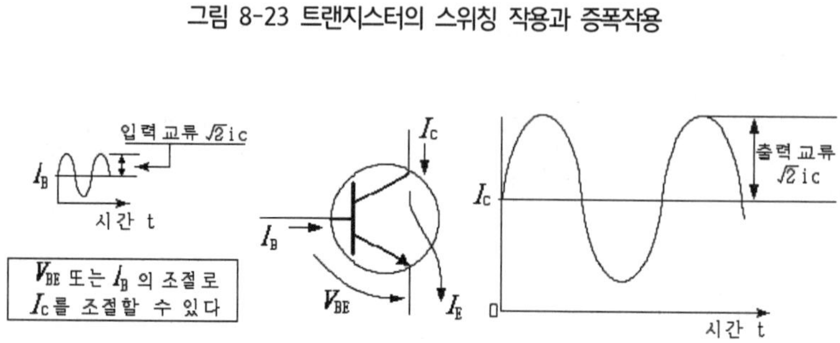

그리고 컬렉터 전류 I_C와 베이스 전류 I_B의 비를 전류 증폭률 β이라 하고, 식으로 나타내면 다음과 같다.

$$\beta = \frac{I_C}{I_B} \qquad \cdots\cdots(8\text{-}1)$$

이와 같이, 트랜지스터의 대표적인 작용으로는 증폭작용과 스위칭 작용이 있다.

8-3-3 전계효과 트랜지스터

기타 트랜지스터로 사용되는 것에는 전계 효과 트랜지스터(field-effect transistor : FET), 단일 접합 트랜지스터(UJT), 포토 트랜지스터(photo transistor)등이 있다.

전계 효과 트랜지스터는 일반 트랜지스터와는 그 동작특성이 다른 소자이다. 일반 트랜지스터는 쌍극성 접합 트랜지스터(bipolar junction transistor : BJT)로 소수 반송자와 다수 반송자의 상호작용으로 전류가 제어되나, FET는 단극성 트랜지스터(unbipolar transistor)로서 전류의 흐름이 다수 반송자만에 의한 것으로 전계(전압)에 의해 전류가 제어된다.

1) 구조

그림 8-24(a)와 같이 소스(Source : S), 드레인(Drain : D), 게이트(Gate : G)의 3단자와 채널(channel)등으로 구성되어 있다. 여기서 소스(S)는 전류 공급원이며, 드레인(D)은 전류 배출구 그리고 채널(C)은 전류 통로이다.

그림 8-24 FET의 구조와 기호

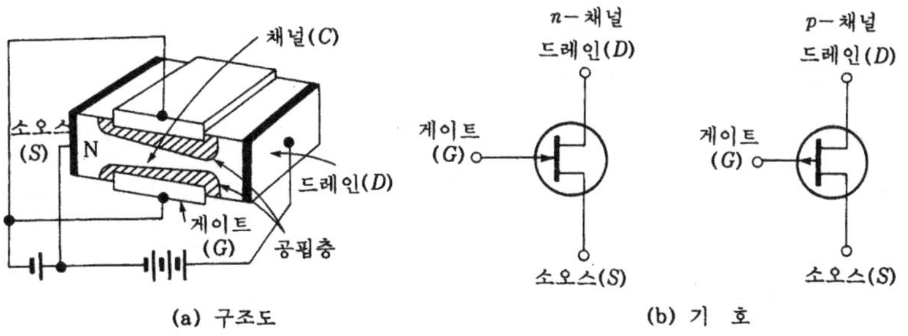

2) 원리

원리는 채널(전류가 흐르는 통로)을 통하여 전류(다수캐리어)가 흐르는 데, 이 전류는 게이트에 인가되는 전압에 의해 제어된다. 즉, 드레인(D)과 소스(S) 사이에 전압(V_{DS})을 인가하면 접합부가 역방향 바이어스로 되어 공핍층이 넓어진다. 따라서 실효적인 채널(C)의 폭이 좁아져 흐르는 전류가 제어된다. 이때, 게이트 역전압 V_{GS}를 0[V} 로 둔 상태에서 드레인-소스간 전압 V_{DS} 계속 증가시키면 PN 접합을 이루고 있는 게이트와 소스사이의 공핍층이 점점 커져 상대적으로 채널의 폭이 점점 좁아져 채널이 완전히 막히게 되는 현상이 나타난다. 이것을 핀치오프(pinch off) 현상이라 한다. 대체로 FET에서 전자원 S로부터 흘러 들어온 전류는 게이트(문) G를 통해서 배출구 D로 향해 나간다. 게이트(문) G를 열고 닫는 것은 G단자와 S단자의 사이에 인가한 입력전압이다.

3) 종류

전계효과 트랜지스터(FET)는 채널 부분에 사용되는 반도체에 따라 P채널 FET와 N채널 FET가 있으며, 게이트 구조에 따라 접합형 전계효과 트랜지스터(junction type FET : JFET)와 금속산화물 반도체 전계 트랜지스터(metal oxide semiconductor type FET : MOSFET)가 있다.

8-4 사이리스터(thyristor)

사이리스터(thyristor)는 바이폴러(bipolar) 트랜지스터의 일종이다. OFF상태와 ON상태의 두 가지 안정상태를 유지할 수 있으며, 나아가 OFF상태로부터 ON상태로 또는 그 역의 스위칭이 가능한 소자이다. 사이리스터는 일반적으로 전력용 트랜지스터에 비해 고내압에서 우수한 특성을 나타낸다.

사이리스터에는 여러 가지 있으나 가장 많이 쓰이는 것은 실리콘 제어 정류기(SCR ; Silicon Controlled Rectifier)이라 불리는 것으로 PNPN접합 또는 NPNP접합의 4층 구조로 되어 있다. 여기서 현재 가장 많이 사용하고 있는 단방향 3단자 사이리스터에 대해 설명한다.

사이리스터구조는 그림 8-25와 같이 PN 다이오드 2개를 포개서 P나 N의 한쪽에 게이트 단자를 부착한다. (+)쪽을 애노드(Anode)라 하고, (−)쪽을 캐소드(Cathode), 제어 단자를 게이트(Gate)라 부른다. 게이트의 위치에 따라 캐소드 게이트형(P형), 애노드 게이트형(N형)의 2종류가 있다.

그림 8-25 사이리스터

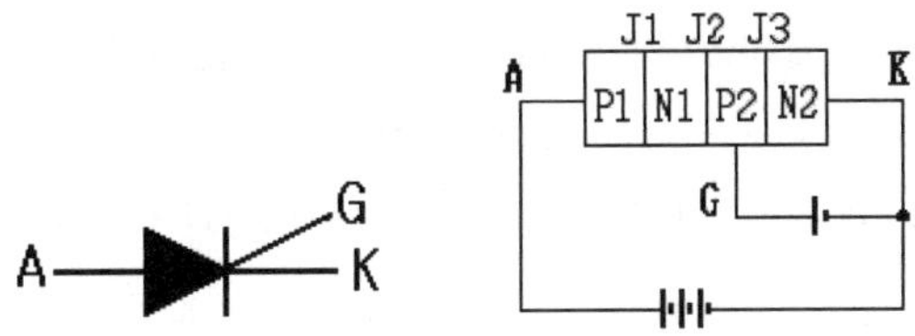

그림 8-25에서 애노드 A에 (+), 캐소드 K에 (−)전위를 주면 접합부 J1, J3는 순방향 바이어스가 되고, 중앙의 J2 PN 접합부는 역방향 바이어스가 되어 공핍층이 생기므로 SCR은 OFF(차단) 상태가 된다. 이때, 게이트 G에 전류 I_G를 흘리면 공핍층이 얇아지고 게이트 전류 I_G를 더욱 증가시키거나 전압 V_{AK}를 증가시키면 공핍층은 소멸되고 SCR은 ON상태가 되어 전류 I_{AK}가 흐른다. SCR 이 OFF 상태에서 ON 상태로 되는 것을 턴온(TURN ON), ON상태에서 OFF상태로 되는 것을 턴오프(TURN OFF)라 하고 SCR이 TURN ON될 때의 전압 V_{AK}값을 파괴전압(Breakover Voltage) 또는 항복전압이라 한다.

일단 턴온한 SCR은 다이오드와 같은 특성이 되고 이것을 본래 OFF 상태로 되돌리기 위해서는 전압을 낮추어도 소용없다. SCR에 흐르는 전류를 일시적으로 차단하지 않으면 안된다. SCR의 브레이크 오버 전압은 또 하나의 단자인 게이트에 적은 전류가 흐르게 함으로써 대폭적으로 바꿀 수 있다. 그리고 게이트 전류 I_G를 충분히 흐르게 하면 브레이크오버 전압을 거의 0[V]가 된다. 이 상태에서는 순방향과 역방향이 모두 일반 다이오드의 특성과 똑같다.

참고 웨이퍼와 웨하스

시중에 유명과자 “웨하스”가 있다. 이 과자의 표지를 보면 영어로 “Wafers” 라고 쓰여있다. Wafers는 “얇고 납작한 것”이란 뜻이 있으며, “웨이퍼스”라고 발음한다. 그래서 웨하스 과자를 보면 과자/크림/과자/크림의 순서로 얇은 층이 계속되어 있음을 알 수 있다. 그런데 왜 웨이퍼스라고 하지 않고 웨하스라고 했을까? 이는 일본식 발음에서 기인했다. 일본식으로는 웨이퍼스라는 발음이 되지 않고 웨하스로 발음이 되기 때문이다. 이것이 그대로 우리나라로 들어와서 사용된 것이다. 지금도 일본사람들은 실리콘 웨이퍼를 “웨하”, “웨하스”라고 읽고 있다. 그러나 정확한 발음은 “웨이퍼”, “웨이퍼스”가 된다.

웨이퍼(wafer)는 반도체물질로 만들어진 얇고 둥근 조각이다. 이 위에 집적회로를 만들어 넣게 된다. 반도체는 웨이퍼가 감자를 얇게 썬 것과 비슷하다고 해서 칩(CHIP)이라고 부른다. 또 여러 회선을 끌어 모은 공법을 썼다고 해서 집적회로 (IC ; Integrated Circuit) 라고 부르기도 한다. 손톱 크기 만한 칩에 얼마나 많은 회로를 그려 넣느냐(집적도)에 따라 LSI (Large Scale Circuit ; 대규모 집적 회로), VLSI (Very Large Scale Integrated Circuit; 초대규모 집적회로), ULSI (Ultra Large Scale Integrated Circuit) 등으로 발전해 왔다. 초기 트랜지스터 수준을 LSI, 64K D램부터 256K D램까지 K(킬로) 단계를 VLSI, 현재의 1메가 D램이나 4메가 , 16메가 D램을 ULSI라고 한다.

64K D램에서 K란 ‘킬로 비트(bit)’를 뜻한다. 1킬로가 1천이므로 64K D램은 ‘6만 4천 비트를 기억할 수 있는 반도체’로 풀이된다. 8비트가 조합하여 하나의 영문자를 나타낸다. 따라서 64K D램에는 8천 자의 영문 정보를 담을 수 있다. 64메가 D램에서 ‘메가’는 백만 비트다. 64메가 D램을 풀어 쓰면 6천 4백만 비트 D램이 된다. 이 반도체에는 영문자 8백만 자에 해당하는 기록을 할 수 있다. 신문으로 치면 , 5백 12쪽에 해당하는 어마어마한 분량이 이 반도체 칩 하나에 들어간다.

단원정리

1. 반도체의 고유저항

$10^{-3} \sim 10^{6}$[mΩ]이고 고유저항의 온도계수는 (−)이다

2. 반도체의 장점

① 극히 소형이고 가볍다
② 내부에서의 전력손실이 대단히 적다
③ 예열 시간을 요하지 않고 곧 작동을 시작한다
④ 기계적으로 강하고 수명이 길다

3. 반도체의 단점

① 온도가 올라가면 특성이 몹시 나빠져 파괴될 우려가 있다
② 일반적으로 역내압(逆耐壓)이 낮다. 따라서 높은 전압이 걸리는 곳에는 사용할 수 없다
③ 정격값을 넘으면 곧 파괴되기 쉽다

4. PN접합 다이오드의 작용 2가지

정류작용, 역류방지

5. 제너 다이오드 (Zener Diode)

정류용 다이오드와 같이 정류작용도하며 역방향으로 전압이 가해져도 일정전압 이상이 되면 전류가 흐를 수 있게 만든 다이오드로 이때의 전압을 항복전압, 브레이크 전압, 파괴전압이라고 한다.

6. 발광 다이오드(LED)

교류전압을 가하면 소자 자신이 빛을 발하는 다이오드이다.

7. 포토 다이오드

빛이 조사되면 전류가 흐르는 다이오드

8. 트랜지스터(Transistor) : 스위칭 작용, 증폭작용

* NPN접합 : 베이스에서 이미터 쪽으로 전류(2%)가 흘러야 컬렉터에서 이미터 쪽으로 전류(98%)가 흐른다, 즉 이미터가 출력측이 되고 화살표 기호는 베이스에서 이미터 방향이 된다.
* PNP접합 : 이미터(Emitter)에서 베이스(Base)로 전류가 흘러야 이미터에서 컬렉터 쪽으로 전류가 흐른다, 즉 이미터가 입력측이 되며 화살표 기호는 이미터에서 베이스 방향이 된다.

9. 사이리스터(Thyristor, 다중접합체)

게이트(Gate)에 전류를 보내줘야 애노드(Anode)에서 캐소드(Cathode)로 전류가 흐른다. 즉 게이트의 적은 전류로 애노드와 캐소드 사이의 큰 전류를 단속한다. 또한 역방향으로는 전류가 흐르지 않는다.

연 습 문 제

1. 다이오드의 대표적인 작용 두 가지는 ?

   답 정류작용, 역전류 차단작용

2. 다음과 같은 PNP형 트랜지스터의 단자 명칭으로 바른 것은 ?

   가. a:베이스 b:이미터 c:컬렉터
   나. a:이미터 b:베이스 c:컬렉터
   다. a:콜렉터 b:베이스 c:이미터
   라. a:이미터 b:컬렉터 c:베이스

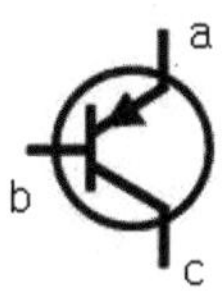

   답 나

3. 반도체 IC의 기판으로 사용되는 재료는 ?

   가. 셀렌(Se) 나. 구리(Cu)
   다. 은(Ag) 라. 규소(Si)

   답 라

4. PN 접합체에 교류를 가하면 어떻게 되는가?

   가. 전류는 전혀 흐르지 않는다
   나. 항상 전류가 흐른다
   다. 반파 정류된 전류만이 흐른다
   라. 전자와 정공이 서로 접합점에 모이는 순간만 전류가 흐른다

   답 다

5. Si 다이오드 순방향 전압강하(접촉 전위)는 대개 얼마 정도인가 ?

답 0.6 ~ 0.7[V]

6. 트랜지스터의 대표적인 작용 두 가지는 ?

답 증폭작용과 스위칭 작용

7. 전원 전압을 안정하게 유지하기 위해서 사용되는 다이오드는 ?

가. 제너 다이오드　　나. 터널 다이오드
다. 버랙터 다이오드　　라. 바리스터

답 가. 제너 다이오드는 역방향 전류가 비교적 크고 제너 파괴 전압이 일정한 다이오드로서 전압 안정 회로에 주로 사용된다.

8. 온도에 따라 저항값이 부(−)의 방향으로 변화하는 특수 반도체는 ?

가. 서미스터(thermistor)　　나. 바리스터
다. 제어 전류소자(SCR)　　라. 사이리스트

답 가

9. 다음 사이리스터 중에서 단방향성 소자는 ?

가. 트라이액　　나. 다이액
다. SSS　　라. SCR

답 라

10. 전계효과 트랜지스터(FET)에서 드레인-소스간 전압을 증가시키면 PN 접합을 이루고 있는 게이트와 소스사이의 공핍층이 점점 커져 상대적으로 채널폭이 점점 좁아져 채널이 완전히 막히게 되는 현상을 무엇이라 하는가 ?

답 핀치오프(pinch off) 현상

제9장 조명장치

9-1 조명 일반

9-2 광원의 종류

9-3 조명방식

9-4 조명계통

9

조명장치

9-1 조명 일반

9-1-1 전자기파

전파, 가시광선, 적외선, X선 등 이것을 총칭하며 전자기파(electromagnetic wave)라 한다. 전자기파는 공간을 전달하는 에너지를 갖는 데, 이 전달되는 에너지를 복사(radiation)라고 한다. 그림 9-1에 나타낸 이 전자기파는 각각 그 파장이 다르며, 조명과 관련된 가시광선(可視光線)의 파장은 380nm~760nm영역이다. 이 범위 전자파만이 빛으로서 인간 눈에 감지된다. 가시광선은 표 9-1에서와 같이 파장에 따라 색깔이 다르다.

그림 9-1 전자기파의 스펙트럼

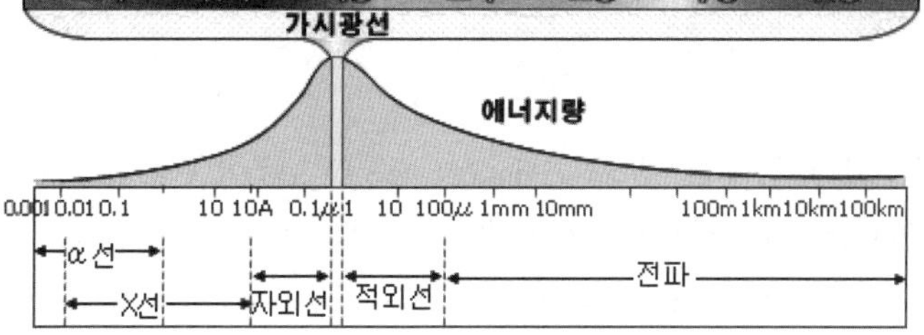

표 9-1 가시광선의 파장과 색깔

색	파장의 범위[nm]
보라	380～430
파랑	430～452
초록	452～550
노랑	550～590
주황	590～640
빨강	640～760

특히, 자외선(ultraviolet ray)은 가시광선보다 파장이 짧은 10～380nm 영역으로, 살균작용과 형광작용을 한다. 적외선(infrared ray)은 가시광선보다 파장이 긴 760nm～3000nm의 영역으로 온열효과를 갖기 때문에 열선이라고도 한다.

9-1-2 조명 용어

1) 광속

광원에서 나오는 빛에너지의 양을 광속(luminous flux)이라 한다. 기호는 F이고 단위는 루멘[lm]을 사용한다. 동일한 소비전력에서 형광등은 백열등에 비해서 훨씬 많은 양의 빛을 내므로 밝게 느껴진다. 이것은 빛의 다발이 백열등보다 형광등 쪽이 훨씬 많기 때문이다. 즉 광속은 사람의 눈에 빛으로 느껴지는 크기이기도 하다. 그렇기 때문에 적외선 및 자외선은 눈에 보이지 않기 때문에 빛 에너지에는 포함되지 않는다.

2) 광도

광원이 갖는 빛의 강도를 광도(luminous intensity)라 한다. 광도에서는 광속이 사방팔방으로 나오지만, 일반적으로 그 광속이 모이는 방향은 방향에 따라 다르다. 광속이 집중되어 있는 곳은 밝고, 산발되어 있는 곳은 어둡다. 광속의 조밀정도로 광원의 조명능력이 결정된다. 광도의 기호는 I이고, 단위는 칸데라[cd]로 표시한다.

3) 조도

조도(illumination)는 단위 면적당의 입사광속을 말하며 기호는 E , 단위는 럭스[lx]를 사용한다. 광원이 어떤 장소를 비추면, 그 장소는 어떤 밝기를 갖게 된다. 이 장소의 밝기, 즉 비추는 정도를 조도라 한다. 조도는 비추는 면에 오는 광속을 그 면의 면적[㎡]으로 나눈 값으로 다음과 같이 표시된다.

$$E=\frac{F}{A}[lx] \qquad \cdots\cdots(9\text{-}1)$$

4) 광속발산도

물체가 보이는 것은 그 물체로부터 방사된 광속이 육안에 들어오기 때문이다. 따라서 밝기는 그 물체가 육안 방향으로 방사할 광속밀도의 대소에 의한다. 어떤 물체의 표면에서 방사된 광속밀도를 그 점의 광속발산도라고 한다. 즉, 광속발산도는 면에서 나오는 광속을 그 면적으로 나눈 값이 된다. 기호는 R, 단위는 래드럭스[rlx]로 표시한다.

$$R=\frac{F}{S}[rlx] \qquad \cdots\cdots(9\text{-}2)$$

5) 휘도

광원을 볼 때, 같은 광도를 가진 광원에서도 그 광도가 큰 면적에서 나오는 경우보다도, 작은 면적에서 나오는 경우가 더 밝게 비춘다. 이 눈부심에 영향을 주는 것으로 광원의 비추는 정도를 휘도(brightness)라 한다. 어떤 방향의 휘도는 그 방향의 광도를 그 방향에서 본 광원의 외관상 면적으로 나눈 값이 된다. 기호는 B, 단위는 니트[nt]로 표시한다.

$$B=\frac{I}{S}[cd/m^2][nt] \qquad \cdots\cdots(9\text{-}3)$$

6) 램프효율

램프의 전체 소비전력 P에 대한 전체 발산 광속 F의 비율을 램프효율(lamp efficiency)이라 하며, 기호는 η, 단위는 [lm/W]이다.

$$\eta=\frac{F}{P}[lm/W] \qquad \cdots\cdots(9\text{-}4)$$

7) 시감도

전자기파 중에서 380nm~760nm의 파장 범위는 사람의 눈으로 볼 때, 빛으로 느껴지는 가시광선 영역이며, 이 중에서 555nm의 파장을 가지는 황녹색 빛이 가장 밝게 느껴진다. 이때, 방사 에너지에 있어서 빛의 밝기의 느낌 정도를 빛의 시감도(visibility)라 한다. 파장 555nm에서의 방사는 최대 시감도로서 680[lm/W]이다. 이것을 1.0으로 하여 다른 파장의 시감도의 비를 나타낸 것을 비시감도(relative visibility)라고 한다.

8) 순응

대낮에 어두운 영화관에 들어가면 처음에는 캄캄하여 좌석이 보이지 않으나 조금 시간이 지나면 어두움에 익숙하게 되어 통로나 좌석이 보인다. 반대로 어두운 영화관으로부터 밝은 장소로 나오면 수초간 눈이 부시지만 잠시 후에는 밝음에 익숙해진다. 이러한 현상은 눈에 들어오는 빛이 극히 적거나 전혀 없을 경우에는 눈의 감광도는 대단히 높아지며, 반대로 눈에 들오는 빛의 양이 크면 감광도는 오히려 떨어지기 때문이다. 이러한 현상을 순응(adaptation)이라 한다. 순응 중에서 밝은 곳으로 나갔을 경우의 순응을 명순응(light adaptation)이라 하고, 어두운 곳에서의 순응을 암순응(dark adaptation)이라고 한다.

9-2 광원의 종류

빛의 근원이 되는 것을 광원(light source)이라 하는데, 광원을 크게 나누면 주광(day light)인 자연광원과 인공광원이 있는데, 여기서는 조명용 인공광원에 대하여 알아보기로 한다.

9-2-1 백열전구

인간은 오래 전부터 햇빛만으론 만족하지 못하고 어둠을 쫓을 수 있는 인공의 빛을 만들어 사용해 왔다. 근 100여 년 전만 해도 양초, 호롱불, 횃불 등을 이용해 어둠을 쫓고 인간은 그 시간에 인류를 위해 많은 공헌을 했다. 전기의 발견, 더 나아가 전기를 만들고 거기서 빛을 얻어 살면서부터는 우리 인류 문명에게는 밤이라는 존재가 두려움이 아니라 오히려 도전의 장이 되고 있다. 에디슨(Tomas Edison)이 백열 전구를 만들었으며 그 후 많은 조명기구들을 사용하고 있다.

그림 9-2 전구의 구조

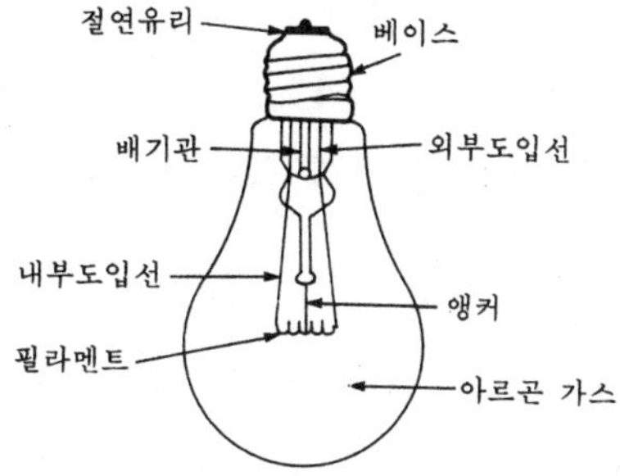

백열전구는 그림 9-2와 같이 진공이나 가스를 넣은 유리구 안에 텅스텐 필라멘트를 넣은 구조로 되어 있다. 유리구에 들어가 있는 텅스텐 필라멘트의 온도를 상승시켜주면, 열을 발생하면서 빛이 발생한다. 유리구안에 있는 질소, 아르곤 가스는 필라멘트의 증발을 감소시킨다. 즉, 흑화를 방지한다. 광속효율은 필라멘트에 코일을 감는 횟수를 늘려줌으로써 더욱 향상시킬 수 있다.

백열전구의 수명은 램프의 기능이 정상적인 작동 상태에서 50%수준으로 저하 됐을 때까지의 기간을 일반적인 수명으로 본다. 일반적인 용도의 텅스텐 필라멘트 전구의 수명은 약 1,000시간 정도이다. 전력 소모량, 수명 등을 따져 볼 때 경제적이지는 않지만 태양 광선에 가장 가까운 자연스러운 빛으로 가장 일반적으로 사용되고 있다.

9-2-2 형광등

형광등(fluorescent lamp)은 안정기를 통해 필라멘트에 전류를 흘리게 되며, 예열된 필라멘트에서 방출된 전자는 수은을 자극하여 자외선을 발생시킨다. 발생된 자외선이 유리관 내면에 도포된 형광물질을 자극하여 빛(가시광선)을 생성하며, 형광물질에 따라 다양한 광색을 낼 수 있다. 안정기는 안정된 전류를 램프에 공급하기 위하여 필요한 것이다. 형광등은 진공 유리관에 소량의 수은 증기와 방전을 쉽게 하기 위해 아르곤 가스를 넣고 봉한 다음, 양끝에 전극을 붙인다. 이 전극 사이에 전압을 걸면 방전이 일어나 빛을 발하게 된다. 수은 증기 속에서 방전에 의해 방사되는 빛은 90% 정도가 눈에 보이지 않는 자외선이다. 눈에 보이는 이른바 가시광선은 10% 정도에 불과한 청록색 빛뿐이다. 이래서는 조명이 될 수 없으므로 유리관 안쪽에 형광물질을 칠해, 자외선이 이 형광물질에 닿아 가시광선을 방사하도록 한 것이다.

형광등은 형광 방전관, 글로 램프, 안정기의 3부분으로 구성되어 있다. 광원인 방전관에는 양끝의 전극에 필라멘트가 붙어있고, 필라멘트에는 열전자가 튀어나가기 쉬운 물질, 즉 바륨이나 스트론튬이 발라져 있다. 유리관 속에는 수은과 아르곤 가스로 채워져 있다.

전원 스위치를 넣으면 전원 전압은 점등관(글로램프)에 즉시 걸린다. 점등관은 유기관속에 고정전극과 바이메탈인 가동전극을 부착해 놓고 아르곤 가스를 넣어 밀봉한 구조로 되어 있다. 스위치를 켜면 점등관의 전극 갭에 방전이 일어나 바이메탈이 가열되어 늘어나 고정전극과 접촉한다. 이로소 형광등은 폐회로가 구성되어 방전관인 필라멘트에 전류가 흘러 가열된다. 이 가열로 필라멘트에서 열전자가 튀어나오고, 수은은 증발해서 방전개시의 준비가 된다. 그 사이에 점등관의 바이메탈은 냉각되어 복귀하고 형광 방전관의 방전이 개시된다. 점등관과 병렬로 콘덴서가 들어 있는데, 이것은 점등관의 점멸에 의한 잡음전파를 방지하기 위한 것이다. 안정기는 점등시 점등관의 회로가 떨어질 때 높은 전압을 유도하여 형광 방전관의 방전을 도와 주며, 점등이 된 후에는 저항의 역할을 하여 전류가 지나치게 많이 흐르는 것을 막아 준다. 만일, 안정기의 용량이 맞지 않을 때에는 형광 방전관의 두 끝이 쉽게 까맣게 된다.

그림 9-3 형광등의 구조

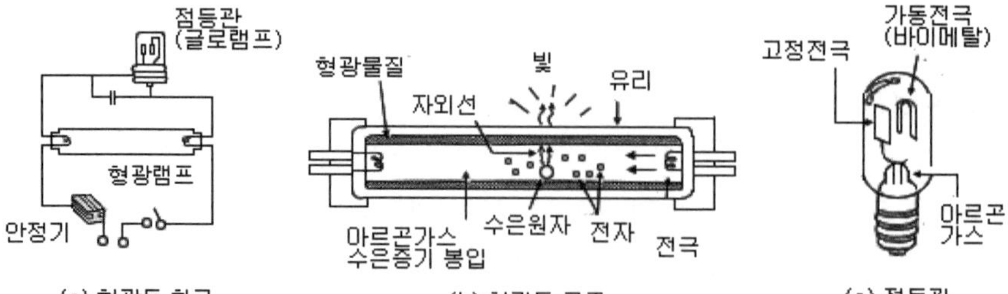

(a) 형광등 회로　(b) 형광등 구조　(c) 점등관

9-2-3 수은등

유리관내에 봉입된 수은 증기압중의 방전을 이용하는 것으로, 수은 증기압에 따라 저압 수은등, 고압 수은등, 초고압 수은등이 있다.

수은 증기압이 0.01[mmHg]정도인 저압 수은등은 자외선(2,537Å)이 많으므로 살균, 소독, 식품 보존등에 이용되고, 고압 및 초고압 수은등은 조명에 쓰인다. 그림 9-4는 고압 수은등(800mmHg)의 구조를 나타낸다. 여기서 고압 수은등은 발광관과 외관으로 이루어져 있으며, 발광관은 보통 석영제로서 내부에는 한 쌍의 주전극과 한 두 개의 시동 보조전극이 들어있고, 일정량의 수은과 아르곤이 봉입되어 있다. 그리고 외관은 발광관의 보호, 금속 부품의 산화방지, 자외선의 차단 등을 목적으로 질소가스가 봉입되어 있다.

그림 9-4 고압 수은등의 구조

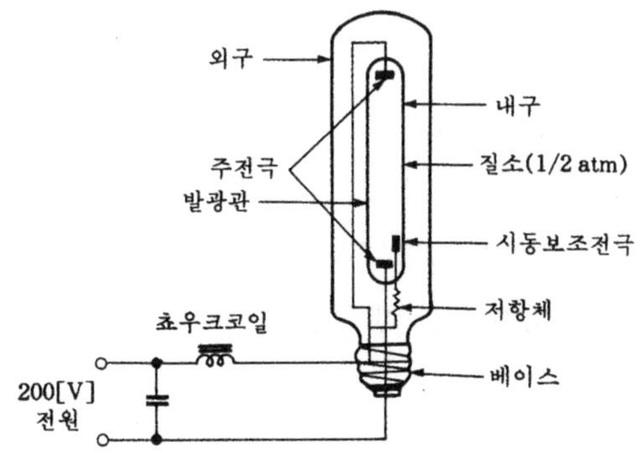

고압 수은등에 전원이 연결되면 주전극과 시동 보조전극 사이에 봉입된 아르곤가스를 매개로 글로우 방전이 일어나며 이때 발생된 열로 액체상태의 수은이 증기화된다. 그래서 양단의 주전극 사이에 수은 증기의 주방전이 일어나 약 5분 후에 점등이 완료된다. 또 한 번 소등되면 발광관이 식을 때까지 10분 정도의 시간을 기다리지 않으면 재 점등되지 않는 결점이 있다. 주로 공원, 광장, 도로, 천정이 높은 공장등에 사용되고 있다.

9-3 조명방식

9-3-1 기구의 배치에 의한 분류

작업위치에 가깝게 전등을 놓는 형태로부터 출발한 것이 국부조명(local lighting)이다. 이에 대하여 같은 종류의 작업이 연속되어 있는 장소에서는 작업 개별로 기구를 설치하는 것보다는 모아서 전반으로 조명하는 쪽이 고용량의 광원을 사용할 수 있으며 모든 점에서 편리하다. 이것이 전반조명(general lighting)이다. 국부적으로 더욱 높은 조도가 필요할 때에는 전반국부병용조명, 전반조명에 방의 중점부분을 더욱 밝게 하기 위하여 기구의 배열을 감안한 중점배열전반조명 등이 실시되고 있다.

그러므로 전반조명은 일반사무실 및 교실과 같이 방 전체를 전반적으로 균일하게 조명하는 방식이고, 국부조명은 어떤 특별한 면의 국부적인 조명으로 진열장, 진열창 등의 조명방식이다.

9-3-2 기구의 배광에 의한 분류

조명방식은 기구의 형태, 구조, 성능에 따라 여러 가지가 있으나 가장 중요한 성능인 배광에 따라 분류하면 직접조명, 반직접조명, 전반확산조명, 반간접조명, 간접조명 등의 5가지로 분류된다.

그림 9-5 기구의 배광에 의한 분류

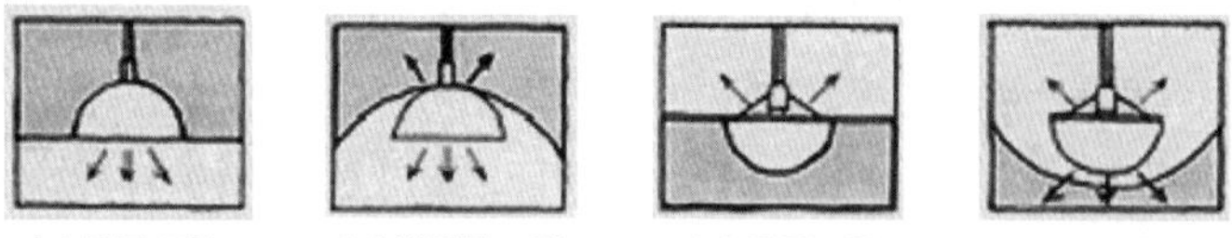

(a) 직접조명 (b) 반직접조명 (c) 간접조명 (d) 반간접조명

1) 직접조명 (Direct)

작업면을 비추는 조도 중 직사조도가 확산조도보다 높은 경우를 말하며, 등기구에서 발산되는 광속의 90% 이상을 직접 작업면에 투사하는 조명방식이다. 이 방식은 공장의 일반적 조명방식으로 널리 사용되고 있으며, 작업면에서 높은 조도를 얻을

수 있으나 주위와의 심한 휘도의 차, 짙은 그림자와 반사눈부심 등으로 작업자를 괴롭히는 것이 흠이다.

직접조명기구는 보통 두 가지로 구분되며 빛을 집중시키는 것과 분배시키는 것이 있다. 빛을 집중시키는 것은 설치높이가 높고 작업면에 집광시키는 것이며 빛을 분배시키는 것은 설치 높이가 낮은 곳에 사용된다.

2) 반직접조명 (Semi-direct)

이 방식의 기구로부터의 발산광속은 60~90%의 빛이 아래방향으로 향하여 작업면에 직사된다. 그리고 윗 방향으로 10~40%의 빛이 천장이나 윗벽 부분에서 반사되고 이 반사광이 작업면의 조도를 증가시킨다. 일반적으로 이러한 종류의 기구는 밑바닥이 개방되어 있으며 갓이 유백색 유리나 플라스틱으로 되어 있다. 이 기구는 주로 일반 사무실이나 주택의 조명용으로 사용된다.

3) 간접조명 (Indirect)

작업면을 비추는 조도 중 확산조도가 직사조도보다 높은 경우를 말하며, 등기구에서 발산되는 광속의 90% 이상을 천장이나 벽에 투사시켜 이로부터 반사 확산된 광속을 이용하는 방식이다. 그러므로 매우 넓은 면적이 광원으로서의 역할을 하기 때문에 거의 직사 눈부심은 일어나지 않는다. 그러나 천장과 윗벽 부분이 광원의 역할을 하므로 이 부분은 밝은 색이어야 하며 빛이 잘 확산되도록 광택이 없는 마감이 되어야 한다.

4) 반간접조명 (Semi-indirect)

이 방식은 발산광속의 60~90%가 윗 방향으로 향하여 천장, 윗벽 부분으로 발산되고, 나머지 부분이 아래방향으로 향한다. 그러므로 천장을 주광원으로 이용하므로 천장의 색과 유지율에 대하여 고려하여야 한다. 이 기구는 간접방식보다 약간 많은 광속과 질이 좋은 빛을 발산한다. 이 방식은 세밀한 일을 오랫동안 하는 작업에 적당하다.

9-4 조명계통

9-4-1 외부 조명 계통

항공기의 조명계통은 외부 조명 계통, 내부 조명 계통, 비상 조명 계통으로 구성되어 있다. 외부 조명 계통은 착륙, 지상 활주와 비행 중에 시계를 밝히거나 항공기의 위치를 알리고, 비행 중에 항공기 날개 등에 생길 수 있는 결빙 상태를 살필 수 있도록 하며, 충돌을 방지하도록 한다.

외부 조명등에는 항법등, 충돌방지등, 지상 활주등, 착륙등, 앞전등, 동체 조명등, 주날개 조명등, 꼬리날개 조명등, 착빙감시등(ice detection light), 선회등(turnoff light), 로고등(logo light) 등이 있다.

항법등(navigation light, posistion light)은 그림 9-6과 같이 오른쪽 날개 끝에 녹색등(green), 왼쪽 날개 끝에는 적색등(red), 항공기 꼬리에는 백색등(white)이 부착되어 날개 쪽은 110˚, 꼬리등은 140˚정도로 조사되도록 배치한다. 항법등은 다른 항공기에 대해 해당 항공기의 비행 방향을 알림과 동시에 야간 조명이 없는 상태에서 주기할 때, 항공기의 존재를 알리기 위해 사용된다. 반사경이 달린 전구나 할로겐 전구가 많이 사용된다.

그림 9-6 항법등의 배치

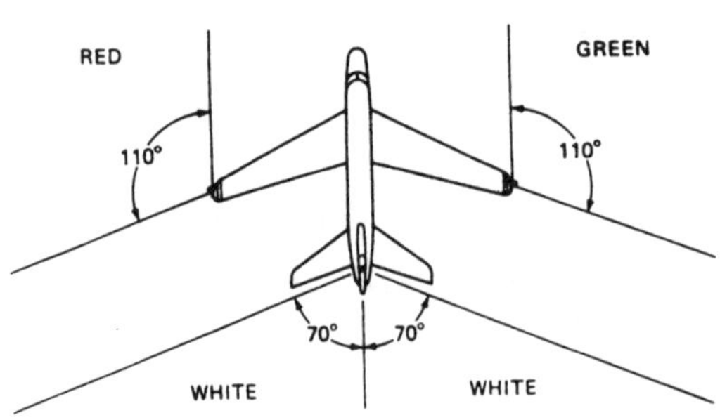

충돌 방지등(anti-collision light, beacon light)은 동체 상하면에 설치되어, 매분 40~100회로 적색광을 점멸시켜 해당 항공기의 위치를 알려서 충돌을 방지하려는 목적으로 쓰이는 조명이다.

그림 9-7은 충돌방지등의 회로로서, 스위치를 작동하면 적색등이 켜짐과 동시에 필터를 거친 잘 정류된 직류 전류에 의해 전동기가 회전한다. 전동기가 회전하면 반

사경이 회전하여 적색등이 점멸하는 것으로 보인다. 그림에서, 가변저항을 조절하면 전동기의 속도가 조절된다.

그림 9-7 충돌 방지 등의 작동

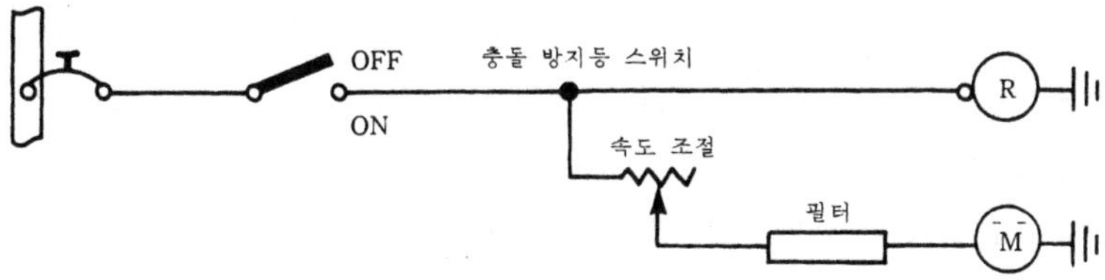

착륙등(landing light)은 날개 밑이나 날개 루트(wing root), 또는 랜딩기어에 장착되며, 이착륙시에 항공기축 방향을 조명하는 등으로 기종에 따라서는 고정식인 것과 사용시에 전개되어 항공기축 방향을 비추는 가동식인 것이 있다. 어느 것이나 실드빔(shield beam) 전구를 사용한다.

그림 9-8은 착륙등의 회로로서, 그림에서 보는 것과 같이 두 가지의 스위치가 있다. 위에 있는 스위치는 착륙등을 켜고 끄는 역할을 하고, 아래에 있는 스위치는 착륙등을 내리고 접어들이는 역할과 정지시키는 역할을 한다.

그림 9-8 착륙등의 작동

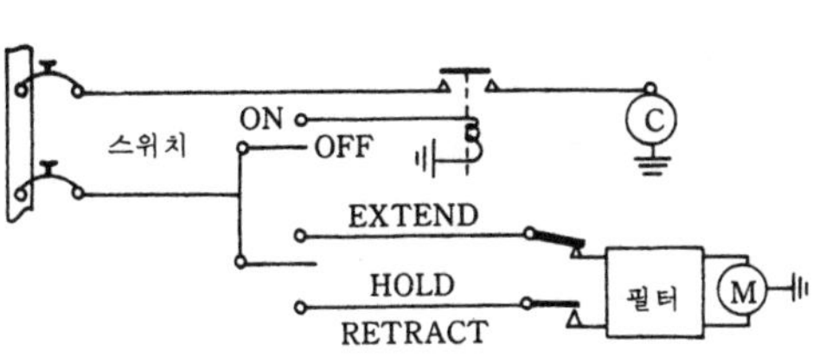

9-4-2 내부 조명 계통

내부 조명 계통은 조종실이나 객실의 실내를 조명하고, 조종사가 계기의 상태를 파악하도록 하며, 그밖에 항공기 내부의 필요한 부분을 조명을 한다.

1) 조종실내 조명

항공기 조종실내의 조명은 백색 조명이 일반적이고 밝기는 조종사의 취향에 따라 다르지만, 조명기구에는 디머(dimmer)가 있어 자유롭게 밝기를 조절할 수 있다. 조종사와 항공기관사의 오버헤드(overhead)와 입구 부근에 돔 라이트(dome light)가 있어 조종실 전체를 조명한다. 이 돔 라이트의 전원은 축전지와 배터리 2계통에서 전력을 공급받으므로 발전기가 정지되어 있는 상태라도 조종실의 조명을 할 수 있게 되어 있다. 조명 콘트롤에는 선더스톰 스위치(thunderstorm switch)가 있는데, 번개로 밖이 밝게 비춰져서 조명이 어두운 조종실내가 잘 보이지 않게 되었을 때, 이것을 조작하면 돔 라이트, 계기 조명, 판넬 조명이 최대 광도로 점등되어 외부와의 밝기 차를 적게해서 실내를 잘 볼 수 있게 한다. 계기는 내부에서 조명되어 눈금판에 지침이 두드러져 보이는 구조로 되어 있다. 계기가 부착되어 있는 주계기판은 비스듬히 위쪽에서 백그라운드 라이트(background light)로 전체가 비추어지도록 되어 있다.

2) 객실내 조명

객실은 전체적으로는 간접 조명이며 기분 좋고 호화로운 분위기를 내기 위해 각종 조명을 사용하고 있으며, 승강시, 식사시, 영화 상영시, 수면시 등, 그때 그때의 상황에 따라 달리 사용된다. 또 독서등, 갤리의 작업등, 필요부분만을 직접 조명하는 장치도 있다. 이들 조명은 출입구 부근에 설치되어 있는 라이트 판넬에서 조절할 수 있으며 객실 승무원이 조작한다.

참고 에디슨은 전구를 발명하기 위해 몇 번이나 실험을 했을까 ?

에디슨은 우리 생활에 없어서는 안될 전구, 축음기 등을 만들어 냈다. 에디슨의 말 중에 제일 유명한 것은 "천재는 99%의 노력과 1%의 영감으로 이루어진다."는 것이다. 우리는 노력만 하면 천재가 될 수 있다는 것을 일깨워주는 말이다.

멘로파크에서 전구를 연구하던 이야기이다. 에디슨은 밤낮을 가리지 않고 연구하여 백금으로 된 필라멘트를 만들어 내었다. 그러나 너무 비싸서 에디슨은 다시 연구를 시작했다. 그러다가 에디슨은 무명실에 주석과 타르를 섞어 필라멘트를 만들어 냈다. 에디슨은 전구를 발명하는데 필요한 필라멘트를 제작하기 위해 무려 2천 가지의 재료를 실험했다. 어떤 것도 성공을 거두지 못하자 실험실 조수가 마침내 불만을 터뜨렸다. "우리의 작업은 모두 헛수고가 됐어요. 여태까지 고생했지만 아무것도 얻은게 없다구요." 에디슨은 자신감 있게 대답했다.

"아니지. 우린 먼 길을 걸어왔고 도중에 많은 것을 배웠어. 이제 우리는 좋은 전구를 만드는데 적합하지 않은 재료를 2천 가지나 알 게 되지 않았나. 그것은 대단한 수확이지." 에디슨이 인류와 세계를 위해 그랬던 것처럼, 에디슨의 말처럼 끈기 있게 노력하도록 실천해야겠다.

단원정리

1. 내부조명장치

조종실이나 객실의 실내를 조명하는 등으로 계기등, 조종실 조명등, 객실 조명등, 화물실 조명등으로 구성되어 있다

2. 외부조명장치

착륙, 지상활주 및 비행 중에 시계를 밝히거나 항공기의 위치를 알리고, 충돌방지나 동체, 날개 따위를 조명하기 등으로 구성된다.

1) 항법등 : 왼쪽 날개 끝에 적색등, 오른쪽 날개 끝에 녹색등, 꼬리 끝에 백색등을 설치한다
2) 식별등 : 야간에 항공기를 식별하기 위한 등으로 동체의 아랫 면에 적색등, 녹색등, 호박색등 3개와 윗면에 백색등을 설치한다.
3) 충돌방지등 : 야간이나 구름속을 비행할 때 충돌을 방지하기 위한 등으로 동체의 가장 위쪽이나 수직안정판 꼭대기에 적색등을 설치한다.
4) 착륙등 : 야간 착륙시 사용하는 등으로 날개 아랫 면이나 앞쪽 착륙장치에 설치한다.

3. 비상조명장치

비상시에 승무원이나 승객의 비상탈출을 용이하도록 하기 위한 등으로 비상 출구등, 비상 탈출 보조등, 비상 구조등으로 구성되어 있다.

연 습 문 제

1. 다음 항공기의 외부등 중 충돌 방지등은 어느 것인가 ?

   가. 동체 아랫면 : 붉은 색등

   나. 왼쪽 날개끝 : 붉은색등

   다. 꼬리 끝 : 붉은 색등

   라. 동체 상부 또는 수직안정판 꼭대기 : 붉은색등

   답 라

2. 항공기의 항해등에서 좌현등, 우현등 및 미등의 조사 각도와 색깔은 ?

   답 좌현등 : 적색(110°)　우현등 : 녹색(110°)　미등 : 백색(140°)

3. 천정 높이가 15〔m〕 이상의 공장 조명에 적합한 조명 기구는 ?

   가. 배조형　나. 강조형

   다. 집조형　라. 투광형

   답 라

4. 정육점 육류 진열장에 조명할 형광등의 형광물질은 어느 것이 가장 효과적인가 ?

   가. 텅스텐산 칼슘　나. 텅스텐산 마그네슘

   다. 붕산 카드늄　라. 규산 아연

   답 다

5. 조도의 단위는 무엇인가 ?

   답 [lx]

6. 백열전구의 앵커에 사용되는 재료는 ?

가. 철　　나. 크롬
다. 망간　　라. 몰리브덴

답 라

7. 시감도가 가장 크며 우리의 눈에 가장 잘 반사되는 색깔은 ?

가. 등색　　나. 녹색
다. 황록색　　라. 적색

답 다

8. 백열전구의 일종이며, 백열전구에 비하여 소형이며 발생광속이 크고 배광의 제어가 쉽다. 광학계 조명기구와 조합하여 원거리 대상물 조명에 좋다. 점등시 전구의 외피 온도는 250〔℃〕 정도로 주의를 요하며 사용중 이동을 삼가야 하는 전구는 ?

가. 사진용 전구　　나. 할로겐 전구
다. 적외선 전구　　라. 영사용 전구

답 나

9. 비상조명계통(Emergency Light System)에 대한 설명으로 가징 올바른 것은?

가. 비행시 비상조명스위치(Emergency Light Control Switch)의 정성위치(Normal Position)는 On Position이다.
나. 비상조명계통(Emergency Light System)은 비행시(Flight Mode)에만 작동된다.
다. 비상조명스위치(Emergency Light Control Switch)는 Off, Test, Arm, On의 4Position Toggle Switch이다.
라. 항공기의 전기공급을 차단할 때는 비상조명스위치(Emergency Light Control Switch)는 Off에 선택해야 배터리(Battery)의 방전을 방지할 수 있다.

답 라

제10장 자동제어

10

자동제어

10-1 자동제어 기초

10-1-1 제어의 개념

제어란 '어떤 물리량의 상태를 바라는 목적에 맞는 상태로 하는 것'이라고 할 수 있다. 예를 들어, 목욕물 온도를 제어한다고 하여 보자. 일단 손을 넣어 물의 온도를 확인(測定)하고 개개인의 취향(比較-設定)에 맞도록 뜨거운 물과 찬물을 섞어서(判斷) 사용하며 다시 온도가 식게 되면 상기사항을 반복(修正) 할 것이다. 실생활에서도 원시적인 제어를 하는 것을 많이 볼 수가 있는데, 이렇듯 어느 일련의 동작이 행하여지는 것을 루프(Loop)라고 하며, 상기와 같이 연속적으로 측정과 수정이 반복되는 것을 폐(閉)루프(Closed Loop)라고 한다. 인간이 여러 조작을 하여야 하는 것을 수동제어(手動制御)라고 하며 이는 1900년도 초기까지 행해 졌던 제어방식이다. 이후에 전자산업의 발달과 함께 점점 기계가 인간이 하던 일을 대신하게 되었고 근래에 들어서는 컴퓨터가 개입하게 되어 명실상부한 자동제어로 바뀌고 있다.

자동제어루프에서는 상기의 온도를 쟀던 인간의 손은 검출단(Sensor), 비교-설정-판단 등의 기능을 하는 것을 조절기(Controller), 그리고 뜨거운 물과 찬물을 섞기 위한 수도꼭지를 조작단(Actuator)이라고 한다. 즉, 자동제어(Automatic control)란 어떤 대상시스템의 상태나 출력이 원하는 특성을 얻도록 입력신호를 기계장치로부터 적절히 조절하는 방법이다.

10-1-2 자동제어 역사

현재사용하고 있는 피드백(Feed Back)형태의 자동제어를 처음 적용한 것은 와트의 증기 기관이며 부하변동에 따른 속도변경을 원심추 원리를 응용한 속도조절기를 이용 제어하였다. 플랜트 제어면에서 보자면 1880년경 에디슨에 의하여 발명된 전기를 발생시키고 제어하는 발전소의 제어가 가장 오래된 것이라 볼 수 있다. 현재에도 보일러 제어는 피드백 제어의 모든 것을 담고 있다. 시퀀스제어는 포드가 디트로이트에서 채용한 트랜스퍼 머신(Transfer Machine)의 제어를 효시로 들 수 있으며, 서보(Servo)제어는 피 제어대상의 움직임이 지시된 움직임을 추종하도록 하는 장치로서 1920년경 이후 군사적 사용이 늘면서 급속히 발전하여 현재의 로케트 산업에 지대한 공헌을 하였다고 할 수 있다. 이러한 제어기술이론의 발달과 함께 전자기술의 발달이 1930년대 이후 급속한 신장을 보여 관련 제어기기류의 고도화가 병행되어 현재의 컴퓨터를 이용한 제어까지 발전되었다.

10-1-3 제어 방식

제어 방식에 대하여 알아보면, 공업화 초기에는 수동제어가 주를 이루었으며, 많은 계기류가 현장에 설치되어 인간이 이를 점검하고 조작하여야 하였다. 그러나 1920년경 전기방식의 계기류가 등장하면서 원거리 전송이 가능하여 중앙통제실에 각종 계기류를 집중시킨 후 이를 조작하게 되었으며, 다시 이러한 계기류를 소형화시키고 고기능화시켜 설치 판넬(Panel)의 크기를 점점 줄일 수 있었다. 그 후 컴퓨터의 등장으로 현장 계기류에서 전송되어온 신호를 입력받아 계산하여 출력 신호를 내보내는 직접제어방식(Direct Digital Control)이 1960년대 들어 실용화되었으나, 신뢰성 문제로 곧 사양길에 올랐으며 요즈음 대부분의 방식은 분산제어방식(Distributed Control System : 제어 등을 위한 기능성 장비류는 분산시키고, 정보는 집중시킨 방식)을 채택하고 각각의 부품 신뢰성도 향상되면서 신뢰성, 기능성이 좋아 보편화되었고 여기에 각종 추가 정보까지를 제공하여 경영진의 의사결정을 돕는 단계에 이르렀다. 정리하여 보면, 수동제어(현장제어)－패널형 아날로그 제어－D.D.C 제어－D.C.S. 제어 －MIS까지로 볼 수 있다.

10-1-4 자동제어의 종류

자동제어의 종류는 크게 시퀀스 제어와 피드백 제어로 나눌 수 있는 데, 각각 열린 루프와 닫힌 루프 제어에 해당된다.

시퀀스제어(Sequence Control)란 미리 정해진 순서나 시간 지연 등을 통해서 각 단계별로 순차적인 제어동작으로 전체 시스템을 제어하는 방법이다. 제어 출력은 주로 On-Off 혹은 시간지연동작을 요구하며, 제어를 구현하는 방법이 피드백 제어와 완전히 구별된다. 승강기 제어, 모터 On-Off 제어, 세탁기 제어 등이 시퀀스 제어이다.

그림 10-1 시퀀스 제어계의 블록선도

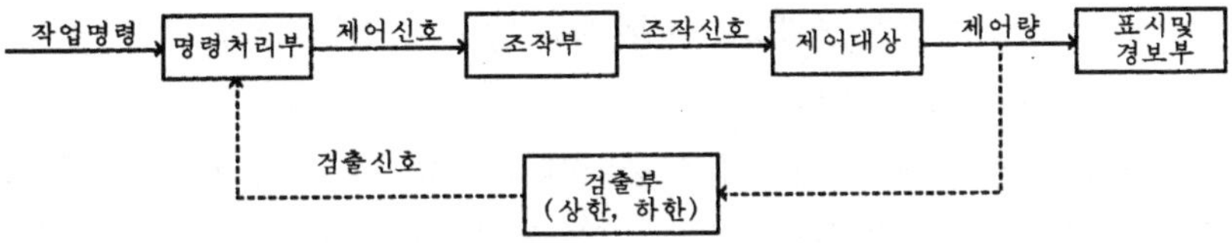

그림 10-2 피이드백 제어의 블록선도

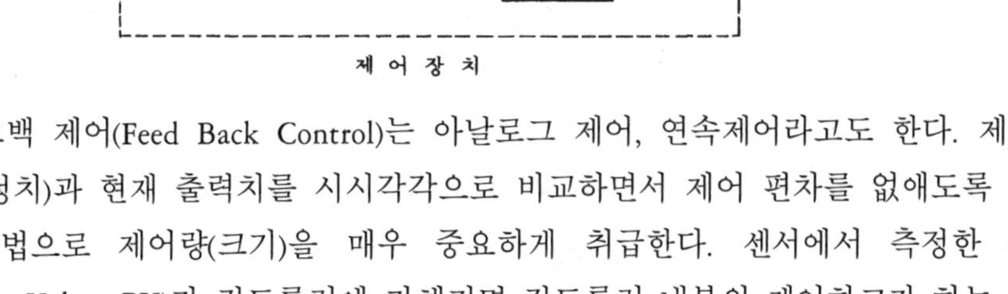

피드백 제어(Feed Back Control)는 아날로그 제어, 연속제어라고도 한다. 제어목표량(설정치)과 현재 출력치를 시시각각으로 비교하면서 제어 편차를 없애도록 제어하는 방법으로 제어량(크기)을 매우 중요하게 취급한다. 센서에서 측정한 측정치(Process Value: PV)가 컨트롤러에 가해지면 컨트롤러 내부의 제어하고자 하는 설정치(Set Point: SP)와 비교하여 그 차이에 따른 양만큼을 조작단으로 보내게 되며 이 수정한 결과는 다시 검출단 센서에서 측정되어 비교되게 된다. 이렇듯 제어결과가 한 바퀴 돌아서 다시 처음으로 돌아오는 제어계를 피드백 제어계 (Feed Back Loop)라고 한다. 피드백 제어계는 폐루프(Closed Loop)로 되어 있음을 알 수 있으며, 상대적으로 피드백이 없는 경우를 개루프(Open Loop)라고 한다. 그림 10-1과 10-2는 시퀀스 제어계와 피드백 제어계의 기본 구성을 나타낸다.

10-2 시퀀스 제어

시퀀스 제어(Sequence control)는 순차제어라고도 하는데, 미리 정해진 순서에 따라 제어의 각 단계를 차례로 진행시키는 제어로서, 신호는 한 방향으로만 전달된다. 시퀀스 제어는 일상 생활에 사용되는 전기 세탁기, 전기 냉장고, 전기 밥솥, 자동판매기 등의 타임 스위치를 조작하는 간단한 것부터 교통신호기, 운반기계(엘리베이터, 컨베이어, 리프트 등), 공작기계(프레스, 선반 등), 발전소 기동 등과 같이 복잡한 것에 이르기까지 널리 이용되고 있다.

시퀀스 제어계의 목적은 생산, 제조공정 등에서의 시동, 정지 작업이나 가공, 조립, 운반, 포장 등과 같은 기계 작업을 자동적으로 처리하기 위해서이며, 노동력 감소, 생산 원가 절감, 제품의 품질을 균일화, 생산 속도 증가, 작업 환경 개선의 효과를 얻기 위한 것이다.

10-2-1 시퀀스 제어계의 구성

그림 10-3은 물탱크에 항상 일정한 수위가 유지되도록 하여 수도꼭지에서 항상 물을 쓸 수 있도록 하는 시퀀스 제어의 예를 나타낸 것이다. 우선 이 제어계에서는 물탱크의 수위의 상한선과 하한선을 정하고, 수위가 하한선으로 내려갔을 때에는 펌프가 작동하여 수위가 상한선에 이를 때까지 운전을 계속하게 되고, 수위가 상한선에 이르면 펌프를 정지시켜 수위가 하한선이 될 때까지 그대로 정지상태에 있게 된다.

이 그림에서 작업 명령용 스위치 S_O가 닫힌 상태에서, 수위가 내려가 하한 스위치의 접점 L_l이 닫히게 되면, 코일 C_l이 여자되어 철편의 오른쪽을 흡착하게 되고, 영구자석 M_l이 그것을 유지하게 된다. 따라서 접점 S_C가 닫히고, 코일 C_m이 여자되어, 접점 S_m이 닫히게 되므로, 전동기와 펌프가 시동하게 된다. 그리고, 물탱크의 수위가 올라가면 하한 스위치의 접점 L_l이 열리게 된다. 그러나 영구자석 M_l이 철편을 흡착한 대로 유지하고 있으므로, 접점 S_C는 닫힌 채로 유지되며, 전동기는 운전을 계속하게 된다.

그림 10-3 시퀸스 제어계의 예

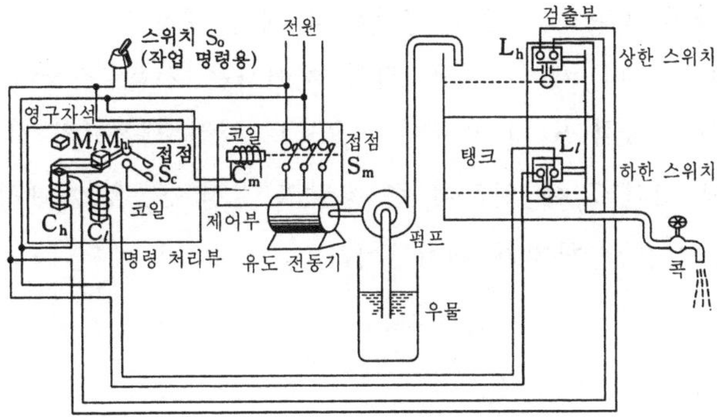

이번에는 수위가 상한선에 이르면 상한 스위치의 접점 L_h가 닫히게 되며, 코일 C_h에 전류가 흘러서, 철편의 왼쪽을 흡입하게 되고, 영구자석 M_h는 그것을 유지하게 된다. 이에 따라 접점 S_C가 열리게 되고, 코일 C_m은 자력을 잃게 되므로 접점 S_m이 열리게 되어, 전동기는 정지하게 된다.

이와 같이 물탱크의 수위 레벨에 따라 전동기가 자동적으로 기동 및 정지를 하게 되는데, 이러한 일련의 동작을 그림 10-4에 나타낸다. 그림에서 블록은 시퀀스 제어계의 각 구동부분에 대응되고, 화살표는 신호의 방향을 나타내는데, 각 구성부분은 다음과 같다.

그림 10-4 시퀀시 제어의 구성

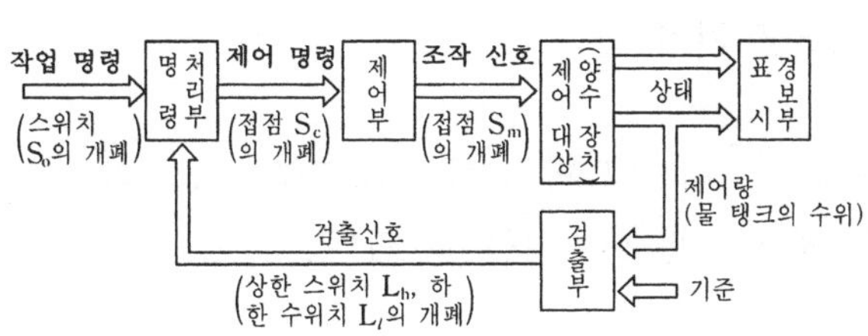

1) 명령 처리부

작업 명령, 검출신호 또는 미리 기억 시켜둔 신호 등에 의해서 제어 명령을 만드는 부분을 명령처리부라 한다. 그림 10-4에서는 작업명령과 검출 신호가 제어 명령을 이루고 있다.

2) 제어부

명령처리부의 제어 명령의 신호를 증폭하여 제어 대상을 직접 제어할 수 있도록 하는 부분이 제어부이며, 제어대상을 직접 제어하는 것을 조작이라고 한다. 그림 10-4의 제어계에서는 접점 S_C가 용량이 작으므로 직접 전동기의 전원회로를 개폐할 수가 없다. 따라서 코일 C_m에 의하여 큰 용량의 접점 S_m을 개폐하도록 되어 있는데, 접점 S_C에서 접점 S_m까지가 제어부이다.

3) 제어대상

제어하고자 하는 장치를 제어대상이라 하는데, 그림 10-4의 제어계에서는 전동기, 펌프, 우물과 물탱크로 구성되는 양수장치가 이것에 해당된다.

4) 검출부

제어량이 원하는 소정의 상태인지 아닌지를 표시하는 2진 신호(on/off)를 발생하는 부분을 검출부라 하는데, 그림 10-3의 제어계에서는 상한 스위치 L_h와 하한 스위치 L_l이 이것에 해당된다. 이때, 검출부에 검출된 신호를 검출신호라 하는데, 그림 10-4의 제어계에서는 상한 스위치의 검출신호와 하한 스위치의 검출신호로 구성되어 있다.

10-2-2 시퀀스제어용 기기

시퀀스 제어계에서는 여러 종류의 기기가 사용되고 있으며, 용도에 따라 수동 스위치, 검출 스위치, 계전기 등으로 나눌 수 있다.

1) 수동 스위치

사람이 직접 조작하여 작업 명령을 내리거나 명령 처리의 방법을 변경하는 데 사용되는 수동 스위치이다. 수동 스위치의 종류에는 조작방법이나 조작단의 모양에 따라 여러 가지로 나눌 수 있으나, 보통은 동작기능에 따라 복귀형 수동 스위치와 유지형 수동 스위치로 나눈다.

복귀형 수동 스위치는 사람이 조작할 동안에만 회로가 닫히거나 열려있고, 손을 떼면 원래의 상태로 복귀하는 것으로 푸시버튼 스위치가 대표적이다. 복귀형 수동 스위치의 경우, 그림 10-5와 같이 스위치를 누르면 접점이 닫히는 것을 메이크 접점(make contact) 또는 a 접점(arbeit contact)이라 하며, 반대의 경우로서 스위치를 누르면 접점이 열리는 것을 브레이크 접점(break contact) 또는 b 접점이라고 한다.

그림 10-5 복귀형 수동 스위치 기호

(a) a 접점 (b) b 접점

2) 검출 스위치

검출 스위치는 물체의 유무나 위치, 온도, 압력 등의 상태 변화를 검출하여 자동적으로 접점이 개폐되는 스위치로서, 인간의 눈이나 귀 등의 감각기관에 해당하며, 리미트 스위치, 광전 스위치, 근접 스위치, 온도 스위치, 레벨 스위치 등이 있다.

3) 계전기(릴레이)

릴레이(Relay)는 전자계전기라고도 불리며, 전자석에 의한 철편의 흡입력을 이용해서 접점을 개폐하는 기능을 가진 기기를 말한다.

가. a접점

릴레이의 a접점이란 그림 10-6와 같이 릴레이의 코일에 전류가 흐르지 않은 상태(복귀상태)에서는 가동접점과 고정접점이 떨어져서 개로(open)하고 있지만, 코일에 전류가 흐르게 되면(동작상태) 가동접점이 고정접점에 접촉되어 폐로(close)하는 접점을 말한다.

나. b접점

릴레이의 b접점이란 릴레이의 코일에 전류가 흐르지 않은 상태(복귀상태)에서는 가동접점과 고정접점이 접촉되어서, 폐로(close)하고 있지만 코일에 전류가 흐르게 되면(동작상태) 가동접점과 고정접점에 떨어져서 개로(open)하는 접점을 말한다.

그림 10-6 릴레이의 a접점 복귀상태와 동작상태

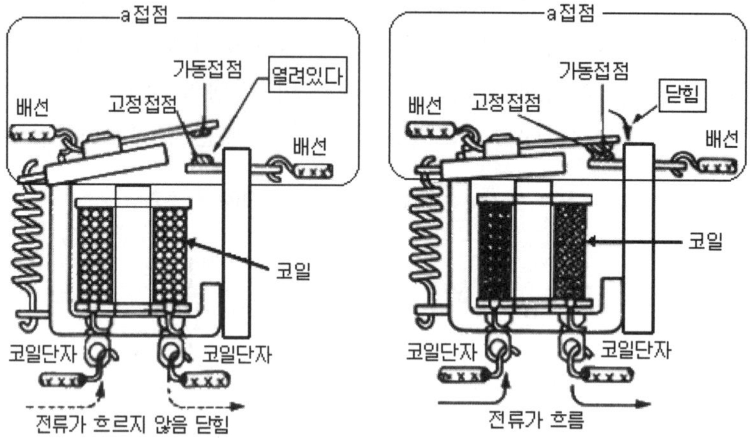

(a) 복귀상태 (b) 동작상태

그림 10-7 릴레이의 b접점 복귀상태와 동작상태

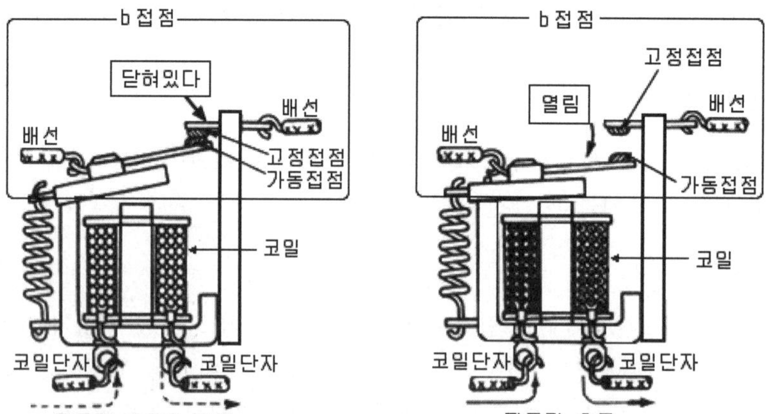

(a) 복귀상태 (b) 동작상태

다. c접점

릴레이의 c접점이란 a접점과 b접점이 1개의 가동접점을 공유해서 조합된 구조의 접점을 말한다. 따라서 c접점이 있는 릴레이의 전자코일에 전류가 흐르지 않는 복귀상태에서는 a접점은 개로(open)하고 있고, b접점은 폐로(close)하고 있으나 전자코일에 전류가 흘러 동작상태가 되면 상호공통인 가동접점이 아래쪽으로 이동하기 때문에 a접점은 폐로(close)하고, b접점은 개로(open)하게 된다. 이와 같이 릴레이의 c접점은 회로를 전환할 수 있다.

그림 10-8 릴레이의 c접점 복귀상태와 동작상태

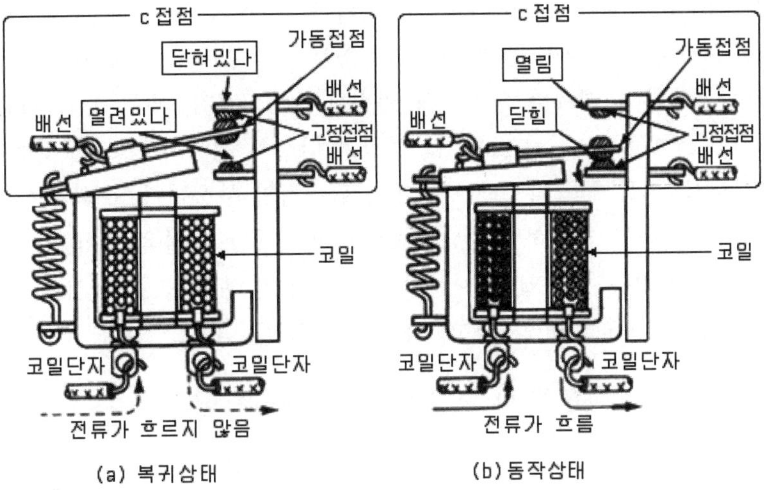

그림 10-9 릴레이 접점의 기호

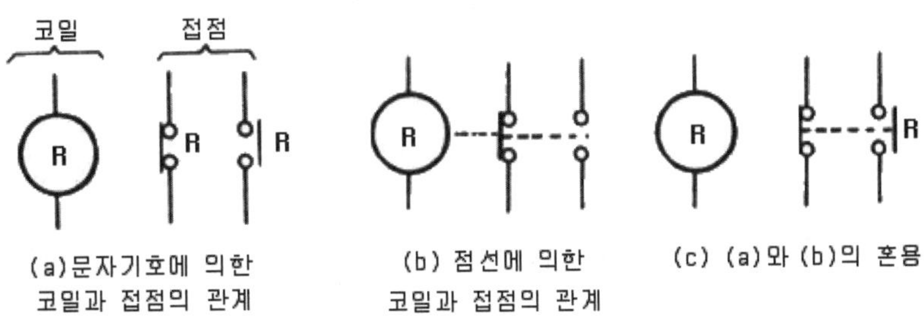

4) 타이머 (한시 계전기)

일반적으로 전자계전기는 전자코일에 전류가 흐르게 하면, 그 접점은 순간적으로 폐로 또는 개로 한다. 그러나 타이머는 전기적 또는 기계적 입력을 부여하면, 전자계전기와는 달리 이미 정해진 시한이 경과한 후에 그 접점이 폐로 또는 개로 하는 것으로서 인위적으로 시간지연을 만들어내는 계전기를 말한다. 타이머의 시간차를 만들어내는 방법에 따라서 모터식 타이머, 전자식 타이머, 제동식 타이머 등이 있다.

타이머의 출력접점에는 동작시에 시간지연이 있는 것과 복귀시에 시간지연이 있는 것이 있다.

5) 전자 개폐기

전자 접촉기(MC : Electromagnetic Contact)의 동작원리는 전자계전기의 동작원리와 동일하다. 즉, 전자석에 의한 흡인력을 이용하여 접촉부를 동작시키며, 주로 주회로 전류와 같이 대전류의 개폐나 전동기의 빈번한 시동, 정지, 제어 등에 사용된다.

열동 계전기(THR : Thermal Relay)는 설정치 이상의 전류가 흐르면 접점을 동작시키는 계전기로서, 전동기의 과부하 보호에는 필수적인 부품이다. 주회로에 삽입된 히터에 과전류(모터 등의 과부하 전류)가 흐르면 바이메탈이 열을 받아서 굽어져 접점이 동작된다. 전자접촉기와 열동 계전기를 조합하여 하나로 합친 것을 전자개폐기(MS ; Electromagnetic Switch)라 하고, 마그네트 스위치라고도 한다.

그림 10-10 전자 접촉기와 전자 개폐기의 도기호

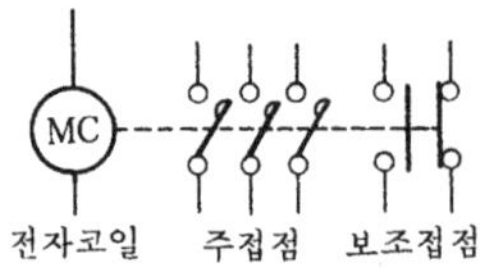

(a) 전자 접촉기

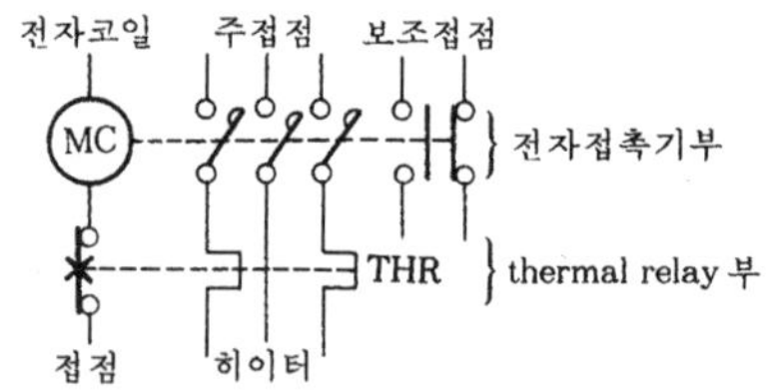

(b) 전자 개폐기

10-3 피드백 제어(feedback control)

피드백 제어는 폐 루프 제어계(closed loop control system)라고도 하며, 시스템의 출력을 입력단에 되돌려서 기준입력을 비교하여 그 오차가 감소되도록 동작시키는 제어방식이다. 개 루프 제어계(open loop control system)에 비하여 감도, 외관, 잡음 특성 등이 크게 향상된 제어계이다.

제어의 목적은 적당한 제어계를 이용하여 원하는 출력값을 얻기 위함이며, 이를 위해서는 적당한 입력을 제어계에 가하여 입력신호가 제어계의 구성 부품을 통해 원하는 출력을 얻는 것인데, 개루프 제어계와 폐루프 제어계의 블록 선도(block diagram)

를 그림 10-11, 10-12에 각각 나타낸다.

그림 10-11 개루프 제어계 블록선도

그림 10-12 폐루프 제어계 블록선도

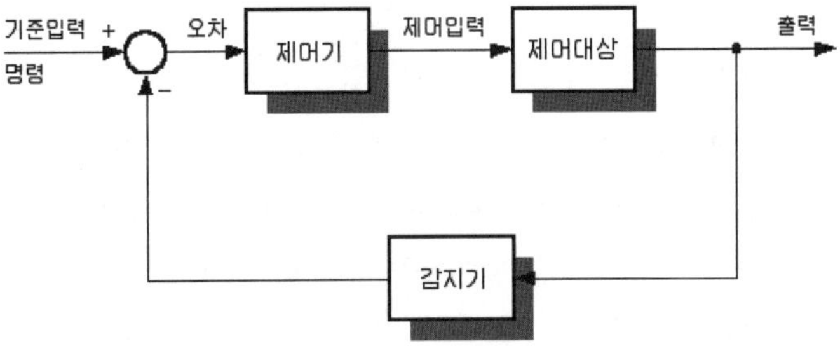

10-3-1 피드백 제어계의 구성

그림 10-13 피드백 제어계의 기본 구성

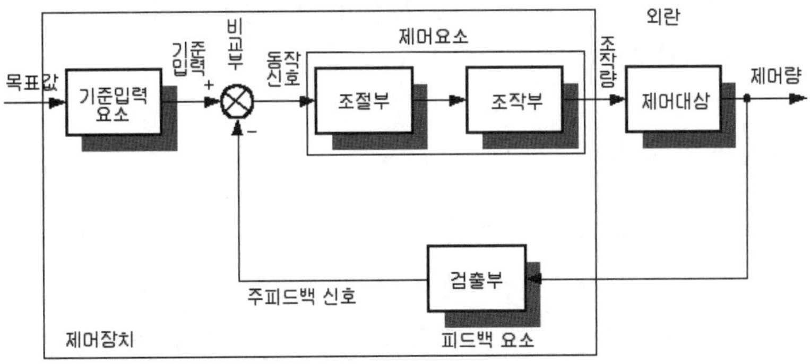

피드백 제어를 하는 목적은 제어계의 정확도를 증가시키고, 주변 환경의 변화에 대한 적응성을 증가시키면서 전체 제어계의 안정도를 높이고, 궁극적으로는 제어된

출력량이 설정 목표값과 같도록 하기 위함인데, 이를 위해서는 제어계의 입력과 출력을 비교할 수 있는 장치인 피드백(feedback) 장치가 필요하다.

피드백 제어계의 구성은 그림 10-13과 같이 나타내는데, 제어계는 제어대상과 제어장치로 구성되며, 제어장치는 기준입력 요소, 제어요소, 피드백 요소로 구성된다.

10-3-2 피드백 제어의 종류

1) 제어량에 의한 분류

가. 프로세스 제어

여러 가지 원료에 물리적, 화학적 처리를 가하여 제품을 만들어 내는 과정을 프로세스(Process)라 하며, 프로세스의 상태량 즉, 온도, 압력, 유량, 액위, 조성, 점도 등 프로세스량을 제어하는 것이다. 주로 철강업, 화학공장, 발전소와 같은 제조공정용 플랜트에 주로 활동된다.

나. 서보기구 제어

물체의 위치, 각도 등 움직임을 제어하는 장치를 서보기구라 하고, 산업용 로봇, 비행기, 미사일 제어 등이 이에 속한다.

다. 자동 조정기

일정한 목표량에 정확히 제어하기 위하여 미세한 조절을 하는 장치로 응답속도가 대단히 빨라야 하는 것이 특징이므로 정전압 장치, 발전기의 조속기 등이 이에 속한다.

2) 목표값에 의한 분류

가. 정치제어(constant value control)

정치제어는 목표값이 시간적으로 항상 일정한 제어이며, 프로세스 제어나 조정기 등이 이에 해당한다. 아파트의 보일러 압력이나 온도제어, 급수탱크의 수위 제어 등이 해당된다.

나. 추종 제어(follow control)

추종제어는 목표값이 시간적으로 변하는 제어이며, 서보기구가 이에 해당한다. 유도탄의 발사나 레이더의 자동 추적이 해당된다.

다. 프로그램 제어(program control)

프로그램 제어는 목표값의 변화를 미리 프로그램에 이별시켜 그 정해진 대로 변화하는 것이다.

10-3-4 논리회로

시퀀스 제어계에서 스위치를 사용하는 것은 유접점 제어이며, 다이오드나 반도체 등 스위칭 소자를 이용하는 것은 무접점 제어라 한다. 논리회로는 대수식으로 표시할 수 있으며, 이 대수식을 부울 대수식이라 하고, 부울 대수식으로 표현한 식을 일반적으로 논리식이라 부른다. 제어의 논리회로에서 입력, 출력의 상태를 판단하는데는 전압의 H레벨과 L레벨이 있으며 유접점 시퀀스제어의 논리회로에서는 접점의 개·폐, 코일의 소자·여자 등으로 상태를 표시하며 무접점, 유접점의 공통적인 논리 표시로 “0”, “1”을 이용한다.

0 : L 레벨, 접점 OPEN, 코일 소자

1 : H 레벨, 접점 CLOSE, 코일 여자

1) 부정(NOT) 회로

2개의 변수 A와 S가 있을 때, A가 아니면 S이다. 또는 A이면 S가 아닌 경우에 A와 S는 부정의 관계에 있다고 한다. 즉, A가 “1”이면 S는 “0”, A가 “0”이면 S는 “1”이 된다. 부정회로의 논리식, 논리기호 및 진리표는 그림 9-13과 같다.

* 부정(NOT) 회로 논리식 : $\overline{A} = S$

그림 10-14 부정(NOT) 회로

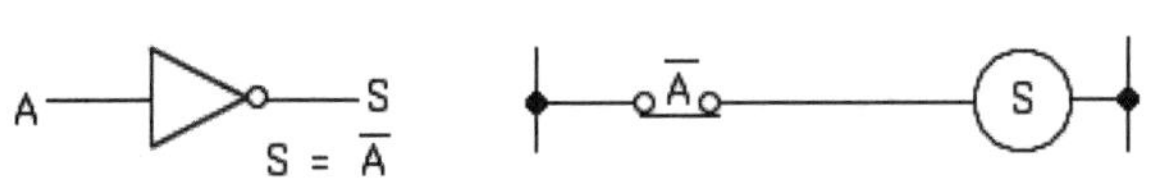

A	S = Ā
0	1
1	0

2) 논리곱(AND) 회로

3개의 변수 A, B, S의 관계에서 A와 B가 모두 성립할 때, S가 성립하면 S는 A와 B의 논리곱이라고 한다. 즉, S가 "1"이 되기 위해서는 A가 "1"이고 또한 B가 "1"이 되어야 한다.

즉, AND회로의 논리식은 입력의 곱으로 출력에 나타난다. 논리곱 회로의 논리식, 논리기호 및 진리표는 그림 10-15와 같다.

*논리곱(AND) 회로 논리식 : $A \cdot B = S$

그림 10-15 논리곱(AND) 회로

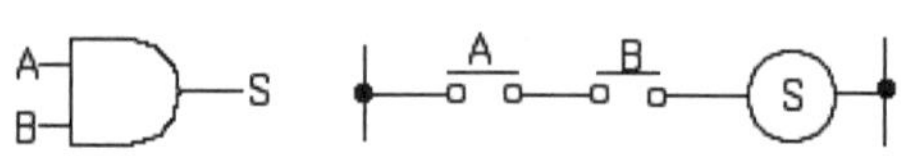

A	B	S
0	1	0
0	1	0
1	0	0
1	1	1

3) 논리합(OR) 회로

3개의 변수 A, B, S의 관계에서 A와 B 중에서 어느 한쪽이 성립할 때, S가 성립하면 S는 A와 B의 논리합이라고 한다. S가 "1"이 되기 위해서는 A가 "1" 또는 B가 "1"이면 된다. 논리합 회로의 논리식, 논리기호 및 진리표는 그림 10-16와 같다.

*논리합(OR) 회로 논리식 : $A + B = S$

그림 10-16 논리합(OR) 회로

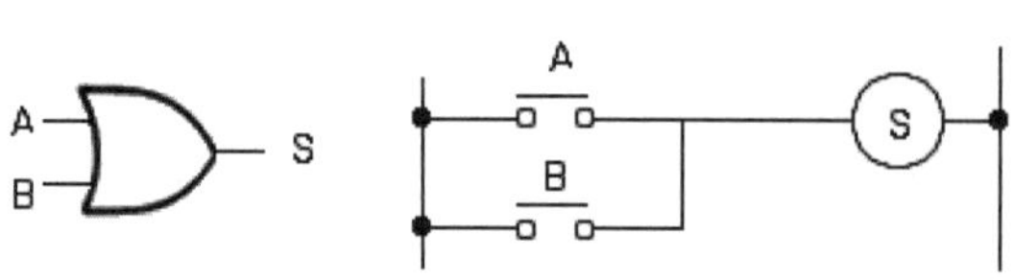

A	B	S
0	0	0
0	1	1
1	0	1
1	1	1

10-4 라플라스

자동제어시스템의 해석이나 설계용으로 기초수학인 라플라스 변환(Laplace transformation)과 전달함수(transfer function)에 대한 이해가 필요하다. 라플라스 변환은 라플라스(Laplace, 1749-1827)가 기초를 마련하고, 헤비사이드(Heaviside, 1850-1925)가 체계를 세운 것으로, 수학적 특징은 미분방정식이 대수방정식으로 바뀌게 되어 미분방정식의 해를 쉽게 구할 수 있다. 그리고 적분 및 중합적분(convolution integral) 연산도 간단한 대수곱 연산으로 바꿔주기 때문에 선형시스템의 해석을 쉽게 처리할 수 있게 해준다. 전달함수는 어떤 시스템의 출력신호 라플라스 변환함수를 입력신호 라플라스 변환함수로 나눈 함수인데, 미분방정식이나 중합 적분식 표현에 비해 시스템을 간결히 표현할 수 있으며, 이 함수의 분모부와 분자부 인수들로부터 시스템의 특성을 웬만큼 알아낼 수 있기 때문에 제어시스템의 해석과 설계에 많이 쓰이고 있다.

10-4-1 라플라스 변환의 개요

목표값이 전기적 신호로써 제어장치에 입력되면, 제어장치에서는 입력신호에 비례하는 출력신호가 시간의 함수로 발생된다. 이와 같이 시간에 따라 변화하는 제어계의 동작을 해석하고 설계할 경우, 시간 영역에서 주파수 영역으로 바꾸는 수학적 변환을 도입하면 제어계의 해석과 설계가 용이하게 된다. 또한 미분 및 적분 방정식의 해를 대소 방정식으로 변환하여 쉽게 풀이할 수 도 있다. 시간 영역을 주파수 영역으로 해석하기 위해서는 시간 영역의 함수 $f(t)$를 주파수 영역의 함수 $F(s)$로 바꾸어 주는 변환이 필요한 데, 이를 라플라스 변환(Laplace transformation)이라고 한다.

라플라스 변환함수의 정의는 다음과 같다. 어떤 시간함수 $f(t)$가 있을 때, 이 함수에 e^{-st}를 곱하고, 그것에 0에서부터 ∞까지의 시간에 대하여 적분한 것을, 함수 $f(t)$의 라플라스 변환식이라 하는데, $F(s)$ 또는 $\mathcal{L}\{f(t)\}$ 로 표시한다.

$$F(s) = \mathcal{L}\{f(t)\} \triangleq \int_0^\infty f(t)e^{-st}dt, \quad \mathcal{R}\{s\} > R_c \cdots (10\text{-}1)$$

여기서, s : 복소변수,

$\mathcal{L}$: 라플라스 변환,

$F(s)$: 라플라스 변환함수

$\mathcal{R}\{s\}$: s의 실수부

R_c : 수렴경계(boundary of convergence)

$f(t)$: 시점 $t=0$ 이후에만 정의되는 조각연속함수

10-4-2 라플라스 변환의 예

1) 단위계단함수(unit step function)

단위 계단 함수 $u(t)$ 그림 10-17과 같이 시간변화에 관계없이 일정한 양을 갖는 함수로서, 물리적 의미는 시간에 관계없이 일정한 값을 유지하는 물탱크 내의 수위, 용기 내의 공기밀도 또는 액체 점도, 일정한 온도 등을 말할 수 있다.

그림 10-17 단위계단 함수

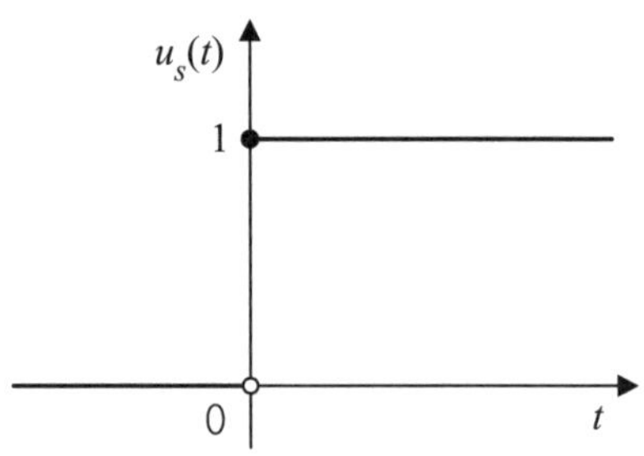

단위 계단 함수의 라플라스 변환은 다음과 같다.

$$u_s(t) = \begin{cases} 0, & t<0 \\ 1, & t\geq 0 \end{cases} \qquad \cdots\cdots(10\text{-}2)$$

$$\begin{aligned} U_s(s) &= \mathcal{L}\{u_s(t)\} = \int_0^{\infty} u_s(t)e^{-st}dt = \int_0^{\infty} 1e^{-st}dt \\ &= \left[-\frac{1}{s}e^{-st}\right]_0^{\infty} = -\frac{1}{s}[e^{-\infty} - e^0] \qquad \cdots\cdots(10\text{-}3) \\ &= \frac{1}{s}, \quad \mathcal{R}\{s\} > 0 \end{aligned}$$

2) 경사함수(ramp function)

경사함수 $tu(t)$는 등속함수로서, 그림 10-18에서와 같이 시간에 다라 크기가 일정한 기울기를 가지고 증가하는 함수로서, 이 함수의 물리적 의미는 일정한 속도로 주

행된 거리 또는 일정한 속도로 움직이는 물체의 추적거리 등이다.

그림 10-18 경사함수

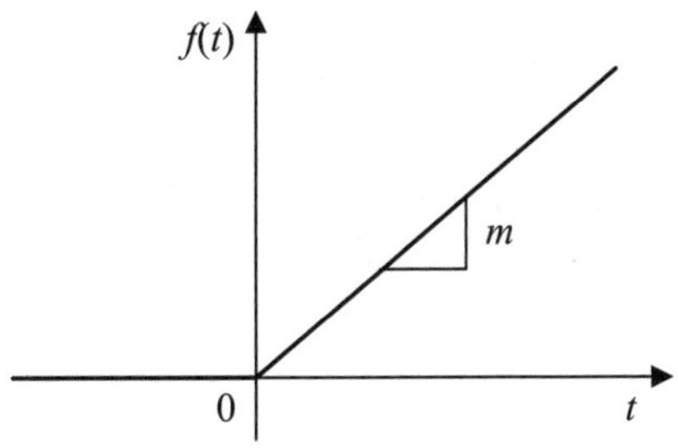

경사함수 $tu(t)$를 라플라스 변환을 하면 다음과 같이 된다.

$$f(t) = \begin{cases} 0, & t < 0 \\ mt, & t \geq 0 \end{cases} \quad \cdots\cdots(10\text{-}4)$$

$$f(t) = \int_0^t m u_s(\tau) d\tau$$

$$\begin{aligned} F(s) &= \mathcal{L}\{f(t)\} = \frac{1}{s}\mathcal{L}\{mu_s(t)\} \\ &= \frac{1}{s}\left[\frac{m}{s}\right] = \frac{m}{s^2} \end{aligned} \quad \cdots\cdots(10\text{-}5)$$

그 외에 여러 가지 함수들의 라플라스 변환은 표 10-1과 같이 구할 수 있다.

표 10-1 라플라스 변환

함수이름	시간함수 $f(t),\ t \geq 0$	변환함수 $F(s)$
단위계단함수	$u_s(t)$	$\frac{1}{s}$
경사함수	t	$\frac{1}{s^2}$
지수함수	e^{at}	$\frac{1}{s-a}$
삼각함수	$\sin\omega t$	$\frac{\omega}{s^2+\omega^2}$
	$\cos\omega t$	$\frac{s}{s^2+\omega^2}$
지수가중 삼각함수	$e^{-at}\sin\omega t$	$\frac{\omega}{(s+a)^2+\omega^2}$
	$e^{-at}\cos\omega t$	$\frac{s+a}{(s+a)^2+\omega^2}$
델타함수	$\delta(t)$	1

10-4-3 라플라스 역변환

주파수 영역의 함수 $F(s)$ 에서 시간 함수 $f(t)$ 로 복원하는 조작을 라플라스 역변환(inverse Laplace transformation)이라 하고 기호는 $\mathcal{L}^{-1}\{F(s)\}$로 표시한다.

$$f(t) = \mathcal{L}^{-1}\{F(s)\} = \frac{1}{2\pi j}\int_{c-j\infty}^{c+j\infty} F(s)e^{st}ds, \quad c > R_c \cdots(10\text{-}6)$$

여기서, $\mathcal{L}^{-1}\{\cdot\}$: 라플라스 역변환, R_c : $F(s)$의 수렴영역 경계

10-5 전달함수

제어계는 많은 요소의 결합으로 구성되어 있으며, 이 요소는 전기계, 기계계, 유체계, 열계 등 여러 가지가 있다. 자동제어는 전기계든 기계계든 형태가 다르더라도 입력신호에 대하여 어떤 출력신호(응답)를 발생하는가 하는 신호의 전달 특성으로 이 요소의 특성을 전체적으로 파악한다. 이때 입출력 관계를 수식적으로 표현한 것이 전달함수(transfer function)인데 다음과 같이 정의된다.

"전달함수는 모든 초기값을 0으로 했을 때 출력신호의 라플라스 변환과 입력신호의 라플라스변환과의 비이다."

그러므로 입력신호 $x(t)$에 대하여 출력신호 $y(t)$를 발생하는 요소의 전달함수 $G(s)$는 $y(t)$, $y(t)$의 라플라스 변환을 각각 $X(s)$, $Y(s)$라 하면,

$$G(s) = \frac{Y(s)}{X(s)} = \frac{\text{출력을 라플라스 변환한 값}}{\text{입력을 라플라스 변환한 값}} \quad \cdots\cdots(10\text{-}7)$$

와 같이 된다.

식 (10-7)의 전달함수 정의를 나타낸 것이 그림 10-19이다.

그림 10-19 제어계의 전달 함수

(a) 전달 요소　　　(b) 전달 함수

전달함수를 이용하면 주어진 입력에 대한 출력을 쉽게 계산할 수 있다. 즉, 식(9-7)로부터

$$Y(s) = G(s)X(s) \qquad \cdots\cdots(10\text{-}8)$$

가 되고, 구하고자 하는 출력은

$$y(t) = \mathcal{L}^{-1}\{Y(s)\} = \mathcal{L}^{-1}\{G(s)X(s)\} \qquad \cdots\cdots(10\text{-}9)$$

로 구할 수 있다.

참고 1. 나침반이 지구의 남북을 가리키는 이유는 무엇일까 ?

자석이 처음으로 인류 문화에 기여한 것은 나침반이다. 항해하는 선원들이 태양 빛이 흐릴 때나, 밤에 배의 방위를 알기 위해 자석과 바늘을 사용했다. 중국인들은 천연자석의 나침반을 기원전 4세기부터 사용했다. 나침반이 지구의 남북을 가리키는 이유는 무엇일까. 이 사실을 설명한 사람은 16세기 영국의 물리학자인 윌리엄 길버트다. 길버트는 자석에 철조각을 문질러 인위적인 자석으로 만들었으며, 나침반이 항상 북쪽을 가리키는 이유는 지구가 자기적인 성질을 가지고 있기 때문이라고 설명했다.

그림 10-20 자북과 진북

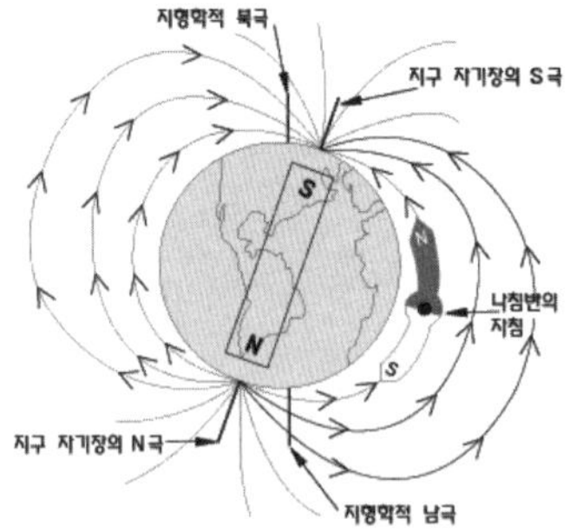

이제 나침반을 들고 나침반이 가리키는 쪽으로 계속 가보자. 과연 도착지점이 지구의 북극일까. 안타깝게도 우리가 도착할 곳은 지구의 북극이 아니다. 지리상의 남북축은 자석이 가리키는 남북축과 일치하지 않는다. 실제로 지리적인 남북축과 자석이 가리키는 축은 11도 정도의 차이를 보이고 있다. 해마다 자북(자기 북극의 방향)이 0.1도 정도 변하는 것이 관측되고 있다. 예를 들면 자기북극은 지리학적 북극에서 1천8백km 떨어진 캐나다 북부의 허드슨만 근처이며, 남극은 호주의 남부에 위치하고 있다. 자성을 띠는 나침반이 남북 방향을 가리킨다는 것은 지구가 자성을 띤다는 뜻인데, 지구가 자기적인 성질을 띠는 이유에는 아직 명확히 밝혀지지 않았다. 지구의 핵 내부에서 대규모의 유동체 운동으로 인해 자기적 성질을 가진다는 설이 가장 유력하다. 즉 지구 중심에서 발생하는 열에 의한 대류와 지구자전 효과에 의한 대류가 지구 자기장을 만든다고 추측하고 있다.

참고 2. 오로라 현상이란 무엇인가 ?

우리 주변의 자석 중 가장 큰 것을 고르라면 단연 지구일 것이다. 지구는 커다란 자석과 같고 자기장의 위력을 하늘에 보여준다. 바로 오로라가 그것이다. 오로라는 보통 위도 60~80도(시베리아 북부, 알래스카 중부, 캐나다 중북부, 스칸디나비아 반도 등)에서 자주 볼 수 있다. 대개 지구 상공 1백km 이상에서 일어나는 대기의 발광현상으로 '극광'이라고도 한다.

오로라의 원동력은 태양으로부터 불어오는 대전된 입자의 흐름인 태양풍이 지구 자기장과 상호작용을 일으켜 거대한 발전기를 만드는데 있다. 여기서 발생한 전기는 1조W 정도로 오로라를 일으키는 원동력이 된다. 자기권에서 발생한 전류는 지구전리층(지구 상공 80km~8백km)까지 전진해 거기에 있는 원자나 분자(산소, 질소 등) 또는 그들의 이온과 충돌해 들뜬 상태로 만든다.

이 때, 여러 가지 파장의 빛이 발생해 화려한 색의 오로라를 볼 수 있다. 오로라는 지구 자기장과 태양풍이 만들어낸 아름다운 자연현상이지만 위성통신과 지구방위 시스템에 영향을 줄 수 있어 관련 분야의 과학자들에게는 심술꾸러기 대접을 받는다.

연 습 문 제

1. 다음 중 불연속 제어는 ?

가. 비례제어　　나. 미분제어
다. 적분제어　　라. on-off 제어

답 라

2. 다음 논리식을 간단히 하면 ?

$$X = \overline{A}\,\overline{B}C + A\overline{B}\,\overline{C} + A\overline{B}C$$

가. $\overline{B}(A + C)$　　나. $\overline{C}(A + B)$
다. $\overline{A}(B + C)$　　라. $C(A + \overline{B})$

답 가

3. 함수 $f(t)$ 의 라플라스 변환은 어떤 식으로 정의되는가 ?

가. $\int_{-\infty}^{\infty} f(t)e^{-st}dt$　　나. $\int_{0}^{\infty} f(-t)e^{st}dt$
다. $\int_{0}^{\infty} f(t)e^{-st}dt$　　라. $\int_{0}^{\infty} f(t)e^{st}dt$

답 다

4. 제어량의 종류에 의한 자동제어 분류가 아닌 것은 ?

가. 프로세스 제어　　나. 서보 기구
다. 자동조정　　라. 추종제어

답 라

5. 다음 논리회로의 출력은 ?

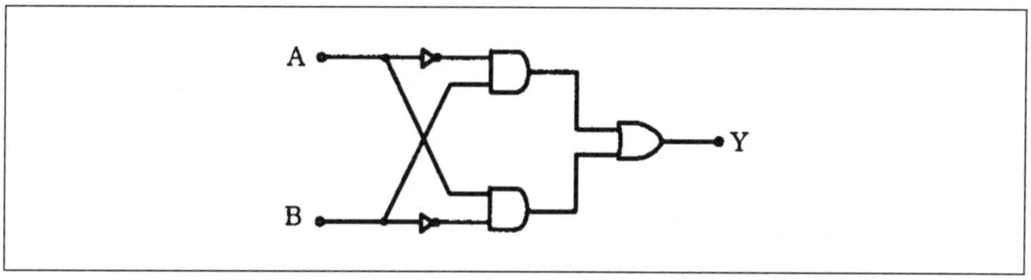

가. $Y = A\overline{B} + \overline{A}B$ 나. $Y = \overline{A}\,\overline{B} + \overline{A}B$

다. $Y = A\overline{B} + \overline{A}\,\overline{B}$ 라. $Y = \overline{A} + \overline{B}$

답 가

6. 단위 임펄스 함수 δ(t) 의 라플라스 변환은 ?

가. 0 나. 1

다. 1/s 라. $\frac{1}{s+a}$

답 가

7. $\int_0^t f(t)\,dt$를 라플라스 변환하면 ?

가. $S^2F(s)$ 나. $SF(s)$

다. $\frac{1}{S}F(s)$ 라. $\frac{1}{S^2}F(s)$

답 다

8. 블록선도에서 C(s)=R(s) 라면 전달함수 G(s)는 ?

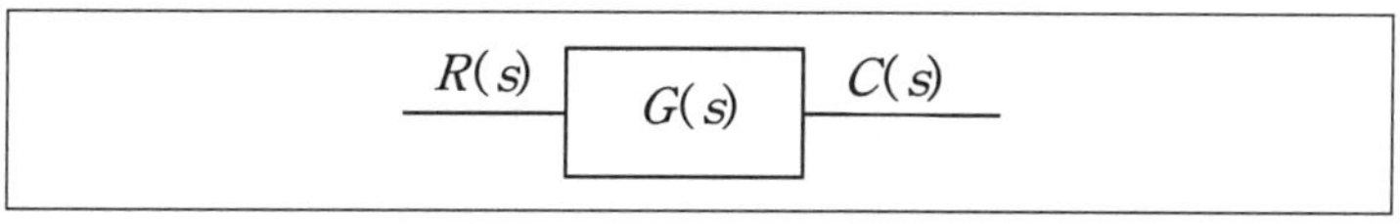

가. 1 나. -1

다. ∞ 라. 0

답 가

9. 제어요소가 제어대상에 주는 량은 ?

가. 기준입력　　　　나. 동작신호
다. 제어량　　　　라. 조작량

답 라

10. 다음 회로와 동일한 논리 심벌은 ?

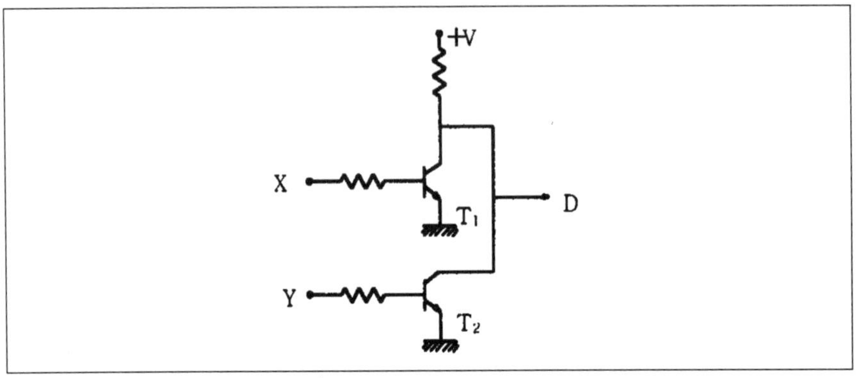

가. 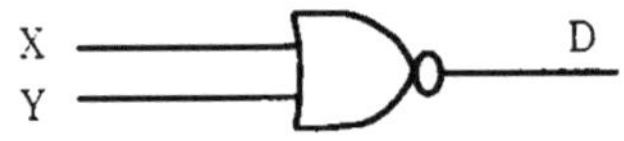

나. 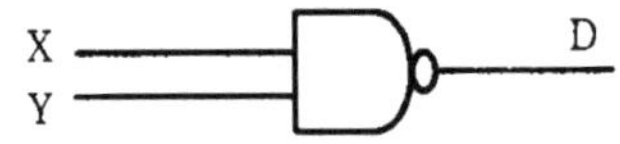

다. 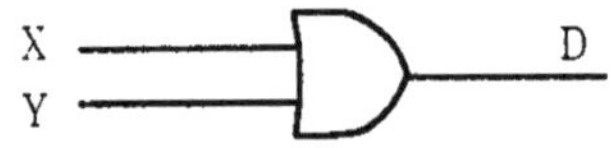

라. 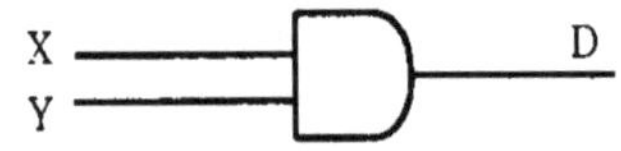

답 나